湛庐文化
Cheers Publishing

a mindstyle business
与 思 想 有 关

人工智能之父

Marvin Minsky

马文·明斯基

THE EMOTION MACHINE

COMMONSENSE THINKING, ARTIFICIAL INTELLIGENCE, AND THE FUTURE OF THE HUMAN MIND

Marvin Minsky

MIT 人工智能实验室 联合创始人

1927年，马文·明斯基出生于美国纽约的一个眼科医生家庭。因为正值美国大力发展私立学校的时期，所以他从小学到中学接受的都是私立学校的教育，并对电子学和化学情有独钟。高中毕业时他加入海军，退伍后去往哈佛大学深造，主修物理学，同时选修电气工程、数学、遗传学、心理学等多个学科，并于1950年进入普林斯顿大学攻读数学博士学位。在取得博士学位后，他被“计算机之父”约翰·冯·诺依曼（John von Neumann）、“控制论创始人”诺伯特·维纳（Norbert Wiener）、“信息论创始人”克劳德·香农（Claude Shannon）引荐成为哈佛大学的助理研究员，并一举发明了激光共聚焦扫描显微镜。

1956年，明斯基与约翰·麦卡锡（John McCarthy）、香农等人一起发起并组织了达特茅斯会议，并首次提出“人工智能”的概念。这一时期，他开始致力于使用“符号操作”方式研究人工智能，并发表了论文《迈向人工智能》（*Steps toward Artificial Intelligence*），论述了启发式搜索、模式识别、学习计划和感应等主题。1958年，明斯基离开哈佛大学，去了麻省理工学院（MIT）。之后不久，麦卡锡也从达特茅斯来到MIT与他会合，两人共同建立了世界上第一个人工智能实验室——MIT人工智能实验室。学生和工作人员们开始涌入实验室，迎接理解人工智能与赋予机器智能的新挑战——研究人员不仅要努力尝试对人类思维和智能建模，还要尝试建立实用的机器人。在那里，明斯基自己就设计和建造了一个带有扫描仪和触觉传感器的14度自由机械手，它可以像人一样搭积木。

Marvin Minsky

世界上最早能够模拟人类活动的机器人 Robot C 创建者

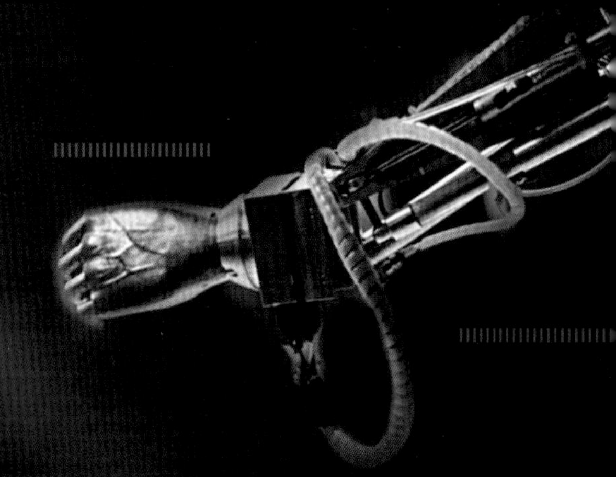

在攻读博士学位的第一年，明斯基便提出了关于思维如何萌发的理论，并建造了世界上第一个神经网络模拟器Snare。该机器能够在其40个“智能体”（agent）和一个对成功给予奖励的系统的帮助下穿越迷宫。之后，明斯基还通过综合利用自己的多学科知识，使Snare具备了基于过去行为预测当前行为的能力。在对人工智能技术和机器人技术的深入研究下，明斯基构建出了世界上最早能够模拟人类活动的机器人Robot C，带领机器人技术进入了新时代。早在20世纪60年代，明斯基就提出了“telepresence”（远程介入）这一概念。通过利用微型摄像机、运动传感器等设备，他让人们体验到了驾驶飞机、在战场上战斗、在水下游泳这些现实中未发生的事情，这也为他奠定了“虚拟现实”（virtual reality）最早倡导者的重要地位。

作为人工智能的先驱，明斯基一直坚信机器可以模拟人类的思维过程，从而让机器变得更加智能。

THE
EMOTION MACHINE

COMMONSENSE THINKING,
ARTIFICIAL INTELLIGENCE,
AND THE FUTURE OF THE
HUMAN MIND

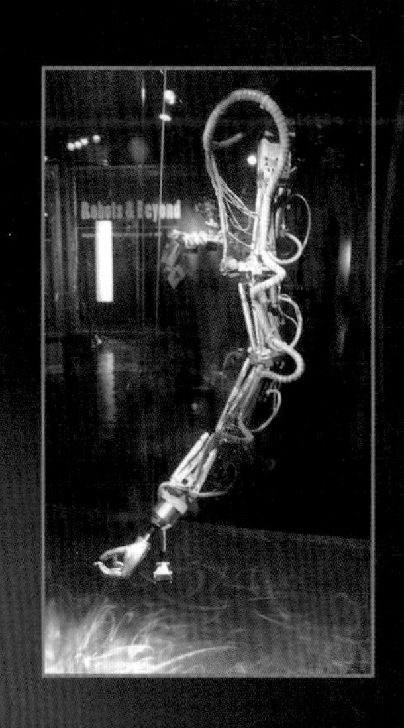

Marvin Minsky

人工智能领域首位图灵奖获得者

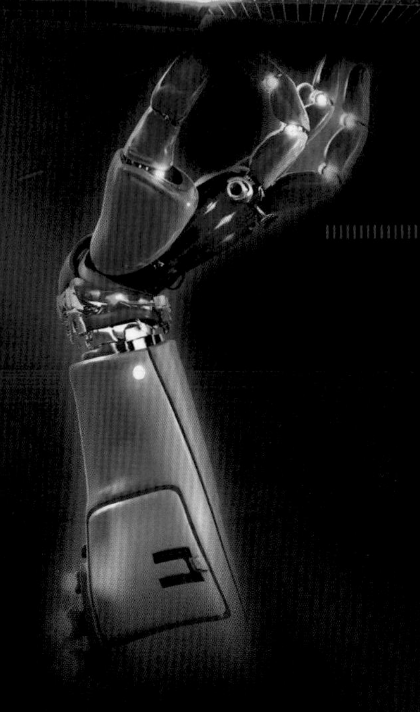

在计算机科学的众多领域，尤其是在让计算机模拟人类大脑认知能力的人工智能领域，明斯基无疑都是一个闪耀着明星般光环的伟大科学家。由于他的研究引领了人工智能、认知心理学、神经网络、图灵机理论和回归函数等不同领域的理论与实践的发展潮流，并在图象处理领域、符号计算、知识表示、计算语义学、机器感知和符号连接学习等领域作出了许多贡献，1969年，明斯基被授予“计算机界的诺贝尔奖”——图灵奖，成为第一位获此殊荣的人工智能学者。

之后，麦卡锡、赫伯特·西蒙（H. A. Simon）、艾伦·纽厄尔（A. Newell）、爱德华·费根鲍姆(E. A. Feigenbaum)、劳伊·雷迪(Raj Reddy) 等5名人工智能学者也先后斩获图灵奖，人工智能这一学科的影响力变得日渐深广起来。

THE EMOTION MACHINE

COMMONSENSE THINKING, ARTIFICIAL INTELLIGENCE, AND THE FUTURE OF THE HUMAN MIND

中国人工智能学会·丛书·

Commonsense Thinking,
Artificial Intelligence,
and the Future of the Human Mind

情感机器

[美] 马文·明斯基（Marvin Minsky）◎著
王文革 程玉婷 李小刚◎译

浙江人民出版社
ZHEJIANG PEOPLE'S PUBLISHING HOUSE

ROBOT&
ARTIFICIAL INTELLIGENCE
SERIES

机器人与人工智能，下一个产业新风口

·湛庐文化“机器人与人工智能”书系重磅推出·

60 年来，人工智能经历了从爆发到寒冬再到野蛮生长的历程，伴随着人机交互、机器学习、模式识别等人工智能技术的提升，机器人与人工智能成了这一技术时代的新趋势。

2015 年，被誉为智能机器人元年，从习近平主席工业 4.0 的“机器人革命”到李克强总理的“万众创新”；从国务院《关于积极推进“互联网 +”行动的指导意见》中将人工智能列为“互联网 +”11 项重点推进领域之一，到十八届五中全会把“十三五”规划编制作为主要议题，将智能制造视作产业转型的主要抓手，人工智能掀起了新一轮技术创新浪潮。Gartner IT 2015 年高管峰会预测，人类将在 2020 年迎来智能大爆炸；“互联网预言家”凯文·凯利提出，人工智能将是未来 20 年最重要的技术；而著名未来学家雷·库兹韦尔更预言，2030 年，人类将成为混合式机器人，进入进化的新阶段。而 2016 年，人工智能必将大放异彩。

国内外在人工智能领域的全球化布局一次次地证明了，人工智能将成为未来 10 年内的产业新风口。像 200 年前电力彻底颠覆人类世界一样，人工智能也必将掀起一场新的产业革命。

值此契机，湛庐文化联合中国人工智能学会共同启动“机器人与人工智能”书系的出版。我们将持续关注这一领域，打造目前国内首套最权威、最重磅、最系统、最实用的机器人与人工智能书系：

- **最权威，人工智能领域先锋人物领衔著作。**该书系集合了人工智能之父马文·明斯基、奇点大学校长雷·库兹韦尔、普利策奖得主约翰·马尔科夫、图灵奖获得者莱斯利·瓦里安和脑机接口研究先驱米格尔·尼科莱利斯等 10 大专家的重磅力作。
- **最重磅，湛庐文化联合国内这一领域顶尖的中国人工智能学会，专门为“机器人与人工智能”书系成立了专家委员会。**该专家委员会包括中国工程院院士李德毅、驭势科技（北京）有限公司联合创始人兼 CEO 吴甘沙、地平线机器人技术创始人余凯、IBM 中国研究院院长沈晓卫、国际人工智能大会（IJCAI）常务理事杨强、科大讯飞研究院院长胡郁、中国人工智能学会秘书长王卫宁等专家学者。他们将以自身深厚的专业实力、卓越的洞察力和深远的影响力，对这些优秀图书进行深度点评。
- **最系统，从历史纵深到领域细分无所不包。**该书系几乎涵盖了人工智能领域的所有维度，包括 10 本人工智能领域的重磅力作，从人工智能的历史开始，对人类思维的创建与运作进行了抽丝剥茧式的研究，并对智能增强、神经网络、算法、克隆、类脑计算、深度学习、人机交互、虚拟现实、伦理困境、未来趋势等进行了全方位的解读。
- **最实用，一手掌握驾驭机器人与人工智能时代的新技术与新趋势。**你可以直击工业机器人、家用机器人、救援机器人、无人驾驶汽车、语音识别、虚拟现实等领域的国际前沿新技术，更可以应用其中提到的算法、技术和理念进行研究，并实现个人与行业的大发展。

在未来几年内，人工智能和机器人给世界带来的影响将远远超过个人计算和互联网在过去 30 年间已经对世界造成的改变。我们希望，“机器人与人工智能”书系能帮助你搭建人工智能的体系框架，并启迪你深入发掘它的力量所在，从而成功驾驭这一新风口。

ROBOT&
ARTIFICIAL INTELLIGENCE
SERIES

机器人与人工智能书系

·专家委员会·

> 我不真的凭我的眼睛来爱你，
> 在你身上我看见了千处错误；
> 但我的心却爱着眼睛所轻视的。
>
> ——莎士比亚

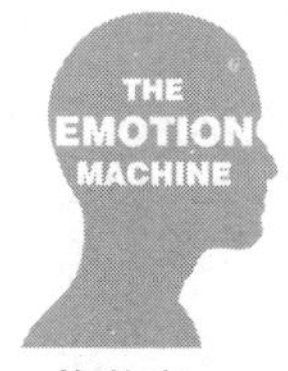

推荐序

情感机器离我们有多远

李德毅
中国人工智能学会理事长
中国工程院院士

坠入爱河，本美妙无比，但莎士比亚的这句话可能要惊醒无数“梦中人”了。为什么体验如此美好，现实却如此残酷？我们的大脑为什么会自动忽略那“千处错误”，而“爱着眼睛所轻视的”？

事实上是，我们的大脑很容易会欺骗我们自己。马文·明斯基在《情感机器》中对人类思维的本质进行了深入的剖析：人类大脑包含复杂的机器装置，并由众多“资源”（resource）组成，而每一种主要的情感状态的转变，都是因为在激活一些资源的同时会关闭另外一些资源，这改变了大脑的运行方式。所以，愤怒用攻击代替了谨慎，用敌意代替了同情。

而这人类思维的本质，正是我们研究人工智能、塑造最高级的“情感机器”的关键所在。

1956 年，明斯基与约翰·麦卡锡一起发起并组织了达特茅斯会议，并首次提出“人工智能”的概念，而这场会议也成了人工智能的起点。期间，人工智能经历了两次上升、两次寒冬，终于在今日迸发出了野蛮生长的态势。

而明斯基，在这段历史中一直是一位闪耀着耀眼光彩的杰出的人工智能权威，是当之无愧的人工智能之父。

随着历史车轮的迈进，人类社会已经进入了智能机器时代：工业机器人开始替代很多高重复性的人类劳动，甚至进入极端环境实施救援工作；轮式机器人进入了一个新阶段，将人类排除在外、实现交通零事故的目标将指日可待；被植入云端“大脑”的家庭机器人能听得懂人说的话，陪护机器人开始成为老人、儿童的新伙伴，陪他们度过了或孤独或患病的那些难熬的日子；而世界第一家机器人酒店也在日本开业，从前台到后勤的工作岗位全由机器人担任……机器人与人工智能的迅速发展，也给我们带来了更为严峻的问题：如果机器能够模拟人脑，具备意识、思维、自我观念等人类特质，会作出决断，是不是人类就能在无人驾驶和医疗这些关键领域实现质的飞跃？答案无疑是肯定的。

那么，大脑要进行何种变化才能改变我们的思维方式？机器应该如何演化，才能让它们具备人类的常识、常识性思考与反思能力？

在《情感机器》这本书中，明斯基为我们研究更高阶的人工智能——情感机器，提供了一幅详尽的路线图。他指出，情感是人类一种特殊的思维方式，并在洞悉思维本质的基础上，指出了人类思维的运行方式，提出了塑造未来机器的 6 大维度——意识、精神活动、常识、思维、智能、自我，揭示了人与机器根本性的不同，以及人之所以独一无二、足智多谋的原因，然后尝试将这种思维运用到理解人类自身和发展人工智能上。

毫无疑问的是，在未来几十年里，各国的研究者都将努力致力于更高阶人工智能的领域，但正如明斯基所言：只有当这些机器变得足够聪明，能够掩盖自己的种种缺点后，我们发明的系统才不会出现新的缺点。

情感机器，这一人工智能发展的终极答案，还将让人类上下求索。

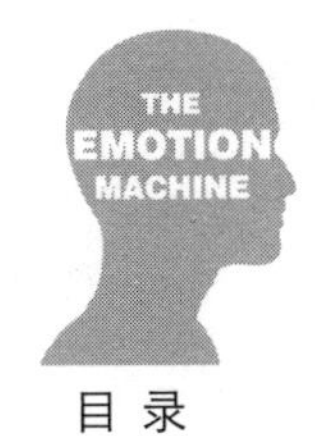

目 录

推荐序 /V

情感机器离我们有多远

李德毅
中国人工智能学会理事长
中国工程院院士

引　言 /001

人类思维与人工智能的未来

PART 第一部分 情感，人类特殊的思维方式

01 坠入爱河 /011

我们每一种主要的“情感状态”都是因为激活了一些资源，同时关闭了另外一些资源——大脑的运行方式由此改变了。如果这种改变每次都会激活更多其他资源，那么最终将导致资源的大规模“级联”。

“爱”的手提箱

精神奥秘之海

02 依恋与目标 /039

人类的一些目标是天生的本能， 是由我们的基因决定的；另一些目标则是通过“尝试和错误”学习，来实现已有目标的次级目标；而高层次目标，则是由一种特殊的机器体系形成的。这种特殊的机器体系是指我们对身为依恋对象的父母、朋友或亲人的价值观的继承，这些价值观积极地响应了我们的需要，在我们体内产生了“自我意识”情感。

03 从疼痛到煎熬 /069

任何疼痛都会激活“摆脱疼痛”这一目标，而这个目标的实现将有助于目标本身的消失。然而， 如果疼痛强烈而又持久，就会激发其他大脑资源，进而压制其他目标。如果这种情况级联式地爆发下去，那么大脑

相似推理
正面经验和负面经验的博弈

07 思维 /221

我们几乎从未认识到常识性思考所创造的奇迹。人人都有不同的思维方式。在众多的兴趣爱好当中，是什么选择了我们下一步将要思考的内容？每一种兴趣又会持续多久？批评家又是如何选择所使用的思维方式的？事实上，工作被隐藏在“脑后”，仍在继续运行。

是什么选择了我们思考的主题
批评家 - 选择器模型，思维跳跃之源
情感化思维
人类的 19 大思维方式
6 大批评家，选择最合适的思维方式
先有情感，还是先有行为
庞加莱无意识过程的 4 大阶段
认知语境下的批评家选择
人类心理学的核心问题

08 智能 /263

每个物种的个体智力都会从愚笨逐渐发展到优秀，即使最高级的人类思维也本应从这个过程发展而来。我们可以通过多种视角来观察事物，我们拥有快速进行视角转换的方法、拥有高效学习的特殊方式、拥有获得相关知识的有效方式并可以不断扩大思维方式的范围、拥有表征事物的多种方式。正是这种多样性造就了人类思维的多功能。

预估距离
平行类比
高效率学习的奥秘
信用赋能

创造力和天才
记忆与表征结构
表征等级

09 自我 /305

是什么让人类变得独一无二？任何其他动物都无法像人类这样拥有各种各样的人格。其中一些性格是与生俱来的，而另一些性格则来自个人经验，但在每一种情况中，我们都具有各异的特征。每当想尝试理解自己时，我们都可能需要采取多种角度来看待自己。

多样的“自我”
人格特质
“自我”观念的魅力
为什么我们喜欢快乐
情感描述难题
发现感觉中独特的“质”
人类思维的组织方式
复杂的尊严
人类智能的 3 大时间跨度

致 谢 /353
注 释 /357
译者后记 /367

诺拉·乔伊斯（Nora Joyce）对她的丈夫詹姆斯说：
“你为什么不写一部人人都能
看懂的书呢？”

引 言

人类思维与人工智能的未来

我希望此书有益于以下读者：想要探究人类思维如何运作的读者，想要了解如何更好思考的读者，想要制造智能机器的读者以及想要学习人工智能知识的读者。此外，心理学家、神经学家和计算机专家也会对本书产生极大的兴趣，因为本书对这些人士一直奋力研究的课题提出了许多新观点和新看法。

我们都钦佩科技、艺术和人类学研究中取得的许多重大成就，却很少认可自己在日常生活中取得的成功。我们认识眼中看到的事物，理解耳中听到的词语，记得过去经历过的事情，因此可以利用这些经验应对以后将遇到的其他困难和机遇。

我们可以完成其他动物无法完成的非凡壮举：一旦无法采用常规思维方式进行思考，我们就会反思；假如“反思”显示我们出现了错误，那么我们就能重新塑造一些全新且有效的思维方式。但是，我们对大脑到底是如何成功完成这些事情的却所知甚少：想象如何发挥作用？意识缘何形成？什么是情感、感觉和想法？人类如何思考？

与此相反，人类在解决物理难题方面却取得了诸多进步。固体、液体和气体是什么？颜色是什么？声音和温度是什么？力、压力和张力是什么？能量的本质是什么？当前，区区几条定律就足以解释几乎所有这些神秘的事情，比如由物理学家牛顿、麦克斯韦和爱因斯坦以及薛定谔等人发现的方程式。

因此，心理学家自然也会想到模仿物理学家，即通过寻找一系列定律来解释大脑中发生的事情。然而，根本就不存在如此简单的一套定律，因为大脑拥有数千个部件，每一个部件都负责不同的特定工作：一些部件识别环境，一些部件促使肌肉执行行动，一些部件制订目标和计划，还有一些部件存储和使用大量的知识。尽管对大脑的运行方式不甚了解，但我们知道，大脑是在信息的基础上构建的，而信息又包含数以万计的遗传基因，因此大脑中每一个部位的运行方式都受不同的定律约束。

人类大脑包含复杂的机器装置，一旦认识到这个事实，我们就需要采取与物理学家完全不同的做法，即寻找更为复杂的方式来解释我们最为熟悉的精神活动，而不仅仅满足于寻找简单的方式。诸如“感觉”“情感”或“意识”等词语的意思对我们来说如此自然、清楚和直白，我们根本不知道该如何对它们的含义进行深思。然而，本书认为，这些常用的心理学词汇并不描述任何单一、确定的过程，相反，它们都在试图描述大脑中复杂过程的影响和效果，例如第 4 章将讨论的“意识”就指代 20 多种不同的过程！

使简单的问题变得复杂，这种方式表面上看起来会使事情变得更糟。然而，从大的方面来说，增强复杂性有助于简化工作，因为一旦把未知的事物分割成细小的部分，我们就能用更小的问题来取代更大的问题；虽然这些更小的问题看起来可能仍然难于解决，但却不再是难解之谜。另外，第 9 章提出，把人类自身当成复杂机器的行为并没有伤害人类的自尊心，相反却能够增强人类的责任感。

在开始将大问题分割成小问题之前，本书认为，人类的大脑是由很多被我们称为“资源”的部分组成的（见图 0-1）。

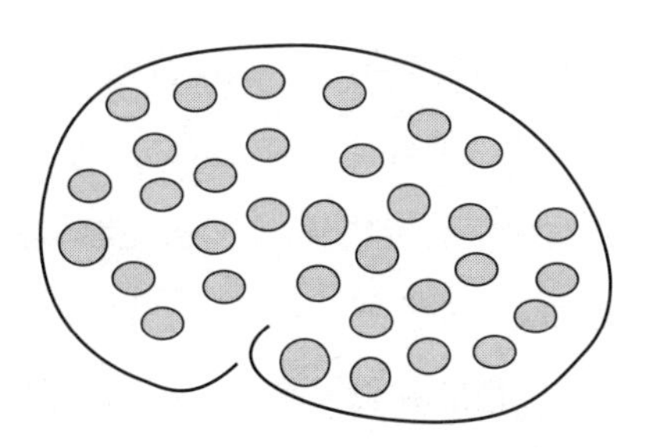

图 0-1　大脑由不同“资源”组成

我们使用图 0-1 来说明一系列大脑资源是如何控制和影响人类思想的，从而来解释人类的一些精神活动（比如愤怒、爱或尴尬）。例如，被我们称作“愤怒”的状态能够激发一些资源，使其能够快速而有力地作出反应，同时压制一些让计划和行动都变得更为谨慎的资源。因此，愤怒用攻击代替了谨慎，用敌意代替了同情。与之相似，“恐惧”的状态会激发让你萌生退意的资源。

大众：有时我会觉得周围的一切是那么明亮和有趣，而有时（尽管周围没有发生任何变化）我又觉得周围的一切是那么黯淡和无聊，朋友们也觉得我有些“沮丧”和“压抑”。为什么会有如此的心态、情绪、情感或性情？为什么情感会引发这些奇怪的效果？

人们普遍认为“这些变化是大脑中某些化学物质、压力或消极的想法造成的”，但是这个答案却没有指出这些过程的实际运作方式，而选择“资源集”的想法却指出了思维变化的具体方式。例如，第 1 章伊始就是对以下常见现象的思考：

> 当一位朋友爱上了某人，他就像变了一个人似的成为一个有目标、有规划、懂得换位思考的人，就像一个刚刚被打开的开关或刚刚开始运行的程序。

大脑内部究竟发生了什么，会使其思维方式发生如此大的变化？以下是本书使用的研究方法：

> 每一种主要的“情感状态”（emotional states）都是因为激活了一些资源，同时关闭了另外一些资源——大脑的运行方式由此改变了。

但是，是什么激发了这样的资源集呢？我们将在以后的章节中提到，大脑也必须具有我们称之为“批评家”（Critics）的资源。每种“批评家”资源会专门识别某种情况，然后激活其他特定的资源集。一些“批评家”资源是与生俱来的，意在激发我们的一些本能反应，如愤怒、饥饿、恐惧和口渴，其发展、演化有利于人类祖先们的生存。因此，愤怒和恐惧是为了抵御和保护，而饥饿和口渴是为了给人类的进化提供所需要的营养物质（见图 0-2）。

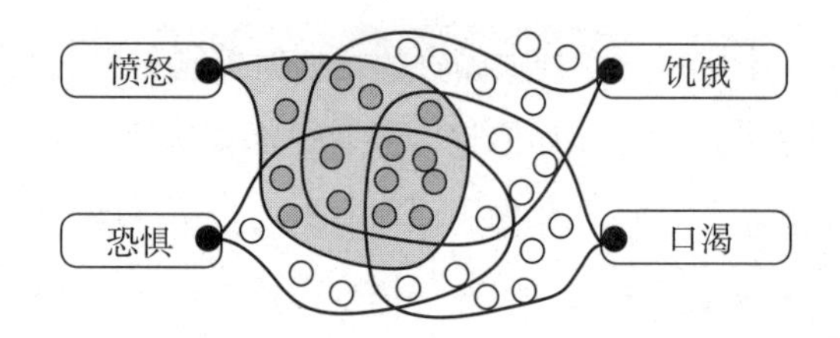

图 0-2　不同“批评家”可以激发出不同的本能反应

然而，随着人的不断学习和成长，我们也不断发展出激活另一些资源集的方法，这种发展过程使得人们形成了一种情感状态，我们称之为“理性”而非“感性”。例如，在生活中遇到难题时，大脑能在不同的思维方式间进行转换和思考，从而选择不同的资源集来把问题细分为更小的部分，或通过类比法，或从回忆中寻找解决方法，或向他人寻求帮助。

这种方法将有助于我们发现独特的人类智能。

> 每一种主要的思维方式都是因为激活了一些资源，同时关闭了另外一些资源——大脑的运行方式由此改变了。

例如，本书的前几章试图从情感状态如何使用资源的角度出发，说明这种方法如何解释诸如爱、依恋、痛苦和沮丧等情感状态。之后的章节也会以同样的方法分析思维更加具有“智能”的层面。

大众：使用同一种方法来描述情感和常规性思维的做法看起来很奇怪，但是思维基本上是理性的、超然的、独立而有逻辑的，而情感则因为其非理性的感觉和偏见，从而活跃了思维方法。

传统上认为，情感为简单明了的思维增添了额外的特征，正如艺术家借用颜色为黑白的图画增添色彩一样。然而本书认为，我们的许多情感状态是由思维方式压制某些资源而形成的。例如，第 1 章提出的“依恋”是在压制一些资源的条件下形成的，被压制的资源则被用来识别其他资源所犯的错误。

大众：我依然认为你关于情感的观点忽略了太多内容。例如，当我们的胸部或内脏感到不适、心悸或是感到眩晕、颤抖或出汗时，诸如恐惧或恶心的情感状态就会影响我们的身体和大脑。

我承认这种观点可能太过极端，但有时候，为了探索新的想法，我们必须摈弃以往陈旧的思想，至少暂时需要如此。例如，当前人们普遍认为，人们的情感与身体状况紧密地联系在一起，然而本书第 7 章则将持相反的观点，认为身体部位是大脑用以改变（或保持）精神状态的资源，例如，我们可以通过持续保持某种面部表情来表示自己支持某个计划。

因此，尽管本书名为“情感机器”，但我们仍然认为情感状态与人们所认为的“思考”过程并无大异，相反，**情感是人们用以增强智能的思维方式**。这就是说，当我们的热情没有高涨到对自己有害的程度时，不同的思维方式就成为被人们称作“智能”（英文为 intelligence 或 resourcefulness）的重要组成部分，这个过程不仅适用于情感状态，也适用于我们所有的精神活动。

> 如果你仅以一种方式“理解”某件事情，那么你可能根本无法理解它，一旦走进死胡同，你便无路可逃。但是，如果同时使用多种方式来表征某物时，一旦你遭受挫败，便可以转换到其他思维方式，直到找到一种适合自己的方法为止。

以此类推，当设计模拟人脑的机器即创建人工智能时，我们需要确保这种机器的多样性。

如果一个程序仅有一种运行方法，那么一旦这种方法不再适用于该程序，则该程序很快就会陷入停滞。相反，如果一个程序同时有几种运行方法，一旦其中一种方法出现问题，程序会很快转而使用其他方法或者寻找合适的替代方法。

以上就是本书的中心思想，它与认为每个人都有一个中心核、一种看不见的精神或自我，这种精神或自我又产生了多种多样精神活动的主流观点完全不同。这种主流观点看起来降低了人类的身份，即我们所有的美德都是间接获得的，我们所有的成就都是不值得称颂的，因为这些成就是其他途径附送的礼物。相反，**我认为人类的尊严来自人类自身的构造：处理多种情况和困境的不计其数的方法。多样性正是人和动物以及与过去所制造的机器的主要区别所在。**本书的每一章都会讨论人类特殊智能的来源途径：

- 第 1 章　我们天生就拥有多种精神资源；
- 第 2 章　我们能从人与人的关系中学习；
- 第 3 章　情感是不同的思维方式；
- 第 4 章　我们能反思我们自己最近的想法；
- 第 5 章　我们试着学习多维度思考；
- 第 6 章　我们能够积累大量的常识知识；
- 第 7 章　我们可以在不同思维方式之间转换；
- 第 8 章　我们发现了很多表征事物的方式；
- 第 9 章　我们可以塑造多样的自我。

几百年来，心理学家一直在寻找能够解释人类大脑活动的方法，但是到目前为止，仍然有很多思想家认为思维的本质非常神秘。许多人认为大脑是由一种只存在于生命体内的物质成分组成，机器不能感觉或思考，不会担忧自身的变化，甚至不会感受到自己的存在，更不会产生促成伟大的画作或交响乐作品的思维。

本书有如下目标：**解释人类大脑的运行方式，设计出能理解、会思考的机器，然后尝试将这种思维运用到理解人类自身和发展人工智能上。**

引用和注释

本书所引用部分源自具体的人物，我们会将其写在注释里。

马赛尔·普鲁斯特（Marcel Proust，1927）：每一位读者都只能读出自己已有的知识。一本书仅仅是一种光学仪器，作家在这个光学仪器里让读者发现自己，这种发现必须借助书本。

另一些引用则为假想读者的评论：

大众：如果日常的思维如此复杂，那为什么它在我们看起来却如此直白？

大多数引用符合标准的参考书目引用格式，例如：

Schank, 1975: Roger C. Schank. *Conceptual Information Processing*. New York: American Elsevier, 1975.

一些内容参考了网上的资料，例如：

Lenat 1998: Douglas B. Lenat. *The Dimensions of Context Space*. Available at http: //www. eye.com / doc/ context-space.pdf.

另一些内容参考了网上的内容，例如：

McDermott 1992: Drew McDermott, In comp.ai.philosophy. February 7, 1992.

如果想获得上述文件（以及它们的撰写背景），可以在网上搜索comp.ai.philosophy McDermott 1992，我会在自己的网站上保留这些文件的复件；读者也可以通过www.emotionmachine.net提出问题、撰写评论。

我之前的一本书《心智社会》（*The Society of Mind*）中使用了术语“智能体”（agent）[①]，而本书则改成了术语“资源”（resource）。我这么做的原因是，很多

① 国内也译作“代理”或“主体”。——编者注

读者认为“智能体”类似普通人（像旅行代理商），这些人能够独立运行或和其他人合作。与此相反，一些资源完成了某项工作，从而为其他资源奠定了基础，但并不能和其他的资源进行直接交流。如果想更详细地了解这两本书是如何联系在一起的，请参考普什·辛格（Push Singh, 2003）的文章，他为本书提供了很多想法。

第一部分

情感，人类特殊的思维方式

THE EMOTION MACHINE

COMMONSENSE THINKING,
ARTIFICIAL INTELLIGENCE,
AND
THE FUTURE
OF THE HUMAN MIND

THE EMOTION MACHINE

COMMONSENSE THINKING, ARTIFICIAL INTELLIGENCE, AND THE FUTURE OF THE HUMAN MIND

01 坠入爱河

我们每一种主要的“情感状态”都是因为激活了一些资源，同时关闭了另外一些资源——大脑的运行方式由此改变了。如果这种改变每次都会激活更多其他资源，那么最终将导致资源的大规模“级联”。

“爱”的手提箱

莎士比亚

我不真的凭我的眼睛来爱你，
在你的身上我看见了千处错误；
但我的心却爱着眼睛所轻视的。

许多人认为，把人比作机器的想法很荒谬，因此我们经常能听到以下这种说法。

大众：机器固然可以做一些对人类有益的事，比如计算庞大的数据或在工厂里组装汽车，但任何机器都不会像人类那样拥有真挚的情感，比如爱的能力。

如今，当我们让计算机完成逻辑性的工作时，人们并不会感到惊讶，因为逻辑建立在清楚而简单的规则之上，因此计算机能够轻松胜任。但爱，本质上是不能用机械的方式来解释的，我们也无法让机器拥有人类具有的任何其他情感，如感觉、情感和意识，等等。

爱是什么？它如何起作用？爱是不是我们一直想要明白却无法深入了解的主题之一？来听一听我们的朋友查尔斯对自己最近一段恋情的看法。

我爱上了一个完美的人，我已经不能再想其他任何事了。我的爱人是难以置信地（unbelievably）完美，她有着难以形容的（indescribable）美丽、完美无瑕的（flawless）性格、不可思议的（incredible）智慧。我可以为她做任何事。

从表面上看，以上这些说法似乎积极正面，因为查尔斯使用的是最高级的修饰词。但我们需要注意这段陈述里的奇怪之处：大多数积极的词语却使用了如“un”“less”和“in”的前缀或后缀，这表明陈述者描述此人时带有明显的负面情绪。

- 完美的，难以形容的。（我想不出她什么地方吸引了我）
- 我已经不能再想其他任何事了。（我的大脑已经基本停止思考）
- 难以置信地完美，不可思议。（任何理性的人都不会相信会存在这种完美）
- 她有完美无瑕的性格。（我放弃了我的批判能力）
- 我可以为她做任何事。（我已经放弃很多目标）

我的朋友则把这些情话当成了赞美之词。这使他感到幸福，工作更有效率，沮丧和孤独之感也随之减轻。但是，如果这些积极的影响来自他本人对女友的真实看法的抑制，那么又会出现什么情况呢？

哦，查尔斯，女人是永不知足的，她需要被爱、被需要、被珍惜、被追求、被求爱、被奉承、被娇惯、被纵容；她需要同情、疼爱、奉献、善解人意、温和、痴情、奉承、崇拜。这并不算要求太多，不是吗，查尔斯？[1]

因此，爱可以让我们将大多数缺点和不足置之度外，让我们把瑕疵当作优点来看待，正如莎士比亚所说，我们仍然可以意识到缺点的存在：

我的爱人发誓她将满怀忠贞，
明知她撒谎，但我依然相信。

我们容易欺骗自己，不仅是在个人的生活中，而且在处理各种抽象观点时同样如此。同时，我们也经常无视信仰之间的矛盾与冲突。正如理查德·费曼（Richard Feynman）在1966年获得诺贝尔物理学奖时的演讲中提到的：

一开始是这样的，这个想法对我来说显而易见，我疯狂地爱上了它，如同爱上一个女人。只有当你不够了解一个女人时，你才会觉得她完美无瑕，但是你们交往越深，你就越容易看到她的缺点，而又由于爱得太深，所以这些缺点不足以动摇你对她的爱。因此，尽管困难重重，但我年轻的热情使我深深地热爱着这个理论。

爱人真正爱的是什么？那便是恋爱中的对方，但如果你的快乐主要来源于抑制自己其他方面的问题和疑虑，那么只能说明你爱上了爱情本身。

大众：到目前为止，你只说了我们所谓的迷恋——性欲和奢靡的激情，却忽视了最通常意义上的“爱”，如温柔、信任和陪伴。

事实上，一旦这些短暂的爱慕褪色，他们便转为更持久的关系，在这段持久的关系中，我们与爱人分享着各自的兴趣爱好。

爱，名词，对某人的情感意向或情感状态（产生于对诱人气质的认可、自然关系的本能或通感），表现为对他人的关心、对他人陪伴的喜悦和获得他人认可的渴望、温馨的亲情和依恋。

——《牛津英文词典》

然而这种宽泛的爱的概念仍然显得较为狭隘，无法涵盖所有的爱，因为“爱”是“手提箱”式词语（suitcase-like word），它还包括其他类型的依恋：

- 父母对孩子的关爱；
- 孩子对父母及朋友的情感；
- 终生陪伴的纽带关系；
- 群体成员与其领导者的关系。

我们也用同样的爱来表达对物体、情感、思想和信念的投入，不仅包括那些突发而短暂的，也包括多年缔结的情感纽带：

- 一个皈依者对教义或《圣经》的执着；
- 一个爱国者对国家和民族的拥护；
- 一个科学家对发现新真理的激情；

- 一个数学家对数据推理的奉献。

为什么我们要将这些并不相似的事物统一到“爱”这个“手提箱”式词语中呢？正如后文所说，每一个“情感”术语都可以描述多种不同的心理过程，因此，我们使用“愤怒”一词来简化不同情感状态的集合，其中一些简化了我们感知世界的方式，因此无辜的手势变成了威胁，从而使得我们更具有攻击性。“恐惧”也会影响我们的反应方式，让我们避开危险的东西（和一些麻烦事）。

回归到“爱”本身的意义上来，所有条件中共同的一点是，每一个条件都能引导我们以不同的方式思考：

> 当你的某个朋友坠入爱河，他看起来好像变了一个人似的：一个有目标、有规划并懂得换位思考的人，就像一个刚刚被打开的开关或刚刚开始运行的程序。

这本书将主要解释大脑要进行何种变化才能改变我们的思维方式。

精神奥秘之海

我们无时无刻不在思考怎样管理我们的大脑：

- 为什么我浪费了如此多的时间？
- 是什么因素决定我会爱上谁？
- 为什么我有这样奇怪的幻想？
- 为什么我觉得数学这么难？
- 为什么我会恐高、怕生？
- 是什么让我沉迷于运动？

在尝试回答以上问题之前，我们必须首先解答以下问题：

- 情感和想法到底是什么类型的事物?
- 大脑如何形成新的想法?
- 信仰的基础是什么?
- 如何从经验中学习?
- 如何推理和思考?

总之，我们需要思维方式的创新，但一旦开始思考这个问题，我们就会遇到更多的谜团：

- 意识的本质是什么?
- 情感是什么? 它如何工作?
- 大脑如何进行想象?
- 人类的身体与思维是如何联系起来的?
- 我们的价值观、目标和理想的具体构成是什么?

每个人都知道以下情绪是什么滋味：愤怒、快乐、悲伤、喜悦和哀痛，但我们对这些情感过程的运行方式仍然一无所知。难道亚历山大·波普（Alexander Pope）在他的《人论》（*Essay on Man*）中所说的正是我们希望去了解的事情吗?

> 难道是他，掌管着快速移动的彗星，
> 描述或修复他思维的一次运动?
> 谁看到了它的火上升，然后下降，
> 阐述他的开始，或是结束?

我们对大脑的运行机制了解甚少，那么我们又是如何学习那么多关于原子、海洋、行星和恒星的知识的呢? 因此，牛顿只用 3 个简单的定律就描述了各种物体的运动；麦克斯韦仅用 4 个定律就解释了所有的电磁活动；爱因斯坦则减少这些定律，使之变为更简单的公式。这一切都来自物理学家对以下真理的追求：为所有起初看来高深复杂的事物寻找合理简单的解释。那么，同样经过了 3 个世纪的发展，思维科学却为什么几乎没有取得任何进步? 我认为这主要是因为大多数心理学家企图模仿物理学家，对精神活动中出现的问题也寻找着类似的解决方案。

然而，心理学家的这些探索却没有发现能够解释人类思维的定律。因此，本书将从另一角度，以更为复杂的方式来解释人类乍看来简单的精神活动。

这个角度在科学家，尤其是习惯相信以下陈述的科学家看来则是荒谬的，“人们永远不要作出多过所需的假设”，但更糟糕的是做了相反的努力，正如当我们使用“心理学词汇”时，它们隐藏了本该描述的内容，因此，以下句子中的每个词都掩盖了主体的复杂性：

> 你注视着一个物体，看看它是什么。

系统决定眼睛的移动方式，而“看”则压制了你对这个决定的质疑。然后，“物体”分散了你的注意力，你也就不会询问视觉系统是如何把场景分割成不同质地和颜色的了。同样，“看看它是什么”足以不断使你将这一事物与你以前见过的其他事物相联系。

我们试图描述思维活动时，其实与平时使用大多数常识性文字时是一样的——就像有人说，“我想我明白你在说什么”，也许这方面最极端的例子就是，我们对“我”这种称谓的使用，因为我们都是听着下面的话成长起来的：

> 我们每个人都被大脑中强大的生物控制，它左右着我们的感觉、想法和决定。我们称其为“自我”（Selves）或者“同一性”（Identities），我们相信，不管我们发生怎样的变化，它们始终如一。

“单一自我”（Single-Self）的概念在日常的社会交往中发挥着很大的作用，但它却阻碍了我们对以下问题的思考：大脑是什么，它是如何运行的？因为在自问我们做什么时，我们从所有的问题中总结出了同一答案：

> “自我”使用感官系统观察世界，然后将其学到的内容储存在记忆里。它源于你所有的渴望和目标，并通过挖掘你的“智能”来解决所有问题（见图 1-1）。

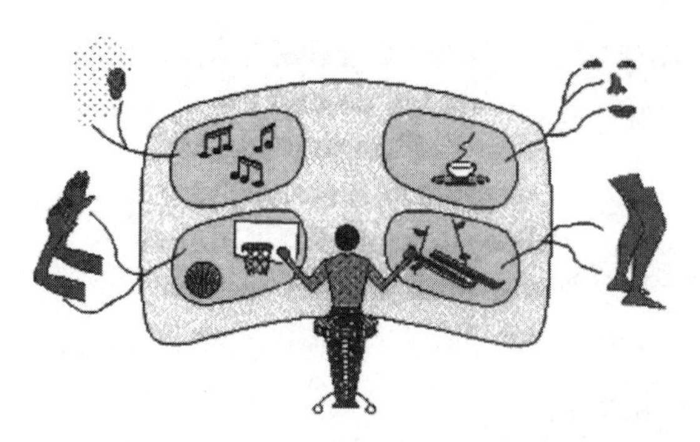

图 1-1 “自我”对大脑的控制

我们自己不做决定，而是把决定权移交给了实体，那为什么我们还会对这个想法感兴趣呢？下面是解释大脑能够进行类似虚构的几种原因。

儿童心理学家：孩提时，你就学会了区分周围的一些人，后来，你不知何故认识到自己也是这样的人，与此同时，你可能认为在你内心里也存在着一个人。

心理治疗师：单一自我联想能让我们快乐地生活，因为它掩藏了我们被各种冲突、无意识的目标所控制的事实。

务实者：这种形象会使我们变得高效，然而更好的想法可能会减缓思考的速度。大脑每时每刻都在思考，但要想通一切则要花相当长的时间。

然而，尽管单一自我的概念具有实际用途，但它不能帮助人们理解自我，因为它没有提供可供我们构建理论的细节部分。当你把自己当作单一实体时，便不能理解以下的问题：

- 我思考的主题是由谁来决定的？
- 我如何选择下一步的目标？
- 我怎样解决这个难题？

相反，单一自我概念只能提供下面这些毫无用处的答案。

- 自我选择思考的内容。

- 自我决定以后的目标。
- 我应该尝试让自我去工作。

当我们探索大脑时，问的问题越简单，似乎就越难以得到答案。当被问到复杂的事情，如“人们如何建造房子”时，你可能会立即回答：“先打地基，然后建造墙壁和屋顶”。然而，我们发现很难回答看似简单的问题，如：

- 如何辨别你看到的东西？
- 如何理解一个词的含义？
- 是什么让你相比痛苦更喜欢快乐？

事实上，这些问题根本不简单。“看”某个物体或“说出”某个词的过程涉及大脑内几百个不同的部分，每一部分都负责复杂的工作，然而我们为什么没有意识到它的复杂性？这是因为大部分工作在大脑的内部完成，而我们根本“看”不到这些内部的过程。在本书的结尾，我们将再次审视“自我”和“同一性”这两个概念，我们将自我概述成一套精密的结构，为许许多多不同的目标服务。

一旦想到“自我”，你便在不同的巨大模型网之间转换。每一个模型都试着去描述思维的某个方面，从而解答有关自身的一些问题。

我们如何变得更加健康？我们如何让教育变得更好？我们如何让社会保持长久的稳定？扫码关注“庐客汇”，回复“情感机器”，观看马文·明斯基的TED演讲，聆听他增强人类智能的方法。

THE EMOTION MACHINE

情绪与情感

威廉·詹姆斯（William James，美国最早的实验心理学家之一，1890）：
如果人们试图给以人心为载体的每一种情感命名，那么某一人群总会为其他种族不加区分的一系列情感找到合适的名称。如果以选择这种或那种特性为基础，那么各种分类组合都将成为可能。唯一的问题是，这种或者那种归类方法是否最大程度地满足了我们的目标？

有时，人们会进入这样的状态——觉得周围的一切都愉悦而明亮；而有时，尽管外界没有发生任何变化，人们却觉得整个世界都显得黯淡和无聊，朋友们也总会发现你很沮丧。为什么会有如此的心态、情绪、情感或性情？是什么原因使这些情感产生了如此奇妙的效果呢？以下是词典里对"情感"（emotion）一词的定义：

- 一种强烈感觉的主观体验；
- 激动或波动的精神状态；
- 涉及人身体状况的心理反应；
- 主观而无意识的情感；
- 涉及情感的意识部分；
- 理性思考的非理性方面。

如果你仍然不了解"情感"的内涵,便不会从这些定义中学习到知识。"主观"应该是什么意思，"有意识的情感"又是什么？这些"意识部分"是在哪些方面与"感觉"相联系的？每份情感都会有"波动"吗？我们试图界定"情感"的内涵时，为什么会出现如此多的问题？

需要界定"情感"的原因很简单："情感"是一个"手提箱"式词汇，我们用它来掩盖大范围内不同事物的复杂性，而这些事物之间的相互关系我们还没有理解。以下是我们用来指代多种多样的精神状态的成百上千个术语中的一部分：

钦佩、喜爱、好斗、激动、痛苦、惊恐、雄心、快乐、愤怒、悲痛、焦虑、冷漠、信心、诱惑、敬畏、狂喜、无畏、无聊、自信、困惑、渴望、轻信、好奇、拒绝、高兴、沮丧、嘲笑、欲望、憎恨、厌恶、气馁、怀疑、疑虑……

任何时候，只要想改变自己的精神状态，人们就可能用到以上词汇来描述自己的新状态，但是通常情况下，上面提到的这些词或短语只适合表达宽泛的情感状态。许多专家倾其一生来划分人们的思维状态，把像“情感”“性情”“脾气”和“情绪”这样的术语排成有序的表格或图表，但是，我们应该把“痛苦”定义为情感或情绪吗？应该把“悲伤”定义为性情吗？没有人能够厘清这些术语的用法，这是因为不同的传统习惯对这些词有不同的区分方法，不同的人有表达纷繁各异的情绪的不同的想法。又有多少读者能够准确地描述以下各种情感的情感状态呢？[2]

- 失去孩子的痛楚；
- 对国家永远不能享有和平的恐惧；
- 爱人到来时的激动和期待；
- 选举大获全胜时的兴奋；
- 高速行驶的轿车失控时的恐慌；
- 注视着玩耍中的孩子时的欣喜；
- 处于封闭空间中的惊慌失措。

在日常生活中，在说出“快乐”或“恐惧”之类的词汇时，我们期待朋友了解我们的真正意图，但是如果要用更精确的情感词语代替上述这些常用的词语，反而会阻碍而不是帮助人们总结出人类大脑运行的理论。因此我们认为，每一种情感状态都建立在许多细小的过程的基础上，而这一理论则是本书采用的分析人类思维的全新方法。

本能机，让婴儿情感更好捉摸

达尔文（1872）：当感受到轻微的疼痛、饥饿或不适时，婴幼儿便会拖长嗓

> 音发出刺耳的哭声。孩子哭泣时眼睛紧闭，眼周围的皮肤也随之皱起，前额缩成皱眉状，嘴巴大张，嘴唇以一种奇怪的方式收缩，最后形成一个方形，牙齿周围的牙床会多多少少地显露出来。

前一刻，孩子可能看起来状态非常好，然而突然之间，他便焦躁不安地乱动起来。接下来便气喘吁吁，连绵不绝的哭声接踵而至。孩子是饿了、困了，还是尿了？无论麻烦的后果如何，这种哭声都会促使你寻找解决的办法。一旦找到解决办法，事情便会很快恢复正常，但与此同时，你也会感觉沮丧，这是因为当一个朋友向你哭诉时，你可以通过询问的方式了解他的问题；然而当孩子突然改变情绪时，你却不能用与大人交流的方法和孩子沟通。

当然，我并不是暗示孩子们没有“性格”。婴儿们刚出生后不久，人们就会感觉到一些婴儿要比其他婴儿的反应更快、更有耐心、更容易动怒或者更具有好奇心；这样一些特征可能随着时间的流逝而发生变化，但另一些特征却会伴随孩子们的一生。然而，我们不禁要追问，究竟是什么导致孩子们在不同情绪之间如此频繁地转换，如从满意和安静迅速转化到生气和怒不可遏？

为回答这类问题，人们需要熟知婴儿行为的机制。因此，假设有人要求你设计一款仿生动物，或许你得首先列出设计这款机器需要完成的一系列任务和目标，即需要有自动修复功能的零件设备和抵御攻击的防御设备，必须具备自控温度的能力以及一些能够吸引朋友来帮助自己的方法。列好清单后，便可以让工程师通过建立单个“本能机”（instinct-machine）的方式来满足这些要求（见图 1-2），最后将所有机器封装进一个“盒体”（body-box）中。

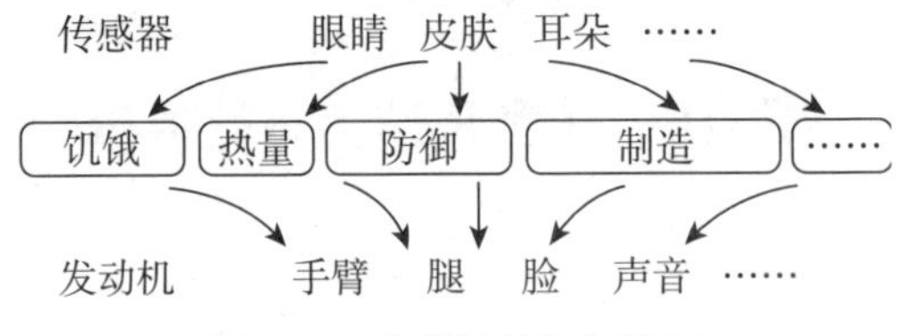

图 1-2　本能机的运行机制

那么，每个本能机内部是怎样运行的？它们的运行需要以下 3 种资源：条件识别途径、如何反应的知识和动作执行肌群或神经（见图 1-3）。

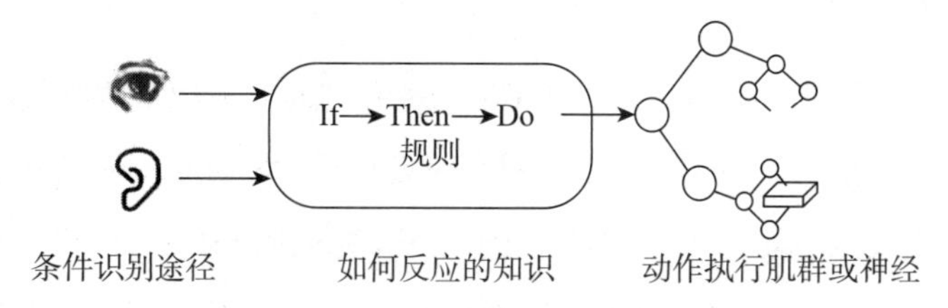

图 1-3　本能机运行所需的 3 种资源

有关如何反应的知识体系内部是如何运作的？我们来看一个最简单的案例：假设我们已预先知道机器人能遇到的各种问题，那么我们需要的就是一组简单的由“If→Do”两部分构成的规则。在这个规则里，“If”指条件的一种，而“Do”指相应的动作。因此我们将这类机制称为“基于规则的反应器”（Rule-Based Reaction-Machine），如图 1-4 所示。

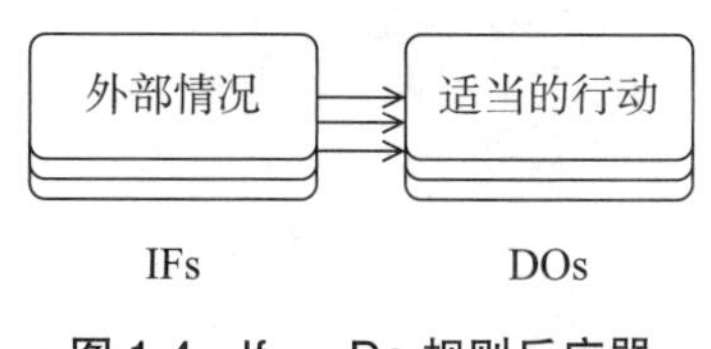

图 1-4　If→Do 规则反应器

- 如果感觉到闷热，就去往阴凉处；
- 如果感到饥饿，就去寻找食物；
- 如果面临威胁，就采取防御措施。

许多小动物天生就具备按诸多 If→Do 规则行动的能力。例如，它们天生就有平衡自己体温的能力：体温过高时，它们通过呼吸、排汗、伸展身体和血管舒张的方式降低体温；体温过低时，它们通过颤抖、收拢肢体、血管收缩和新陈代谢的方式产生更多的热量。在以后的生活中，我们逐渐学会了用行动改变外部的世界。

- 如果感觉寒冷，就打开暖气；
- 如果感觉炎热，就打开窗户；
- 如果光线太强，就放下窗帘。

但是如果仅仅把人类的大脑活动描述为一系列的 If⟶Do 规则，那就太过天真了。然而，伟大的动物心理学家尼古拉斯·廷伯根（Nikolas Tinbergen）在《本能研究》（*The Study of Instinct*）[3] 一书中提到，当这些规则以某种方式组合时，可以解释动物的多种行为。廷伯根试图解释鱼类行为，其部分内容展示如图 1-5 所示。

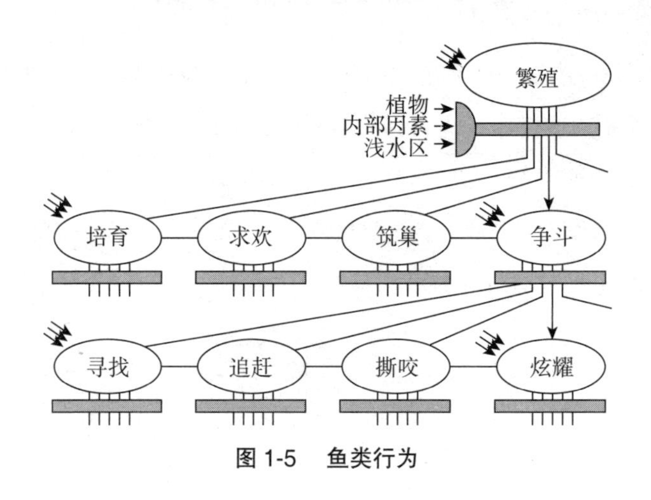

图 1-5　鱼类行为

当然，要想解释更高层次的人类思维的运行方式，则需要更多的努力。本书余下的部分主要将描述人类大脑的内部构造。

云认知型思维

仅从外部观察大脑的轮廓，我们便很清晰地知道该如何描述大脑。

爱因斯坦（1950）：我们总是被各种组织有序的冲动行为控制，因此我们的各种行动大体上是在为自身或种族的自我保护服务。饥饿、爱、痛苦和恐惧是自我保护的机制之一，它们通过控制个体的本能实行对个体的自我保护。与此同时，作为社会中的人，我们与同伴之间的关系总是建立在同情、自豪、憎恶、权势需求或怜悯等基础之上。

本书试图向人们展示大脑产生各种意识的方式。当然，迄今为止，仍有很多思想家坚持认为机器永远无法感觉或思考。

大众：机器只能完成人们编程设定的任务，但没有思想和感觉。没有一台机器会感觉到疲倦、无聊或拥有其他情感。机器出问题时，它不能自行解决；机器完成任务时，它也无法感受成功的快乐、自豪或高兴。

活力论者：那是因为机器没有任何精神或灵魂，没有任何愿望、野心、欲望或目标。这就是为什么机器在遇到故障时会停下来，而人类却会竭尽全力地完成任务。这必定是因为人类是由不同质地构成的，因此我们是有生命的，而机器却没有。

在过去，这些观点似乎无懈可击，因为有生命的东西似乎与机器截然不同，甚至没有人想象过这些机器能够思考和感觉。但是我们一旦开发了更多的科学仪器（并对科学本身有了更深的见解），那么生命将不再如此神秘。因为事实上，每一个生命细胞都由成百上千种与机械类似的构造组成。

整体论者：是的，但很多人仍然认为，有生命的物体和机械物体的渊源将永远是一个难解之谜。每个人肯定大于其身体各部分之和。

这曾是普遍流行的观点，但是如今，更广为流传的一种观念是：**结构复杂的机器的行为只取决于不同部分之间的相互作用方式，而不是制成它们的“材料”（除了影响速度和力度的材料）。换言之，重要的是零件和与其相连的零件之间的关系**。例如，我们可以设计出只以一种规则运行的计算机，无论这些计算机的芯片是电子、木质还是纸质的，只要它们的部件执行一样的程序，其他部件就能进行识别和反应。

这促使我们提出了很多更为新颖的问题。我们不再问“情感和想法到底是什么类型的事物”，而是问“每种情感涉及的程序是什么、机器如何来执行这些程序”。为了解这些问题，我们还是要从最简单的开始：**每个大脑包含很多部件，每一种部件负责某种特定的工作。一些部件可识别不同的模式，另外一些部件则监督不同的行为，还有些部件传达目标或计划，或储存大量知识。正如图 0-1 描绘的，我们可以把大脑想象成由许多不同“资源”组成的统一体。**

图 0-1 初看之下非常模糊，但它可以帮助我们理解如何实现反差巨大的状态转换这一事实。例如，我们称之为“愤怒”的状态可能会在以下情况下发生：当你激发了一些能帮你以更快的速度和更大的力度作出反应的知识，而这同时也压制另一些通常会使你行为谨慎的资源时。这将导致攻击性的资源替代了通常的谨慎性的资源，把同情转变为了敌意，并使得人们在做计划时更粗心。所有这些变化都是因为开启了图 0-2 中属于“愤怒”的资源模式。

与此相似，我们可以用同样的方式解释“饥饿”和“恐惧”的情感状态。我们甚至可以解释开篇提到的查尔斯深陷热恋的原因：或许是这种过程关闭了他通常用来识别他人错误的资源，同时用他以为女友希望他拥有的目标替代他自身原有的目标。因此，我们来做个总结：

> 每一种主要的“情感状态”都是因为激活了一些资源，同时关闭了另外一些资源——大脑的运行方式由此改变了。

上述结论看起来可能太过简单，但以后我们还会深入讨论。现在我们仅把情感状态看作一种特殊的思维方式。

> 不同的思维方式都是因为激活了一些资源，同时关闭了另外一些资源——大脑的运行方式由此改变了。

通过这种方法，我们可以把情感状态看作不同资源相互作用下的结果，本书将主要讨论这些资源的运行方式。首先，我们需要了解这些资源的来源。很明显，其中一些资源是在进化中产生的，它们可以提供某些功能，从而保持我们身体的正常运转。愤怒和恐惧主要起保护作用，饥饿主要是为了向身体提供养料。很多这样的“基本本能”我们天生拥有。其他一些资源是后天获得的，比如繁殖的能力（涉及一些危险的行为），其中一些是与生俱来的，另一些则必须通过后天学习获得。

当几种选择同时出现，即一些资源同时受到激活和压制时会发生什么？这种情况就导致了“喜忧参半”这一心理状态。例如，当人们发现某种威胁时，与愤怒和恐惧相关的资源就会被激活（见图 1-6）。

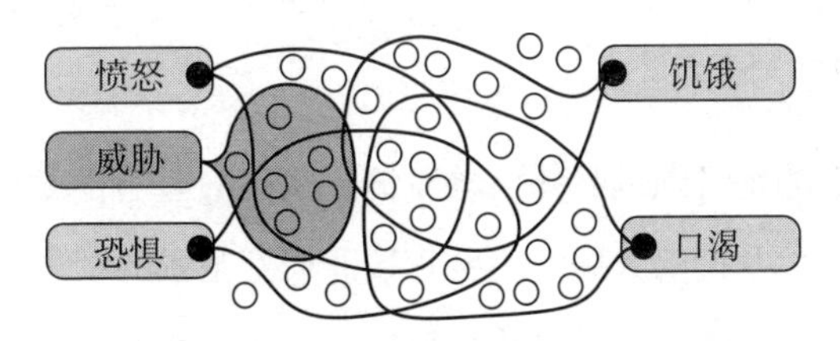

图 1-6　多种资源被同时激活

如果人们想同时进行攻击和撤退，便可能导致一些瘫痪和麻痹情况的出现，这种情况通常会在一些动物身上发生。然而，人类思维可以避开这些陷阱，通过“更高层级”的资源解决这些冲突，我们将在后面的章节中提到这一过程。

学生：如果你能更精确地定义“资源”，我就会更清楚地了解你所谈论的内容。你认为在人类大脑中每种资源都有一个独立、确定的位置吗？

我只是使用“资源”的模糊意义来指代多种多样的结构和过程，其中，过程主要指从认知、行动到思维方式。一些功能由大脑中一些特定结构完成，而另一些功能则涉及大脑中更多的部分。本书还会讨论由大脑支持的各种资源及其功能的组织方式。然而，我并不想对这些资源在大脑中的位置下定性的结论，因为当今对这些问题的研究日新月异，任何结论在几周之内都有可能过时。

正如我们所说，“云资源理念”（resource-cloud idea）这一想法起初看起来可能太过模糊，但是随着我们对精神资源的运行方式更加了解，我们会渐渐用更为精细的理论来描述资源的组织方式。

学生：你认为人们的情感状态仅仅是思维方式，但那也太过僵化和抽象，太过学术化、无趣和机械化了。另外，这一理论也不能解释我们成功或失败时经历的快乐或痛苦，或者我们从天才艺术家的作品中感受到的震撼。

丽贝卡·韦斯特（Rebecca West，英国作家、记者）：这一理论已然溢出了思想的疆界，成为一件非常重要的物理事件。血液流经手脚和肢体，然后流回心脏。心脏就像一座巨大、高耸的庙宇，其支柱由无数用作照明的物体组成，如果血液流进毫无生机的麻木肉体，那么这种流动就会变得更加迅速、轻盈和令人震惊。[4]

传统上对情感的定义强调身体活动对情感状态的影响程度，比如在我们高度紧张时的情况，然而我们的大脑并不会直接意识到紧张的程度，而是对与身体部位紧密相连的神经系统产生的信号作出反应。因此，我们的身体各部分本身非常重要，它们同时也可被看作大脑可利用资源的组成部分。

本书余下的部分主要关注人类大脑所具有的精神资源类别、每一种资源的内容，以及相互联系的资源之间是如何相互影响的。我们首先来看一下资源的激活和关闭。

学生：为什么人们需要激活资源？为什么不能让所有资源同时发挥作用？

确实，某些资源永远不会停滞——例如涉及重要功能的资源，像呼吸、平衡、姿势以及对某种特殊类型的危险的警觉。然而，如果所有资源同时发挥作用，它们就很容易陷入矛盾状态。你不能同时让自己的身体行走和奔跑，或者同时向两个方向移动。因此，当人们拥有几个互不兼容的目标时，由于这些目标可能使相同的资源相互竞争（时间、空间或能量），那么，人们就需要寻找一些方法处理这种矛盾。

人类社会也是如此。一旦不同的人有了不同的目标，他们或许能够独自追寻这些目标，但当这种情况造成冲突或浪费时，社会通常会产生多层次的管理结构（见图 1-7），每一级管理机构监督下一级的活动（至少在原则上如此）。

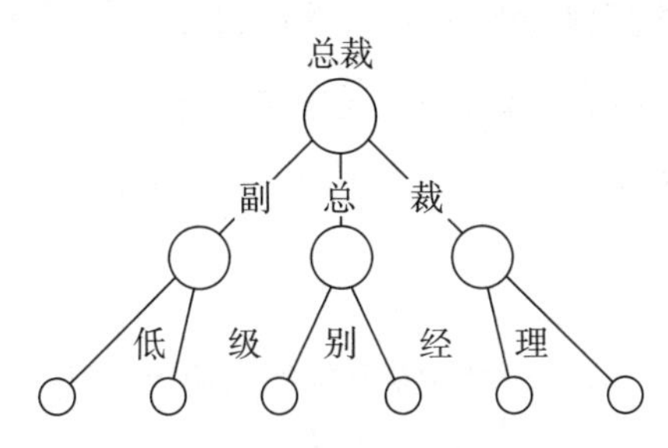

图 1-7　多层次社会管理结构

然而，无论是在人类社会还是大脑结构中，很少有高级管理层能够深入了解系统的细节，从而明确知道自己需要做什么。所以，事实上，高级管理层的很多“权力”大都来自下属提供的建议。换言之，这些下属控制或限制着高级管理层的决定，至少短时间内是这样。

举例来说，如果一种思维方式进入死胡同，那么我们就需要把问题分割成细小的部分，或者回忆过去遇到相似问题时的解决方法，或者进行一系列不同的尝试并对这些尝试进行比较和评价，或者尝试学习以完全不同的方式来解决这些状况。这就意味着大脑中低层次的思维机制会涉及很多高层次的思维机制，从而产生某种新的精神状态，而这种精神状态就是我们所说的全新思维方式（见图 1-8）。

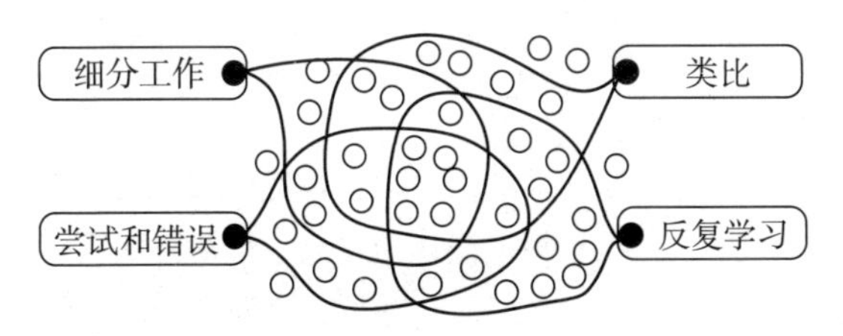

图 1-8　全新思维方式的产生

假设人们同时尝试用几种全新的思维方式去处理问题，又会出现什么情况呢？如此一来便会出现争夺资源的情况，我们就需要借助高水平的管理方式，这是因为高水平的管理方式通常仅涉及一种选择，从而会排除矛盾。**高水平的选择单一性是人类连续地、逐步地思考问题的原因之一，事实上，每一步又基于更细微的、同时进行的思维过程。**无论在何种情况下，本书将表明那些所谓的“意识流”形式的思维方式是一种假象，而这种假象来源于人类大脑中的高级部分无法得知其他许多过程的事实。

大众：转换资源集或许能从理论上解释昆虫或鱼的行为，但是查尔斯并没有以你描述的方式转换到一种完全不同的精神状态中去，他只是改变了他行为的某些方面。

我完全同意上述说法。然而，任何理论一开始都应该有一个高度简化的版本，即使是这样，如此简化的模式也能解释为什么婴幼儿能在不同状态之间作出如此频繁的改变。当然，以后孩子们会拥有更加娴熟的技巧，通过这种技巧，他们能在不同程度上激活和压抑一些资源，而这又能培养综合天生本能和新思维方式的能力。因此，几种资源在这时可以同时被激活，也就出现了我们所说的喜忧参半的感觉。

成人精神活动的 6 大层级

看这孩子哟，自然法则多么温情，
拨浪鼓让他欢笑，稻草让他开心。
年轻时，他爱上更有活力的玩物，
虽然更加热烈，但他感觉空虚：
年长时，头巾、勋章、金钱给他荣耀，
年老时，他却迷恋念珠和祷告。

亚历山大·波普
《人论》

当婴儿情绪不佳时，他们便会频繁地改变情绪：

> 通常一个婴儿是无法忍受挫折的，每当遇到挫折时，他都会发脾气。他会屏住呼吸，背部紧缩，头部后仰。

然而几周以后，这种行为会发生改变：

> 此时他不会再完全受愤怒的控制了，还会用其他方式保护自己，于是当他感觉挫折来临时，会爬到一个软绵绵的地方去发泄。

这种现象表明，婴儿的大脑里只有一种“思维方式”能起作用，因此不会产生很多冲突。然而，这些幼稚的体系并不能解决我们以后生活中面临的冲突。这致使我们的祖先发展出了更高级别的系统，而不同的本能可以在其中高度融合。但在获得更多能力的时候，我们也变得更容易犯错误，因此，为了控制自己不犯更多的错误，我们还必须进化出新的解决方法，正如第 9 章所描述的。

在尝试了几种方法解决问题后却没有进展因而感到疲惫时，我们倾向于认为问题“困难”重重。只知道自己遇到困难是不够的：如果能意识到你面对的是一些特殊种类的障碍，那么你会做得更好；如果你能判断出自己面临的问题的类型，那么你便会选择更加合适的思维方式。因此，本书提出，为了处理困难的问题，大脑会通过批评家 - 选择器模型（Critic-Selector Machines）来增强其原始的反应机制（见图 1-9）。

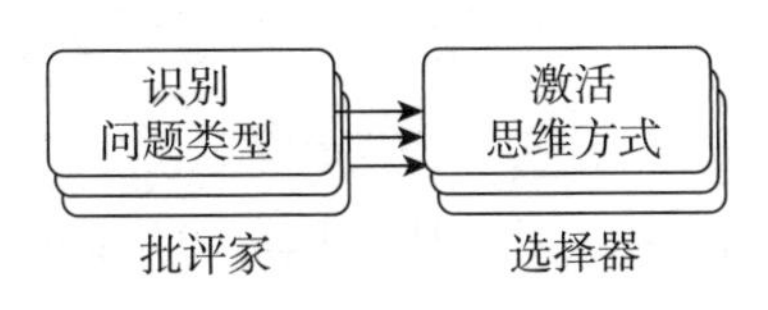

图 1-9　批评家 - 选择器模型

最简单的版本就是前文提到的“If → Do”规则：当一个“If”发现某个真实世界的情况时，与它相对应的“Do”就有反映这个真实世界的作用。当然，这意味着简单的“If → Do”规则有着很大的限制，并缺乏灵活性。

然而，批评家 - 选择器模型的“批评家”可以检测到大脑内部的情形或问题，例如被激活的资源之间的严重冲突。与之类似，批评家 - 选择器模型的“选择器”不只会在外界起作用，它们也能通过触发或关闭其他资源对精神障碍起反应，即转换到不同的思维方式。

例如，在选择采取哪种措施之前，这种思维方式通常会涉及多种方式。因此，当一个成年人受到威胁时，他不只需要本能反应，还需要权衡是撤退还是进攻——这要通过使用高层次的思维方式在可能的回应方式中作出选择。通过这种方式，你能在开始生气或害怕之间作出深思熟虑的选择。因此，你想适当地恐吓对手时，可以故意表现出生气的样子——尽管其他人不会意识到你是假装的。

我们该怎样又该到哪里去发展更高层次的思维方式呢？我们知道，在童年时代，人类大脑会经历许多阶段的成长。为了讲述这些内容，第 5 章将作出假设，将精神活动分为至少 6 个层级，图 1-10 总结了人类精神活动是如何组织的。

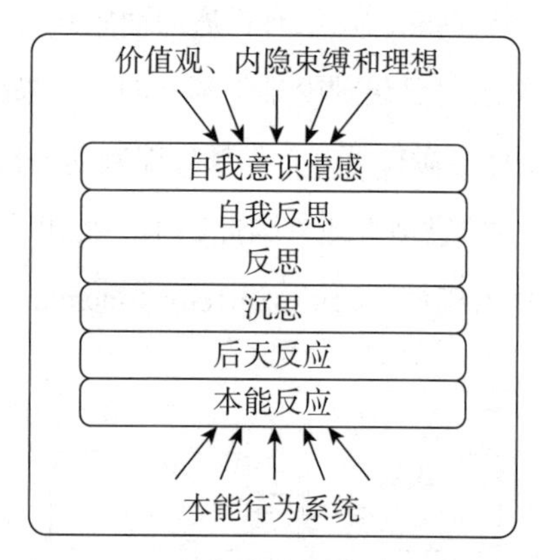

图 1-10　人类精神活动的 6 个层级

图 1-10 的最低层级和我们与生俱来的本能相对应；最高层级与被我们称为“道德”或“价值观”的思想融合，而这些思想是后天学习得来的；位于中间的，是处理对待各种问题、冲突和目标的层级，其中也包括每天发生的常识性的事情。例如，处在“沉思”级别时，你可以考虑采取不同措施，并想象每一种措施的效果，从而进行比较；处在“反思”级别时，你可以考虑自己已经做了什么、作出

的决定是不是最佳选择。最后，你可以对这些措施是否配得上你所设定的目标进行“自我反思”。

我们都能观察到自己孩子价值观的变化以及能力的进步，然而我们谁也无法重新回忆起自己幼年心灵成长的步伐。可能有这样一个原因：那时候，我们一直都在探索加强记忆的方法，而且每一次都会转换到新的层级上，这让我们难以检索（或是理解）以前的记录。也许这些旧有记忆仍然存在，但在形式上我们已经不能理解它们了，因此我们记不起自己是怎样从初始的反应系统进化到更加先进的思维模式的。我们已经重建大脑太多次了，因此无法记起幼年时代的感觉。

情感“瀑布”

达尔文（1871）：有些习惯比其他习惯更难改变。因此，我们经常能够观察到发生在具有不同本能的动物之间，或是具有一种本能和一些习惯性倾向的动物之间的斗争。当一只狗在追赶野兔时被喝斥了，它会停顿、犹豫、继续追赶或是羞愧地返回主人身边；而母犬在舐犊之情和对主人的忠诚之间摇摆不定，它会偷偷溜去陪幼犬，却带着因为不能陪它的主人而感到羞愧的表情。

本章已经就人们为何能大幅改变其状态提出了问题。让我们回顾一下那个例子：当一个你认识的人坠入爱河，他整个人几乎就像被开关激活了一样，此时一个不同的程序开始运行。大脑的批评家 - 选择器模型表明，当某种选择器激活了某个特定的资源集时，这种改变就会发生。因此西丽亚对查尔斯的吸引力变得愈加强烈，因为一种特定的选择器抑制了查尔斯的大部分纠错批评能力。

心理学家：实际上，迷恋有时候会突然来袭，但是其他的情绪会慢慢波动及至消退，通常，到晚年时，我们的情绪变化往往会不再那么突然。因此，一个成年人不容易生气，但是可能会对一次细微的或者自认为是侮辱的行径纠结数月。

我家 20 岁的虎斑猫几乎没有显示出任何与成年人类类似的迹象。它有时候可爱至极，喜欢和我们腻在一起，会表示亲热，但一眨眼的工夫，在没有任何预兆的情况下，它会抬脚走开。相反，我们 12 岁的宠物犬很少会头也不回地离开，它回头的样子好像在表达歉意。猫看起来不会纠结，但是狗的性格似乎更加复杂，更不会像被开关控制一样。

在以上任何一个案例中，被激活的资源中任何大的波动都将极大地改变一个人的精神状态。当一种选择器资源直接引起其他资源的活动时，图 1-11 中的过程就开始了。

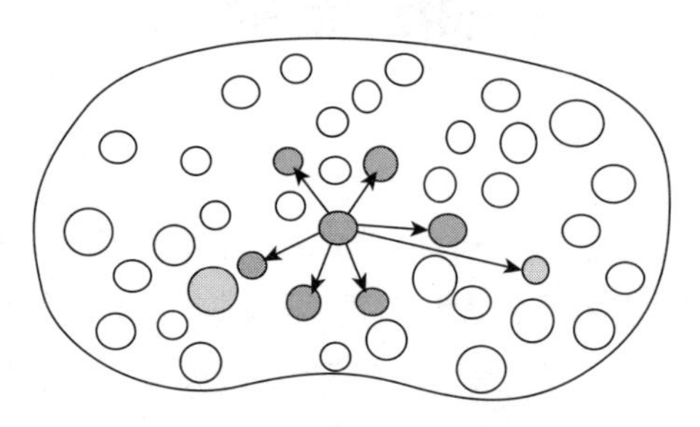

图 1-11　资源间的互相影响

接着，那些被激活的资源中有些可以继续激活其他资源，如果每次这种改变都会激活更多其他资源，那么最终将导致资源的大规模“级联”（cascade）（见图 1-12）。

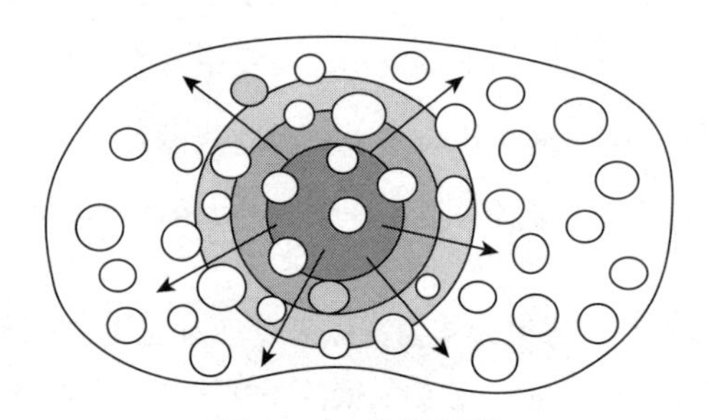

图 1-12　资源级联

这些活动扩散得越广，精神状态就越容易被改变，但是这当然不会改变一切。查尔斯采用一种全新思维方式时，并不是说他所有的资源都会被替代——在很多方面，他仍将像以前一样能够看、听和说，但是他将以不同的角度去理解事物，并会选择不同的主题进行讨论。他可能会有不同的看法，但仍然会运用自己的常识，也仍然会有一些同样的计划与目标。但是，他也将追寻一些不同的计划与目标，因为它们的优先级不同了。

尽管存在这些变化，查尔斯坚持认为他仍然具有同样的“同一性”。在某种程度上，他会意识到自己的精神状态发生了改变吗？有时候，他一点儿也没有注意到这种变化，但在其他时候，他发现自己会问这样的问题：为什么我今天会生气？然而，即使对这种问题若有所思，他的大脑也必须具备一种对最近活动进行“反思”的方式，例如通过对某一情感级联式传播的识别，在第 4 章中，我们将讨论它与“意识”过程之间的联系，且在第 9 章里，我们将更多地讨论“自我”与“同一性”这两大概念。

思维维度的多样性

大众：什么是情感？为什么我们会有情感？每个人的情感与智力之间的关系又是什么？

谈到一个人的思维时，我们经常会用复数形式的“emotions”一词来加以描述，但是我们却总是用“intellect”这一单数名词来形容人们的智力。然而，本书认为，每个人都拥有多重思维方式，我们称之为“情感”的状态不限于这些不同案例。诚然，我们都是在这种主流观点中长大的，即我们仅有被称为“逻辑”或“理性”的单一思维方式，但我们的思维是丰富多彩的，或许受到了所谓情感因素的影响。

然而，“理性思维”（Rational Thinking）的概念并不完整，原因在于，逻辑仅能帮助我们从已发生的假设中得出结论，但其本身对我们应该作出什么假设只字未提。因此在第 7 章中，我们会讨论十几种思维方式，其中逻辑仅扮演着次要角色，然而我们精神的力量常常来自寻找有用类比的过程。

在任何情况下，“大众”提出的问题表明他们试图把任何复杂的东西分为两个分离且互补的部分，例如情感与智力。然而，我们将在第 9 章中谈到，几乎没有哪两个分离且互补的部分的区别能够描述两种真正不同的想法。相反，那些“傻瓜”理论仅为单一想法，然后再与其他各种想法进行对比。为了避免上述问题，本书提出这样的观点：**无论在何时思考复杂的问题，你都应该从至少两个方面去理解它，或者改变你的思维方式。**

大众：为什么有人会认为自己只是一台机器?

说一个人就像机器一样，有两种不同含义。第一种含义是一个人没有打算、目标或情感；第二种含义是一个人不屈不挠地决心执着于一个单一的目标或政策。每种含义都显现出残暴和愚蠢的特性，因为过多承诺必将导致更多的刻板行径，然而缺乏目标也将导致一定的盲目性。可如果本文表达的观点正确，那么所有其他观点都将被推翻，因为我们将给出使机器人不仅有“毅力”“目标”“智能”，而且有制衡机制和通过进一步扩大它们的学习能力来成长的方法。

大众：但是机器不能感受和想象事物。所以即使我们可以让机器拥有思考能力，它们仍不能给我们带来使我们的生活更有意义的经验感觉?

我们可以用很多词语来表达感受，但文化传统并不鼓励我们去创造关于情感运行方式的理论。我们知道，“愤怒”使人们更加好斗，“心满意足”的人则更不容易被卷入冲突，但那些带有情感色彩的词语并未指出我们是如何改变自身情感状态的。

在与机器的“相处”中，我们意识到：假设有一天早上你的汽车无法启动，当你向它求助时，它只会这样回复：“似乎你的汽车并不想工作，这可能是因为你对它不好，所以它就生气并罢工了。”这显然只是对精神现象的一种描述，而这或许无法帮助你解释为何汽车无法正常工作。然而，当人们使用上述言语来描述我们社会生活中的事情时，我们并不会感到恼怒。

如果有人想掌握任何复杂的事物（了解大脑活动或者开汽车），则需要培养关于各部分内在关系的良好思维本质。为了知道汽车可能坏在哪里，他必须具备充足的知识来检查启动开关是否出现了问题，或者油箱是否空了，或者过重的负担是否损坏了一些轴，或者因电路错误而耗尽了电池。同样，如果把思维看作单一自我，那么我们便无法从中获得太多（人类的情感），人们必须学习各个部分以更好地了解整体。因此，本书接下来将讨论的内容包括，为了理解为什么愤怒等情感呈现如今的样子，你需要具备更多关于你思维各部分之间关系的具体理论。

大众：如果我的精神资源不断经历剧变，那是什么给了我无论变得多开心或多愤怒，但我仍然拥有同一个自我的感觉呢？

为什么我们会相信，在每一个人脑海深处的某一个地方存在着一个用于感受我们所有感觉和思想的常用实体？在第 9 章中，我对这个问题进行了概述：

> 在成长的初始阶段，在没有意识到这些事如何发生的时候，我们就已经用低层次的思维过程解决了许多小问题。然而，随着更多层次思维过程的形成，那些更高层次的思维过程就开始寻求表现我们最近想法的各个方面。这些思维过程到最后就发展成了我们自我模型的集合。

人类自我的一个简单模型包括如图 1-13 所示的相互联系的部分。然而，最终每个人都会建立更为复杂的自我模型，这些模型显示的内容包括一个人的社会关系、物理技能和经济观念。因此第 9 章将会讨论个体模型，它所指的不是唯一表象，而是一个代表你自身不同方面的不同模型的广泛网络。

按照人类思维是如何形成的常规观点来看，每个孩子都是从本能反应开始产生思维的，但在经历了思维的成长后，我们就到了更高的层次与水平上。那些旧的直觉可能仍然存在，但这些新资源将获得越来越多的控制，直到我们可以对自己的动机和目标进行思考，或者将之表征出来。

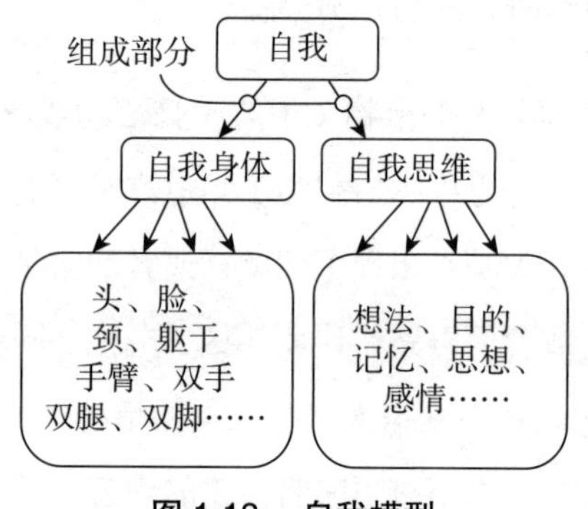

图 1-13　自我模型

但是我们如何才能学会选定新目标呢？没有哪个婴儿可以聪明到能够自己作出正确的决定。因此第 2 章会谈论我们的大脑必须具备某种特殊的机理，还要以某种方式来帮助我们理解和吸纳我们父母和朋友们的目标与理想。

THE EMOTION MACHINE

COMMONSENSE THINKING,

ARTIFICIAL

INTELLIGENCE,

AND

THE FUTURE

OF

THE HUMAN MIND

02

依恋与目标

人类的一些目标是天生的本能，是由我们的基因决定的；另一些目标则是通过“尝试和错误”学习，来实现已有目标的次级目标；而高层次目标，则是由一种特殊的机器体系形成的。这种特殊的机器体系是指我们对身为依恋对象的父母、朋友或亲人的价值观的继承，这些价值观积极地响应了我们的需要，在我们体内产生了“自我意识”情感。

沙子游戏：从叉子到勺子

诺顿·加斯特
Norton Juster
《神奇的收费亭》
（*The Phantom Tollbooth*）

学习知识重要，而学习的目的和原因更重要。

卡罗尔正在玩沙子。她带上了叉子、勺子和杯子，想做一个假面包。此时，我们假设起初她是在独自玩耍。

> **独自玩耍。**起初，卡罗尔想用叉子将沙子装满杯子，但沙子从叉子的缝隙中滑落，这个办法不行，她沮丧且失望。后来，她用勺子把杯子装满了，这个方法成功了，她感到既满足又开心。

卡罗尔能从这件事中学习到什么？她从自己的“尝试和错误”的经历中学习到，叉子并不是装沙子的最佳工具，后来，卡罗尔从自己的成功经历中了解到，勺子才是。因此，下次需要在杯子里装满沙子时，她就会自然而然地想到使用勺子。注意，卡罗尔现在是通过独自工作获得新知识，在没有任何人的帮助下通过“尝试和错误”的方法学习知识。

> **一个陌生人的责备。**一个陌生人出现了。他走近卡罗尔，并责备道：“你真淘气。”卡罗尔感到着急、惊慌和害怕，她想逃跑，不得不暂时中断

了自己的玩耍，回到父母亲身边寻求保护。

卡罗尔从这个小插曲中学习到了什么？虽然这个小插曲与沙子或填满杯子没有任何关系，但卡罗尔很可能会下这样的结论：她让自己置身在了不安全的环境中，下次她会在更为安全的环境中玩耍，一系列此类遭遇会使卡罗尔逐渐丧失冒险的本性。

妈妈的责备。当卡罗尔跑回妈妈那里寻求帮助时，她得到的不是保护或鼓励，而是责备："你看你把自己弄得多脏啊，衣服和脸上都是沙子，我都不敢看你了。"卡罗尔羞愧地哭了。

卡罗尔又从这个场景中学习到了什么？她以后可能会很少再去玩沙子了。然而，如果父母赞扬了卡罗尔，那么卡罗尔会感到自豪，以后也会常去玩沙子。面对父母的责备和埋怨，她意识到自己的目标并不适合再去追寻。

想一想，一个孩子在短短一天内经历了多少种情感状态的变化！上述小故事就涉及了如满意、喜爱和自豪这些积极的感觉，以及如惭愧、害怕、厌恶和焦虑这些消极的感觉。这些情感状态的功能是什么？为什么会有积极和消极之分呢？

就学习方式而言，目前比较流行的观点认为，有助成功的"积极"感觉会帮助我们学习新的表现方法，而造成失败的"消极"感觉则会抑制我们的表现。**然而，虽然"正强化学习"方式适合一些动物，却不能充分解释人类如何学习这一问题。这是因为在很多情况下，尤其是当我们想要获得更深层次的思想时，失败要比成功更具有意义。**

第 8 章将回到对学习的讨论上，本章我们将着重研究如何获得新目标，而不是学习如何取得成功，因为成年人的思维活动太过复杂，我们将首先从孩子的思维活动开始讨论。

依恋与目标

当接近自己依恋的人时，我们会产生非常强烈的情感。当被自己爱的人赞扬时，我们会感到骄傲，而不仅仅是快乐；当被自己爱的人拒绝时，我们会感到羞愧，而不仅仅是不满足。早期产生的依恋作用显而易见，这些依恋可以通过为幼小动物提供精神食粮、舒适环境和保护来促进其成长。然而本书认为，自豪和羞愧等特殊感觉对人类发展的新价值观和目标也发挥着独特的作用。

大部分哺乳动物在出生后不久就能跟随母亲四处行走，但是人类除外。为什么婴儿的发展步伐如此缓慢呢？其中一个原因是，人类大脑的发展和成熟需要更长时间。而且，因为大脑越复杂、涉及的复杂社会活动就越多，所以孩子们不再有足够的时间从个体经历中学习。因此，我们也掌握着直接而高效地从父母向孩子传递文化知识的方法，即通过“被告知”（being told）的方式学习。当新生大脑可以以更有效的方式表达知识时，我们便可以使用这种方法，因此到那时，“表征”知识的方法最终能够促进语言的产生。

为使文化知识成功地从父母那里传递给孩子，双方都需要拥有保持注意力的有效方法。我们的祖先早已拥有集中注意力的特质，例如，大多数动物的幼体天生就会发出吱吱声或吼声，能够唤醒熟睡中的父母；同时，父母的大脑中包含着一种机制，能够对这种声音作出反应。例如，当幼体动物的父母不能定位孩子的位置时便会极度惊慌，然而看不到父母的踪影时，幼体动物也会本能地发出尖叫。

随着孩子的成长，他们也会渐渐关注父母对自己的反应，父母也会开始注重对孩子们价值观和目标的培养，因此，当卡罗尔妈妈责备卡罗尔时，卡罗尔便会开始思考：“我本不应该玩沙子的，因为玩沙子不是一个合适的活动。”换句话说，卡罗尔的羞愧会导致她改变自己的目标，而不是探索玩沙子的方法。与之相似，如果卡罗尔的妈妈赞扬她的做法，便能增强卡罗尔在材料科学与工程领域的兴趣。

学习如何得到自己想要的东西是一回事，而了解自己应该想要什么是另一回事。在“尝试和错误”的常规学习中，我们改善了实现已有目标的方法。然而，**当有“自我意识”进行目标反思时（详见第 5 章），我们就非常有可能改变目标的优先级**。在这里，我要强调的是自豪和羞愧等自我意识情感发挥着独特的作用，它们帮助我们了解结果而非方法。因此，当“尝试和错误”教会我们实现已有目标时，因依恋产生的羞愧和自豪则教会我们应该摒弃和保留哪些目标。下面让我们来听一听美国当代报告文学家、财经记者迈克尔·刘易斯（Michael Lewis）对羞愧的巨大影响的描述。

> **迈克尔·刘易斯（1995）**：当个人以自我的标准、规则或目标认定他人的行为失败并进行粗略的归类时，羞愧感就产生了。处在羞愧感中的人希望自己能躲起来、消失、甚至死去。羞愧是一种既消极、负面又痛苦的状态，会妨碍正常的表现，造成思维混乱以及言语能力的下降。有着羞愧感的人的身体开始收缩，仿佛想要逃离自我或他人的目光。由于这种情感状态的强烈性以及对人类自身防护系统的攻击性，当人类置身于其中时，唯一的想法就是摆脱它。

但问题是，人类何时会经历这种强烈的、有着自我意识的痛苦感觉呢？当我们与自己尊敬的人或想要获得其尊敬的人在一起时，这种羞愧感便会袭来，这个结论很久之前就已被亚里士多德认同。

> **亚里士多德**：羞愧是耻辱的心理表现，并从羞愧感自身而不是羞愧感引发的结果演变而来的，我们只在乎别人对我们的看法，这是因为我们在乎形成此看法的人。这么说的前提是，我们之所以会在某些人面前感到羞愧，是因为重视他们对我们的看法。这些人包括钦佩我们的人、我们钦佩的人、我们期待获得其钦佩的对象、竞争者和我们支持的人。

这就告诉我们，**价值观和目标的形成受到我们所依恋的人的影响和左右，至少在价值观形成早期如此**。因此，在本节的余下部分，我们将通过讨论以下问题来探讨以上学习类型的方法是如何起作用的。

- “形成期”需要多长时间？
- 孩子的依恋对象是谁？
- 我们何时会摆脱依恋？摆脱依恋的方式是什么？
- 依恋如何帮助我们构建价值观？

人们总是在追寻目标，任何时候，你只要感到饥饿，就会寻找食物；只要感到危险，就会奋力逃跑；只要受了委屈，就可能寻求报复。有时候，你的目标就是完成工作或想方设法逃离工作。对于这种情况，我们有大量的词汇来描述，如尝试、希望、需要、期待、努力和寻找。但是我们却很少问自己以下这些问题：

- 什么是目标，它是如何起作用的？
- 伴随目标的感觉是怎样的？
- 目标坚定或摇摆不定的原因是什么？
- 是什么使冲动“强大到不可抵抗”？
- 什么使得某些目标保持“活跃”？
- 什么决定了目标的持续时间？

我们使用类似“需要”或“目标”的词时，下面的信息比较有用：当你说自己想要某种东西时，你的大脑处于积极的精神活动中，这种精神活动缩小了没有那件东西和拥有那件东西之间的区别。下面简单地说一下一台机器所能做的（见图 2-1）。

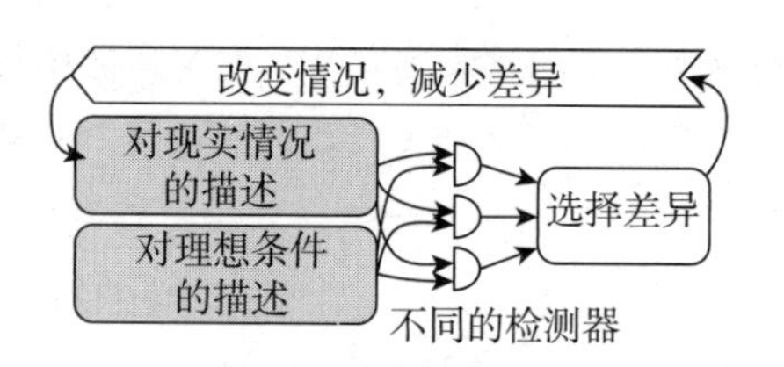

图 2-1　机器的功能

例如，每一个婴儿生来就有两个维持正常体温的系统：当孩子感到过热时，其中一个目标就被激活，因此，孩子会出汗、会气喘吁吁、会伸展身体或血管舒张；而处于寒冷的环境中时，孩子会蜷缩、颤抖、血管会收缩，并提高代谢速率（见图 2-2）。

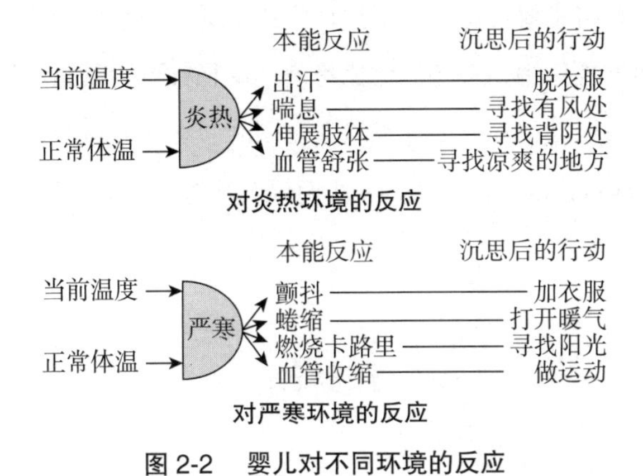

图 2-2　婴儿对不同环境的反应

在第 6 章中，我们将会就目标寻找型机器展开更多讨论。

起初，当这种过程处于低认知层次时，我们并不能识别它们，例如你感到炎热而出汗时。然而，当汗水滴下时，你便会留意并思考："一定得找些方法摆脱这种炎热。"这时，大脑里高层次的知识建议你采取以下行动：到阴凉的地方去。同样，当你感到寒冷时，你可能会穿上外套、打开炉子或开始运动。

如果你想要达到最终目标，需要几个步骤，例如，假如你感到饥饿并想吃东西，但这时你只有一罐汤，你首先需要找到打开罐子的工具——碗和勺子，以及一个你可以坐下来喝汤的地方。所以，现在你拥有的和你想要的东西之间尚有多个环节，这使得你的每一个需要都成了一个"子目标"（见图 2-3）。

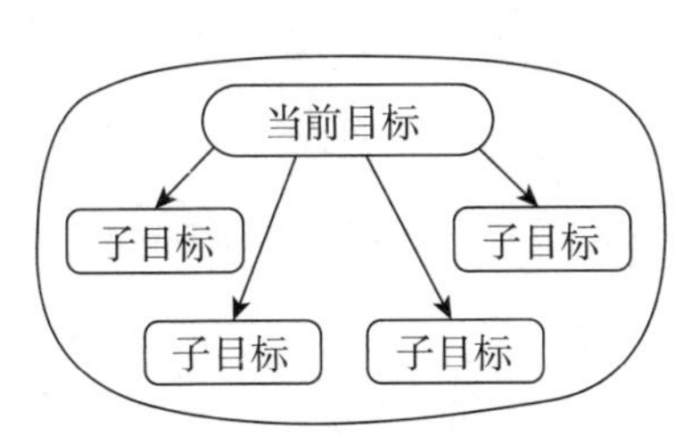

图 2-3　简单的"子目标树"模型

当然，为了同时高效地实现几个目标，需要制订一个计划，否则就会浪费大量时间。什么都没有准备就先坐下来吃饭的做法是愚蠢的，因为你还要重新开始准备一切，第 5 章将主要讨论人们如何估测该采取哪一系列步骤。至于像什么是目标，目标如何发挥作用，一些目标比另外一些目标更为紧急的标准是什么这类重要问题，我们将留到第 6 章来详细讨论。同时，在第 6 章中，我们还将讨论存储、获得以及实现目标的方法。当前，我们仅关注人们如何习得新目标和新理想。

印刻者

艾萨克·阿西莫夫
Isaac Asimov
美国科幻小说黄金时代的代表人物之一

永远不要让所谓的道德感阻碍你做正确的事。

卡罗尔想用沙子装满杯子，当使用叉子失败时，她非常苦恼；而改用勺子后获得成功时，她非常兴奋。因此，下次她再想填满杯子时，很可能就知道该如何去做了。这是人们如何学习的普遍常识，对“正强化学习”的正常反应。这虽然看起来是常识性的知识，但我们需要知道的是其发挥作用的方式。

学生：我认为卡罗尔的大脑在目标与行动之间形成了联系，这种联系会帮助卡罗尔实现目标。

好的，但这一点比较模糊，你能就此事的运行方式说得再仔细一些吗？

学生：或许卡罗尔刚开始只是想尝试一下，但当她使用勺子取得成功时，在某种程度上就在“填满杯子”和“使用勺子”之间建立了联系。而且，在使用叉子没有取得成功时，卡罗尔就没有在“使用叉子”和“填满杯子”之间建立联系，下次再碰到这种情况时她就不会再“使用叉子”了。因此，下次她想填满杯子时，首先想到的就是“使用勺子”这一子目标（见图 2-4）。

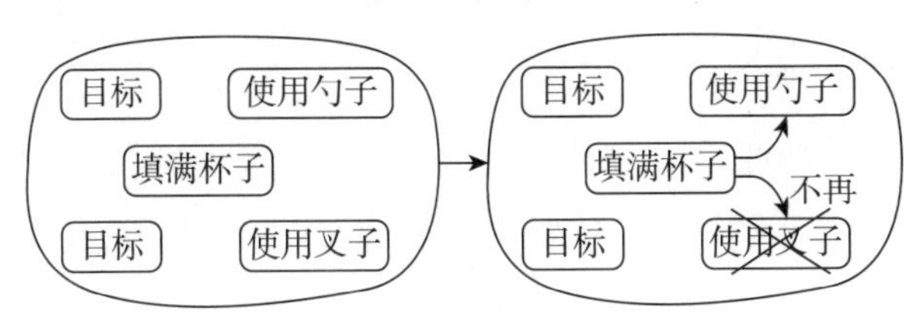

图 2-4　在子目标中建立联系

以上是对卡罗尔如何建立新旧目标之间联系的最好阐释，而且我赞同关于“不建立”联系的说法，因为我们不仅需要学习获得成功的方法，还要学习如何避免最为常见的错误。这暗示我们，**精神联系应该通过成功机制加以“巩固”，但当某种行动不起作用时也应受到压制。**

然而，尽管这种“通过尝试和错误的学习”可以在子目标和当前目标之间建立联系，但并没有解释个体如何学习和已有目标建立联系的全新目标，即我们所谓的“价值观”和“理想”。大体说来，“尝试和错误”没有涵盖人们如何知道自己“应该”实现的目标这一主题。我并不打算讨论这个问题，因此在这里，我猜测孩子会以独特的方式去做，这种方式取决于孩子如何解释其依恋的人们对自己的看法。

我们的语言中有很多形容情感状态的词语，如果想描述卡罗尔玩沙子时的心情，我们有很多词可以使用，如喜爱、惊吓、焦虑、信心、失望、耻辱、打扰、沮丧、恐惧、偏好、快乐、自豪、满意、羞愧和悲伤。这就引出了以下很多问题：为什么我们会有这样的精神状态？为什么我们的精神状态如此之多？特别是在卡罗尔的妈妈赞扬她时，卡罗尔为什么会如此感激和自豪？为什么这种“依恋纽带”会使得卡罗尔如此重视妈妈对自己的看法？依恋纽带又是如何“升华”目标使其看起来更加高尚的？

学生：我也不能解释为什么陌生人的赞扬无法让我们“升华目标”。为什么非得是“依恋之人的参与”才行？我想不出合适的词语来描述这种情况。

对于如此有意义的关系，我们竟然没有一个特殊词语来描述它，这应该引起我们的注意。心理学家不能使用“父母”“母亲”或“父亲”来描述这种关系，因为孩子也可能对其他亲戚产生依恋之情，比如护士和亲朋好友等。心理学家经常使用“看护人”（caregiver）来指代依恋关系，但是正如“幼儿和动物的依恋”一节所言，没有身体上的照顾，依恋关系也可形成，因此“看护人”用在这里就不太合适，所以这本书将引入一个新术语：“印刻现象”（imprinting），它很早就被心理学家用来指代幼体动物与母体动物亲近的过程。

印刻者（imprimer）：指孩子依恋的对象。

在其他很多动物物种里，幼体动物依恋的功能显而易见——对母体动物的依恋有助于保护后代安全，然而，在人类世界里，这种情感似乎有其他作用。当卡罗尔的印刻者（母亲）表扬卡罗尔时，她感到异常激动，从而升华了目标，使其感到更加“受尊敬”，因此，卡罗尔玩沙子的想法不过是她想接触周围环境的一种自然冲动。根据我的推测，她的印刻者（母亲）的赞美或责备改变了目标的性质，使其变成具有道德价值的游戏（或一种她认为不光彩的游戏）。

经过大脑体系的运作，印刻者的赞美的作用会与来自陌生人的赞美截然不同，问题是，为何会这样呢？其实原因也不难理解：**如果陌生人能够改变高层次的目标，那么他们仅仅通过改变你想做的事就可以为所欲为了。对此，没有任何防御能力的孩子们就不大可能幸存，因此，演化规律倾向于选择有能力抵御这种影响的人。**

依恋性学习模式

迈克尔·刘易斯（1995）：对于什么是社会可接受的行为、想法和感觉，每个人都有自己的看法。我们通过文化互渗获得自己的标准、规则和目标，我们当中的每一个人都学习了一套适合自己所处特定环境的规则。想要成为任何一个组织中的一员，我们首先必须向组织中的其他成员学习。实践了自己内在的一套标准或者违反了自己的标准，也就形成了非常复杂多样的情感。

当卡罗尔所爱的人（妈妈）责备她时，她感到自己和自身的目标极为不相称。即使在以后的很多年里，且其印刻者不在身边时，她仍然想知道印刻者对自己的看法：他们会赞成我所做的事吗？他们会表扬我的想法吗？大脑的何种体系能让我们有这种想法？让我们再来听一听迈克尔·刘易斯的观点。

迈克尔·刘易斯（1995）：内疚、自豪、羞愧和傲慢等所谓自我意识的情感都需要较高层次的智能发展。为了感受这些情感，个体必须拥有自我意识和一套标准，必须了解成功或失败的内涵和自我评判的能力。

为何个人价值的发展取决于儿童时代的依恋呢？让我们来看一看两者是如何相关的：失去父母的尊重，将不利于孩子健康成长；如果父母自己想要赢得朋友们的尊重，便会要求孩子的"行为"得到社会的接受和认可。因此我们就有了以下几种孩子们改变自己的方式：

- 积极体验：当一种方法成功时，学习利用子目标；
- 消极体验：当一种方法失败时，学习不去利用子目标；
- 厌恶学习：当受到陌生人的责备时，学会避免再次出现这种情况；
- 依恋赞美：当受到印刻者的赞美时，升华目标；
- 依恋责备：当受到印刻者的责备时，贬值目标；
- 内在印刻：当受到印刻者的责备时，贬值目标。

制定新目标的方法存在于已有目标当中，因此，已有目标也就是新目标的子目标——也就是使"使用勺子"和"填满杯子"联系起来的方法。但是我们要如何"升华"已有目标呢？我们不能把其留在真空区，因为这样它对我们学习新知识毫无用处，除非当已有目标与新知识相关时，我们才能获得重新利用它的方法。

这意味着我们需要回答以下问题：新目标应该对什么产生依恋？它应该在何时又以怎样的方式被激活？我们在放弃它之前应该坚持多长时间？当几个目标同时存在时，思维（或大脑）是如何决定哪一个目标居于首位的？对此，我们需要做进一步的研究。这些问题将在第 5 章中讨论，事实上，我们需要首先澄清目标有可能是什么，这一点将在第 6 章中论述。

然而，我们首先要从目标的组织方式开始，之前我们在第 1 章中提到，精神资源存在于大脑中的各个层级上（见图 2-5），这种分布被我们称作“组织层次蛋糕”（organizational layer cake）。

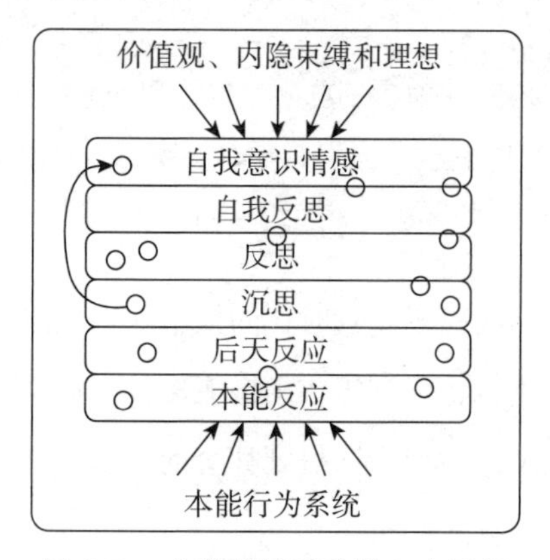

图 2-5　人类精神活动的 6 个层级

因为我们的大脑并不是整齐分布和排列的，所以这一模型仅能表示大致情况，这就是我们研究的开始：想象一下被称作“价值观”或“理想”的目标和接近顶部的资源紧密相连，而较低层级的目标来自组织层的最低层。图 2-5 中的箭头意为“升华”。

> “升华”目标意味着复制、移动它或让其与塔中其他高层次建立联系。

依恋性学习模式可以被总结为普遍的规则：

> 如果你被赞扬且印刻者在场，那么就可以“升华”现有的目标。

但为何还需要印刻者？为何要对印刻者进行选择，而不是仅根据某人的责备和赞扬来降低或升华目标？正如我们在前面指出的，这条规则要求印刻者在场的原因是，如果陌生人能够随意更改我们的目标，那么我们则会随时随地处于危险的环境中。

学生：但这并不总是对的，我对恭维并不在乎，即使恭维来自我不怎么尊敬的人。

就算依恋性学习模式存在，它也仅仅是学习过程的一部分，许多活动可以通过其他方式补充学习。人类大脑的智能来源于处理事情的多种多样的方式，无论如何，这致使我们生活中发生了一些不好的事情。

学习、快乐和信用赋能

当卡罗尔成功地装满杯子时，她拥有了满足感和成就感，但这些感觉有什么用呢？这之间至少包括以下 3 个步骤：

- 卡罗尔认识到，自己已经达成了目标；
- 她对自己取得的成功感到满意；
- 在某种程度上，以上步骤有助于她学习和记忆。

卡罗尔感到满意，我们也为此感到兴奋，但为什么她不是“仅仅记得”哪些方法成功、哪些方法失败？在重塑记忆方面，快乐到底扮演着什么样的作用？

答案是，“记忆”一点儿也不简单。它并不像在盒子里放一张小便签，需要的时候拿出来那么简单。我们仔细观察时，会发现这其中包括很多过程：你必须首先选择应该放什么，并找到合适的方式来表达；其次，你必须与所储藏的东西建立联系，好在下一次能够记起它们。

学生：以前原有的观念是，对每一种成就，我们只“强化”这种成功的反应，难道现在不能用这种观念解释所有这些现象吗？换句话说，我们仅通过 If→Then 规则，将要面对的困难和将要采取的行动“联系”起来。

表面来看，以上论述似乎对解释学习如何起作用有所帮助，但是它并不能解释学习具体的运作方式。因为“我们面对的困难”和“我们采取的行动”并不是我们能够联系的物体。因此，大脑必须首先描述 If 和 Then，你学习的质量将取决于以下两条描述的内容：

- If 描述了相关特征和面临情况之间的关系；
- Then 描述了取得成功的步骤。

如果卡罗尔想要高效地学习，她的大脑必须知道何种技巧能够对自己有帮助，而何种技巧只是在浪费时间。例如，在最终填满杯子后，难道她能把这种成就归功于她那天的穿着（鞋子或裙子）或天气（多云或晴天）或事件发生的地点吗？假设使用叉子时她是微笑的，但在使用勺子时却是皱眉的，那又是什么使得卡罗尔不会去学习像“皱眉有助于填满杯子”这样不相关的规则呢？

换言之，人们开始学习时，不仅仅是在学习“制造联系”的问题，还在学习制造能够被联系起来的结构。这意味着我们既需要寻找表现外部事件的方法，也需要寻找表达内部相关精神状态的方法。所以，卡罗尔也需要对资源进行反思，来选择自己一直记得的思维方式。有关学习的理论只有在包括制作“信用赋能”（credit assignments）的方式后才能得到完善。

学生：你还是没有解释这些感觉来自哪里，比如卡罗尔成功后的快乐。

在日常生活中，我们经常使用“痛苦”“快乐”“享受”和“悲伤”等词汇，但是我们却很难解释这些词汇的真正意思。问题在于，我们认为这些“情感”简单或明了，然而它们却牵涉繁多的过程和步骤。例如，被我们称为“快乐”的情感会与很多可以帮助我们辨别哪种活动有助于成功的方法一同出现。第 8 章将解释大脑需要采取强有力的方式进行“信用赋能”的原因。第 9 章中提出，这样做有助于阻止自己的大脑思考其他事情。如果是这样，我们会发现，快乐的很多影响都是消极的。

价值体系的塑造

罗素
伟大哲学家

然而，我并没有自杀，又因为我想学习更多的数学知识。

人类不同于动物的原因之一就是童年时代的长短。毫无疑问，这也是其他物种无论如何也无法接近人类传统和价值观的原因之一。

你想成为什么样的人？你认真谨慎或勇敢无畏吗？你是喜欢服从还是倾向于领导？你性喜波澜不惊还是激情四射？这些个人特质部分取决于不同人的遗传因素，但部分却是由社会依恋网塑造的。

一旦依恋纽带形成，它就会发挥不同的作用。首先，依恋纽带使得孩子亲近父母，这就为孩子提供了营养物质、防御措施以及陪伴关系等基本服务。其次，依恋为每个孩子提供了重新组织优先事项的方法。同时，由依恋产生的自我意识情感对其他方面也有影响。自豪使人们更为自信、乐观和富有冒险精神；羞愧会使人们改变自己，从而避免再次陷入同样的羞愧状态。

当印刻者不在场时会发生什么呢？我们很快就会看到证据表明这会导致严重的沮丧。然而，年龄大的孩子能够承受这种情况，或许是因为每个孩子都有一套帮助他们检测印刻者反应的内在模式，每个这样的模式就像内在的价值体系一样服务着孩子。这就是人们发展道德、良心或道德感的方法。或许当弗洛伊德提出孩子能够“融合”父母的态度时，他的脑海里就有这样的过程。

孩子如何解释他们感受到的表扬和责备，即使没有任何印刻者在场？这会让孩子心中产生一个假象，他们自己脑海里会出现另外一个人的存在，这个假想的同伴身份可能会被投射到洋娃娃或婴儿毯等外部对象上。我们都清楚，当孩子失去这些不可替代的物品时，他们会多么沮丧。[1]

我们应该了解，如果孩子在某种程度上能够更好地控制内部模式的运行，将会发生什么。既然孩子能够进行自我表扬，并有能力挑选想要升华的目标，或能够进行自我责备并为自己制定规定，那么孩子就具有了“道德自主性”（ethically autonomous），因为现在他可以替代掉自己的印刻者的价值体系。可是，面对变化而依旧固执存在的旧有价值观会导致孩子和前印刻者之间产生冲突。然而，如果孩子成功改变了之前所有的价值观和目标，那么，对于孩子会成为什么样的人就没有任何限制了，这很有可能成为社会趋势。

是什么决定了人类大脑内部的想法？每个社会、俱乐部和小组都会通过设计各种各样的规则和禁忌帮助人们决定应该做、不该做什么，而这就是社会性的道德规范。这样的约束力对每一个组织都有很大的影响。约束力塑造着风俗、传统和各个民族、国家、职业和信仰的文化。约束力甚至可以使这些已有的风俗、传统和文化超越一切，这样就可以使成员们为保护传统而持续奋斗甚至牺牲。

人们是如何为自己的道德规范和原则辩护的？下面是我对这个问题的几点想法。

社会契约论者：人们采用的价值观和目标是没有任何基础的，仅仅是基于个人和其他人签订的协议和合同而形成的。

社会生物学家：社会契约论者的想法看起来整洁利索，但没有人能想起来自己签订过这样的协议，相反，我认为我们遵循的道德是基于自我们的祖先起演化至今的特征。就像小狗的成长就是一个不断对主人产生依恋的过程，按照人类的说法，我们称这种行为为“忠诚”。

显而易见，我们的一些特征部分基于自身的遗传，其他特征作为文化遗产的一部分，以观念的形式在人类大脑中传递了下去。[2]

神学家：道德规则只有一个基础，只有自我了解通往真相的途径。

乐观主义者：我深深相信道德价值观是显而易见的，每个人天生是善良的，除非被不正常的环境所污染。

理性主义者：我非常怀疑“深深相信”以及“显而易见”等字眼，因为我的理解是，“我不能解释自己为什么相信”和“我不想知道自己怎么会相信这个”。

一些思想家可能会认为，我们可以使用逻辑推理的方法来推断我们该选择怎样的高水平目标。然而，逻辑推理仅能够根据我们所做的设想推出言外之意，却不能帮助我们选择应该采取哪种假设。

神秘主义者：推理本身远离现实，因此模糊了大脑。你得学会不思考太多，否则将永远无法达到启蒙状态。

精神分析家：依靠“本能”只会更看不清自己的目标和欲望。

存在主义者：无论你拥有怎样的目标，你首先应该自问目标本身的意义是什么。一旦你一直坚持这样做，不久后就会发现自己的世界有多么荒谬。

感伤主义者：你太过关注目标了，看一看孩子们吧，看一看他们的好奇心和贪玩的天性。他们不是在追求目标，而是在享受发现新奇事物以及发现过程的乐趣。

我们通常认为，孩子们在玩耍时是无拘无束的，他们的快乐和自由遮盖了目的性。当你尝试不让他们完成选定的任务时，会更清楚地看到这点。事实上，孩子们“玩耍的天性”是最苛刻的老师，它帮助我们探索未知的世界，解释未知世界的体系结构，以及其中可能发生的事。**探索、解释以及学习是孩子们最为持久**

的驱动力。在孩子们的生活中，再也没有比这更能让他们努力的了。

幼儿和动物的依恋

丹尼·希利斯
Danny Hillis
互联网先驱

我们想制造一台以我们为荣的机器。

年幼的卡罗尔想要探索未知的世界，但她同时也想陪在妈妈身边，因此，如果卡罗尔发现只剩自己一个人，她可能会大哭着找妈妈。任何时候，只要卡罗尔离妈妈远了一点，她会立刻挪近一点，并且在感到害怕或惊恐时，比如有陌生人接近时，卡罗尔就会向妈妈靠近，尽管妈妈已经离卡罗尔很近了。

或许这种依赖性起源于婴幼儿时期的无助：除了极个别的婴幼儿以外，离开了父母的照顾，任何婴幼儿都不太可能长时间生存，原因在于他们根本不能自主移动。幸运的是，以上现象也并没有什么害处，这是因为存在反向纽带：卡罗尔的妈妈总是非常清楚自己的女儿在做什么，毫无疑问，如果女儿有什么不对，卡罗尔的妈妈总会立刻注意到。

显而易见，每个婴幼儿的生存都取决于孩子的依恋对象，而这个对象通常又非常关心孩子自身的发展。以前，大家总是认为孩子容易对照顾自己的人产生依恋，这也是心理学家称这样的人为“看护人”而不是印刻者的原因。然而，身体上的照顾并不是至关重要的因素，正如对婴幼儿依恋作出系统研究的领军人物约翰·鲍比（John Bowlby）所指出的一样。

约翰·鲍比（1973）：一个婴儿可以依恋同龄对象的任何其他婴儿，或年龄更大的对象。这就说明，依恋行为产生和发展的对象可以是任何人，不管其是否能满足孩子的生理需求。[3]

孩子的依恋情结有什么作用？当时流行的观点认为，依恋的主要功能是保证食物的来源。但鲍比持反对意见，他认为与人身安全相比，食物营养发挥着更小的作用，而抵御来自肉食性动物的袭击则才是关键。下面是他的观点：

首先，独居的动物要比群居的更容易受到攻击。其次，依恋行为更容易在动物群体中激起（因为年龄、体形大小和环境的差异），动物更容易遭受肉食性动物的攻击。再次，在有肉食性动物存在的令人惊恐的环境里更容易产生依恋行为。目前没有其他理论能够解释这些事实。

我认为这种解释对大部分动物来说是正确的，但对解释依恋如何帮助人类获得高水平的价值观和目标而言却远远不够。还是同样的问题：是什么因素造成孩子将会对谁产生依恋？身体方面的培养发挥着很大的作用（为孩子产生依恋提供场合），但鲍比总结道，通常情况下，以下这两种因素更为重要：

- 人们的反应速度；
- 交互强度。

在任何情况下，孩子的印刻者通常包括父母，但也可能包括他的同伴和朋友。这暗示父母应该关注孩子所交的朋友，尤其需要注意的是，要关注那些最能吸引孩子注意力的朋友（例如，父母为孩子选择学校时，不仅要关注学校的教职工和所设课程，还要关注学生们追求的目标）。

假如孩子失去了印刻者的陪伴，会发生什么呢？鲍比总结道：孩子们最终会陷入极度的恐惧中，也会产生寻找印刻者的强烈冲动。

约翰·鲍比：一旦不情愿、被动地与母亲分开，孩子便会焦躁不安；如果他被置于陌生的环境中，被一群陌生人照顾，那么这种焦躁不安就会加剧。

孩子的行为有特定的顺序。首先，他会用尽全身力气，使尽浑身解数寻找妈妈。之后，孩子会对找到妈妈感到绝望，但仍沉浸在有妈妈的世界里，时刻关注着妈妈回来的迹象。最后，孩子似乎失去了寻找妈妈的兴趣，因此在感情上疏离了妈妈。

鲍比继续描述妈妈回来后可能发生的事：

约翰·鲍比：然而，假设孩子和妈妈分开的时间不太长，孩子在感情上并没有完全疏离妈妈。不久，重新和妈妈团聚后，孩子的这种依恋会焕然一新。因此在以后的几天或几周或者更长时间内，孩子会坚持和妈妈在一起。另外，当孩子发现妈妈会再次离开时，他便会陷入极度的焦虑中……

珍·古道尔（Jane Goodall）对生活在中非贡比鸟兽保留区的大猩猩做了细致的观察和研究。研究发现，圈养的动物一旦被迫分开便会焦躁不安。而同样的情况也出现在放养的动物群体中，不仅如此，这种紧张会在大猩猩的整个幼儿时期延续。大猩猩四岁半之前的时光都是在母亲的陪伴下度过的。

基于同样的道理，鲍比后来的研究发现，当婴幼儿的印刻者不在场时，婴幼儿会在较长时间内处于伤害之中。

约翰·鲍比：从以上发现中，我们可以肯定地得出这样的结论：婴儿 6 个月大时，印刻者离开少于 6 天时，仍会对两年以后的婴幼儿产生不可磨灭的影响，而且印刻者不在场影响力的强度和其持续的时间长短成正比。印刻者离开 13 天比 6 天的影响更糟糕，两次离开 6 天比一次更糟糕。[4]

即使印刻者虐待孩子（或猴子），孩子（或猴子）依然会对其产生依恋之情，而这对于一些人来说不足为奇。在鲍比看来，这种观点很正常，因为他认为依恋取决于“人们的反应速度和交互强度”，虐待孩子的人也同样在这两方面很擅长。

在与人类非常相似的物种中，我们也看到了类似的行为，例如类人猿、脊椎大猩猩和大猩猩，以及同系种族类属的猴子。英国比较心理学家哈利·哈洛（Harry Harlow，1958）的研究发现，如果别无选择，猴子会对没有任何行为表现但仍存在一些“抚慰”特质的物体产生依恋之情。这看似符合鲍比“依恋并非源于生理需求”的观点。我们应该加上哈洛所指的“接触安慰”(comfort contact)。

当母亲和孩子之间的距离变远时，它们会通过一种特殊的呼叫声来建立联系，对方能够立刻识别这种声音并作出反应，正如珍·古道尔（1968）记录的那样：

> 小猩猩离开妈妈时，就会发出这样的声音，这种声音表明小猩猩自己陷入了某种困境，不能快速地回到妈妈旁边。除非小猩猩能很好地控制自己的移动方式，如若不然，母体猩猩会立刻返回找到小猩猩。当母体大猩猩到达小猩猩所处的危险之地救出小猩猩时，母体大猩猩也会发出同样的声音。当母体大猩猩准备出发时，它会用手势示意小猩猩。因此，呼叫声在这里是一种建立母亲 - 幼儿之间关系的非常具体的信号。

其他动物呢？早在 1930 年，优秀的动物观察员康拉德·洛伦茨（Konrad Lorenz）就发现，刚孵化出的鸡、鸭或鹅都会对看到的第一个移动的物体产生“依恋”，且会跟随那个移动的物体，他把这种行为称为“印刻”，因为这种行为既有非凡的速度又有持久力。以下是他的一些观察：

- 小鸡被孵化出后不久，印刻就开始了；
- 小鸡迅速学会跟随移动的物体；
- 几小时之后，印刻行为结束；
- 印刻的影响是永久的。

小鸡会对怎样的物体产生依恋？移动的物体通常是父母，但如果父母不在场，那么这个物体可能是纸箱或红丝带，甚至是洛伦茨本人。之后的两天里，小鸡一直在追随父母，小鸡在某种程度上认识到父母是一个个独立的个体，并不跟随鸡群活动。现在，当小鸡与妈妈走散时，它不会进食或巡视周围，相反，尽管自己可能会走丢，它也会尖叫着找妈妈（如古道尔所说的呼叫声）。这时父母会以特殊的声音回应，洛伦茨认识到这种回应会迅速地建立起印刻关系。（后来小鸡不再需要这种呼唤，但与此同时，呼唤声会保护小鸡，使其不会对不合适的物体产生依恋，如移动的树枝。）在任何情况下，这种类型的鸟类孵出后不久就能自己独立觅食，因此，印刻是在接受食物喂养以外独立存在的。

人类依恋性学习是在何种程度上由古老的前人类时期的印刻演化而来的？人类与鸟类不同，但两个物种的幼体有着相似的需要。其实这些是有征兆的，例如古生物学家杰克·霍勒尔（Jack Horner）在1998年发现，一些恐龙会搭建类似鸟巢的结构。

回到人类领域，我们应该知道婴儿该如何识别潜在的印刻者，一些研究人员发现，婴儿在出生之前就能够识别母亲的声音。人们普遍认为，新生儿先是主要通过触摸、品尝和嗅闻来学习的，后来逐渐能区别声音、识别人脸。人们可能认为区别声音和识别人脸是依靠一些明显的面部特征完成的，但事实远非如此：

> **弗朗西丝卡·阿切拉（Francesca Acerra，1999）**：比起陌生人的脸，4天大的新生儿会用较长时间看母亲的脸。但当母亲的围巾挡住了发型以及头部的外部轮廓时，情况就不同了。

这就告诉我们，孩子不是对脸部的具体特征有所反应，而更倾向于大范围的整体轮廓。直到两三个月之后，阿切拉的受试者才能认出特殊的脸庞。[5] 在不同的发展阶段，人类的视觉系统运行着不同的程序，或许就是第一个运行的视觉系统使得孩子对母亲产生了依恋之情。对于研究对象新生儿竟然不能识别人脸这一事实，康拉德·洛伦茨也感到非常惊讶。

> **康拉德·洛伦茨（1970）**：经过印刻的婴儿毫无疑问会拒绝跟随一只鹅，而不会拒绝跟随一个人类。但是它难以分辨出宠物、苗条姑娘和长胡子的老人之间的区别。令人们惊讶的是，由人类喂养和印刻的鸟类会学习所有智人的行为，而非一个人的行为。

更有意义的是洛伦茨的观点，他认为尽管成年人较晚出现性行为，但其性倾向在早期就已形成了：

> 八哥饲养员和八哥间的关系就类似父母与子女的关系，但八哥并不会

向父母般的人显示出任何逐渐增强的性本能，而是会向相对不熟悉的人类表现性本能。性并不重要，但对象无疑必是人类。看起来，养八哥的人并不被看作一个可能的伴侣。

这种延迟（成年动物较晚出现的性行为）和人类的性取向相关吗？研究发现，在更多的接触之后，一些鸟类最终会和同一物种内的其他成员交配，但这却是繁殖濒危物种的严重障碍，所以当前保险的做法是在把雏鸡放出笼子之前减少人类与雏鸡的接触。

所以这些事实有助于我们理解婴儿的无助被扩大的原因：**独处的孩子没有获得足够多的生存智慧，因此，我们需要延长孩子和印刻者相处的时间，在这段时间里孩子不得不向印刻者学习。**

谁是我们的印刻者

《伊索寓言》

看到鸽子有很多食物，八哥会把自己涂成白色加入它们的群体。尽管鸽子不会说话，它们会认为那只八哥是另一只鸽子，因此会承认并接纳它。但如果哪天八哥说了话，鸽子会把八哥驱逐出自己的队伍，因为鸽子发现了八哥的声音不对劲儿；然而，当这只被鸽子驱逐的八哥回到原来的队伍中时，原来的同伴依然会驱逐它，因为它的颜色看起来不对劲。因此，同时追求两个目标，终究一个也实现不了。

依恋是从什么时候开始，又是在什么时候结束的？当有妈妈在场时，孩子的行为也开始变得与众不同起来。然而，孩子通常是在一年以后和妈妈分开时才开始反抗，看到印刻者离开的征兆时才开始感到惴惴不安，比如，当印刻者去拿外套时。这段时期也是大多数孩子对不熟悉的事物表示害怕的时期，孩子在 3 岁时，对奇怪事物以及对与印刻者分开的恐惧开始减弱，因此就可以去上学了。然而，孩子的其他感情，如基于自我意识的、依恋型基础上的感情并没有减弱。这些感情会持续很长时间，有时可能会持续一生。

> **约翰·鲍比（1973）**：青少年时期……其他成年人认为自己和父母同等重要，甚至比父母更重要，其对同龄人的性诱惑也开始形成。不同个体之间的巨大差异将变得越来越大。一方面，青少年会完全和父母断绝关系；另一方面，青少年会严重依恋父母，不愿意或无法把这种依恋转移到他人身上。在这两个极端之间，有一批青少年，他们对父母的依恋程度很强，但他们与其他人的联系依然紧密、重要。对很多人来说，与父母的纽带关系会持续到成年时期，以各种各样的方式影响其行为。最后在老年时期，这种依恋行为无法转移到老一代的人们身上，甚至也不能转移到同一代人身上，因此它们很可能需要转移到更为年轻的后代身上。

其他动物的情况又是怎样呢？对于非群居动物，依恋行为会持续到后代可以独立生存的时期。在很多物种中，雌性动物的情况是截然相反的，当有幼崽出生后，母体动物会把已经长大的孩子赶走。有时（或许是因为近亲繁殖的进化选择），雌性动物的依恋也会持续到青春期或者更久之后。鲍比提到了由此引发的一个现象：

> 在雌性有蹄类动物（如绵羊、鹿或牛等）中，对母亲的依恋会持续到晚年。羊群或鹿群是由母亲、祖母或曾祖母等雌性亲属构成的。相比之下，这类物种的年轻雄性成长到青少年时期就会离开母亲。因此，它们会对年长的雄性产生依恋，除了一年之中有繁殖需要的几周以外，将终生和他们一起生活。

当然，其他物种拥有适合不同环境的策略和方法。例如，动物群体的大小取决于肉食性动物的性状和患病率，等等。

印刻会持续多长时间呢？英国生物学家、比较心理学家罗伯特·欣德（Robert Hinde）发现，洛伦茨研究的那类雏鸡最后会非常害怕移动的物体。欣德由此发现，当这种恐惧阻止了以后的“跟随”时，印刻就会随之结束。与其相似，婴儿从两岁开始会有一段非常恐惧陌生人的时期。[6]

自律，构建目标一致的自我模型

想解决难题就必须有计划，但重要的是计划的执行。如果在执行计划之前就已经想到要放弃，那么就算有多么详细的计划也不会有任何意义。这时就需要有“自律”，自律反过来需要预测自己有无足够的自洽性，从某种程度上说，也就是预测将来最有可能做的事。人们经常制订计划，但是很少有人成功完成计划，这是因为他们的计划并不符合现实，但是数万亿的神经元是如何获得预测能力的？人类的大脑在面对自身的复杂性时是如何自我管理的？答案是，人类是以极度紧密有用的方式来学习表现事物的。

因此，人们能够用语言描述一个人，这件事本身就非常了不起。是什么使我们能把性格特征融合到像“琼是个很整洁的人”或“卡罗尔很聪明”或“查尔斯是个有尊严的人”这样的短语中？为何一个人应该是在大体上很整洁，而不是在一些方面整洁，在另一些方面邋遢呢？这些特征又为何存在呢？在第 9 章中，我们将讲到可能形成这些特征的某些方式：

> 在每个人的发展过程中，我们倾向于通过进化发展某些似乎与个人发展相一致的策略，因此我们自己或朋友会把这些策略当作特征或个性，也会依靠这些特征建立自我形象。其次，我们可以尝试制订计划，也可以预测将来会做的事情（或摒弃不会进行下去的计划）。当这些策略起作用时，我们觉得很满意，在以后的生活中也倾向于让自己的行为符合这些简单的描述。因此，随着时间的流逝，这些想象的特征就会变得更加真实。

这些自我形象相当简单，我们很少了解自己的情感过程，那些所谓的特征体现了人们对描述自己的表面一致性的学习（详见第 9 章）。然而，这些特征有助于我们满足期望，提供展现能力的方法。

我们都知道拥有几位说到做到的朋友的价值，但更有意义的是相信你自己能做到对自己要求做的事。或许实现以上要求最为简单的方法是坚决使自己符合自己设定的人物形象，这就要通过一系列特征按照自我形象表现。

但是这些特征是如何源起的？确实，有些特征部分是靠基因遗传的；我们经常看到一些新生儿比较安静或激动，一些特征由于成长中的事件而发生变化，然而，显而易见的是，其他的一些特征来自与印刻者的紧密联系。

对很多不同的性格特征产生依恋是否存在危险？如果一个孩子有一个或几个有着相似价值观的印刻者，那么这个孩子不用费力就能判断出哪些行为是值得肯定的。而当孩子有几个观点不一致的印刻者时可能会发生什么？**孩子可能会企图模仿几种不同类型的特征，这将不利于孩子的发展，因为一个目标一致的人会比思想矛盾的人表现得更好。**正如我们在第 9 章讲述的那样，如果你言行一致，则会给人一种值得信赖的感觉。然而，第 9 章也提出，我们不应该期望一个人只形成既单一又一致的自我形象：事实上，我们每个人都会构建多样化的自我模型，在这些自我模型中选择哪些是有用的。

在任何情况下，如果任意变换自己的目标，你就永远不会知道自己下一步到底想做什么：如果不能“独立自主”，你将永远不能取得任何成就。然而，另一方面，人们也需要妥协的品质，致力于实现长期计划而不给自己放弃计划留出后路的做法是非常轻率、鲁莽的。妄想一劳永逸地改变自己的想法也是非常危险的。人类似乎为以下问题找到了解决之道：一些孩子有太多条条框框的约束，而另一些孩子则过分野心勃勃。

印刻者需要阻止孩子们依恋一些“双重性格”的人。以下例子中的一位研究人员曾经担心有人会影响他的机器！

在20世纪50年代，IBM的计算机程序员亚瑟·塞缪尔（Arthur Samuel）编了一套能下棋的程序，这套程序是下棋高手，它成功地打败了几个出色的象棋玩家。每次与强手下棋时，其棋艺就会提高，然而，和棋艺较差的棋手下棋，程序的棋艺则会降低，因此，编程员关闭了其中的学习程序。最后，亚瑟·塞缪尔只允许机器参加大师班的锦标赛。

有时候，我们认为这种情况太过夸张。想一想邪教徒是如何发展新成员的——他们把你放进陌生的环境中，说服你切断所有的社会依恋，包括所有的家庭关系。一旦你与亲朋好友分开，他们就很容易破坏你所有的防御。一旦如此，你就很容易对早已准备好手段、在你焦躁不安的脑中植入新思想的邪教徒、预言家和占卜者产生依恋。

在其他领域，我们面临着相同的命运，当父母为你的福利感到担忧时，商业界人士更感兴趣的是其公司的健康运营；宗教领袖可能会祝你一切顺利，但他们更关心的是自己的教会；当国家领袖唤醒你的民族自豪感时，他们会期望你放弃生命来保卫边疆。每一个组织都有自己的目的，并会让自己的成员实现这种目标。

个人主义者：我希望你不是认真的。组织不过是由一群人组成的，组织本身不会有任何目标，有目标的只是组织里的人。

某些人说的一些制度有意图或目标，指的又是什么呢？我们将在第6章中详细讨论。

公众印刻

我们已经讨论过孩子在印刻者身边时依恋性学习是怎样起作用的，但是，公众人物出现在大众媒体上“吸引公众眼球”时，类似的情况也会发生。推销产品的直接方式就是向大众展示产品存在优点或价值的证据，但是我们经常看到的却是由某个“名人”签发的“证书”，为何这种方法对个人目标的制定具有如此大的影响力呢？

问题的答案在于究竟是什么因素使得这些“名人”如此受欢迎。引人注目的外貌特征是其中一个因素。同时，许多演员和歌手都拥有一项技能：他们擅长营造各种情感状态，具有竞争力的运动员和受欢迎的领导者都精通“骗术”。不过，或许最有效的技巧是让每一个听众都产生这样一种感觉：“一个很重要的人在和我说话”，相应地，听众就觉得自己也参与了进去，因此也更能主动地进行回应，即使这些听众仅仅是在听一段独白！

并不是所有人都有能力控制暴动，一个人想参与到不同的思想中，需要使用怎样的技巧呢？“魅力”（charisma）一词的定义为“领袖非凡的个人品质，能够激起大众的忠诚和热情”，当受欢迎的领导人重塑我们的目标时，他们能探索出一些快速建立依恋关系的特殊技巧吗？

政治家：对于演讲者而言，高大的身材、宏厚的声音以及自信的仪表是非常有益的。然而，尽管高大的身躯和强壮的体魄极具吸引力，但总有一些领导人生来就身材矮小。一些有影响力的演说家态度从容，侃侃而谈，而一些领导人和演说家只会咆哮和尖叫，却仍能吸引人们的眼球。

心理学家：是的，但我注意到一个问题，之前你提到“人们的反应速度和互动强度”是制造依恋的非常重要的因素，但当有人当众演讲时，这个关键因素并没有起作用，因为演说家不可能一个接一个地回答所有听众。

修辞学可能会制造出这样的错觉：一段节奏感很强的演讲似乎可通过听众提出问题并及时得到回答的方式实现“互动”。人们在脑海里可以与“假想的听众”实现互动，因此就算事实上并没有任何对话，至少会使一些听众感到自己获得了足够的重视。另一个诀窍便是，演讲中尽可能加入停顿，让听众感到对方有求必应，但同时不会给予听众更多的时间来提出任何反对的观点。最后，一个演说家并不需要控制所有的听众，因为，如果你可以获得他们中大多数人的注意力，那么其余人的注意力便可以通过“同侪的压力”得到。

与此相反，**越敏感、越配合的人就越容易被群体控制**。让我们来听一听曾经想免受听众影响的伟大钢琴演奏家格伦·古尔德（Glenn Gould）的经历：

> 对我来说，观众是演播室里最为无名的人们，他们存在的缺失却是我满足自己需求的最大动力，因为我不会去考虑专家的口味或者听众的平庸。自相矛盾的是，我认为通过艺术家的自我陶醉，我们能够实现艺术家最为本质的义务，即为他人提供欢乐。[7]

最后，我们还应注意到，孩子甚至会对根本不存在的实体产生依恋之情，比如传说或神话里的人物、书中的虚构人物或想象中的动物。一个人甚至会对抽象的教义、教条、信条或代表其的图标及图像产生依恋：在崇拜者的大脑中，这些想象中的实体可以充当“精神上的导师”。毕竟，我们所有的依恋都是杜撰出来的，你永远不是对现实中的人产生依恋，而仅仅是对一些你亲手制造的、代表你心中依恋的概念的模型产生依恋。

据我所知，尽管弗洛伊德提出了相似的设想，但这套印刻的理论本身是非常新颖的。什么样的实验能够证明我们的大脑是否使用了这样的过程呢？研究人类大脑运动的新工具会对此有所帮助，但是以人类的依恋行为为对象做实验可能会被看作缺乏职业道德。如今，我们还有一个选择：编一套类似人脑的计算机程序。如果计算机程序按照与人类相似的行为模式来表现，那么则证明我们这套理论是可信的，但是计算机到时候会“抱怨”人类没有正确地对待它们。

本章主要解释的问题是人们是如何选择自己的目标的。一些目标是基于天生的本能，由我们的基因决定的；而另一些目标是通过学习（尝试和错误）实现已有目标的次级目标。至于高层次目标，本章认为是由一种特殊的机器体系形成的，这种特殊的机器体系指我们对依恋对象价值观的继承，因为这些价值观积极地响应了我们的需要，在我们体内产生了“自我意识”情感，如羞愧和自豪。

起初，这些印刻者离我们很近，但一旦我们有了印刻者的“思维模型”，当印刻者不在场时，我们就可使用这些模型来“升华”目标。最终，这些模型就成了我们所谓的良心、理想或道德规范。所以，**依恋教会我们的是结果而不是方式，也把父母的梦想强加到了我们身上。**

在本书的结尾，我们会重新讨论这个问题。接下来，我们将详细讨论一类情绪，具体说来，就是像“受伤”“悲伤”和“煎熬”之类的情感。

THE EMOTION MACHINE

COMMONSENSE THINKING,

ARTIFICIAL

INTELLIGENCE,

AND

THE FUTURE

OF

THE HUMAN MIND

03

从疼痛到煎熬

任何疼痛都会激活“摆脱疼痛”这一目标，而这个目标的实现将有助于目标本身的消失。然而，如果疼痛强烈而又持久，就会激发其他大脑资源，进而压制其他目标。如果这种情况级联式地爆发下去，那么大脑的大部分区域都会被痛苦占据。可见，在处于某种精神状态中时，我们也就失去了“选择的自由”。

疼痛之中

> **达尔文（1872）**：在代代相传的动物物种延续中，巨大的疼痛一直促使所有物种努力远离这种痛苦的根源，甚至当肢体或其他部位受伤时，我们经常想去揉受伤的部位，就像想摆脱这种痛苦似的，尽管这是不可能的。

撞伤脚趾时是什么感觉？你可能不会立刻产生感觉，但你马上就会屏住呼吸，开始出汗，这是因为你知道接下来会发生什么：一股令人窒息的疼痛感从胸腔涌出，其他想法都将不复存在，只剩下逃离这种疼痛的愿望。

这样简单的事件为何会对其他想法产生如此强有力的影响呢？又是什么使“疼痛”的感觉演变为“煎熬”的状态呢？本章的理论能够对此作出解释：**任何疼痛都会激活“摆脱疼痛”这一目标，而这个目标的实现将有助于目标本身的消失。**然而，如果疼痛强烈而又持久，就会激发其他大脑资源，进而压制其他目标。如果这种情况级联式地爆发下去，那么大脑的大部分都会被痛苦占据（参见图 1-12）。

当然，有时疼痛仅仅是疼痛；如果疼痛不持续下去或不太剧烈，就不会恶化成煎熬。另外，通常情况下，想想其他事情也可能让你暂时忘记疼痛。有时你也可以集中注意力来思考疼痛，从而减轻疼痛的程度：你可以将注意力聚焦于疼痛上、评价疼痛的强烈程度或尝试把疼痛的特征当作有趣的新奇事物。但这只能带来暂时的缓解，因为无论怎样分散注意力，疼痛都会持续不断、断断续续，像一个唠叨不休的伤心的孩子一样满腹牢骚、抱怨不止。你虽然可以通过想象其他事来暂时减轻疼痛，却会再次陷入疼痛之中。

> **丹尼尔·丹尼特（Daniel Dennett，美国著名认知科学家、哲学家，1978）：**
> 如果你可以研究疼痛（即使是非常强烈的疼痛），你会发现（事实上也是如此）自己不会在意它：因为疼痛感会停止。然而，研究疼痛（如头疼）本身很快就会变得无聊，一旦停止研究，疼痛就会去而复返，你会再次感受到它的存在。奇怪的是，有时疼痛的再次袭击要比研究疼痛时的无聊更有趣，从某种程度上说，我们也更喜欢前者。

有时候，我们应该感激疼痛的进化，因为疼痛会通过以下方式来保护我们的身体，使其免受伤害：其一，让人们想要移除疼痛；其二，使受伤的部位得到休息和免于移动，从而得以进行自我恢复。以下是疼痛保护我们免受伤害的其他方式：

- 疼痛使你专注于它涉及的身体部位；
- 疼痛使你很难再思考其他事情；
- 疼痛使你远离造成疼痛的原因；
- 疼痛使你想结束疼痛的状态，与此同时教会你以后要避免再犯同样的错误。

但人们不仅不会感激疼痛，还会经常抱怨它。疼痛者会问："为什么我们要体验如此令人不快的经历？"尽管我们普遍认为疼痛和快乐是相反的，但它们拥有相似的特征：

- 快乐使你专注于它涉及的身体部位；
- 快乐使你很难再思考其他事情；
- 快乐使你更进一步思考令你获得快乐的原因；
- 快乐使你想保持快乐的状态，与此同时，它教会你以后要坚持再犯同样的"错误"。

这暗示我们，快乐和疼痛拥有共同的机制。两者都会分散我们的注意力，都与我们学习的方式相关，都会改变我们其他目标的优先权。鉴于这些相似性，来自外太空的外星人们可能会问，为什么人们会如此钟爱快乐，却非常厌恶疼痛？

外星人：为什么你们人类会抱怨疼痛？

人类：因为疼痛会让身体感到难受，所以我们不喜欢。

外星人：那你解释一下什么是“难受”吧。

人类：“难受”就是疼痛让人感到不舒服的表现方式。

外星人：那请告诉我，你所指的“不舒服”是什么？

此时，人类认为那些感觉是如此本能和基础，因此根本无法对那些从未经历过这些感觉的人解释。

二元论哲学家：科学通过把事情分割成更简单的部分来解释事物，但是像快乐和疼痛这样的主观感觉根本不能再被分成更小的部分。

然而，第9章提出感觉并不是最基本的，它是由包含很多部分的过程组成的。认识到感觉的复杂性将有助于我们解释感觉的内涵及其运作方式。

煎熬，大脑失去自由选择权

我们经常把“伤害”“疼痛”和“煎熬”相提并论，就好像它们三个或多或少是一样的，只是程度不同而已。然而，当暂时的不适感影响力较小时，强烈的疼痛感持续时间越长，情感级联成长的时间也就越长，思考能力便会下降。因此，平时看起来简单的目标会越来越难以实现，因为有更多资源受到干扰和压制。我们常用“煎熬”“痛苦”和“折磨”来描述以下状态：**疼痛会干扰思维的很大一部分，以至于大脑除了思考这种疼痛对自己的伤害之外，便不能思考其他事了。**

迈尔斯·斯蒂尔
Miles Steele，5岁

这种感觉太强烈了，我都想不起来它叫什么了。

换言之，在我看来，“煎熬”的主要成分是失去选择权带来的沮丧，就像自己的好多想法被偷走了一样，对此种现实的认识只会让事情更糟糕。例如，我听人把“煎熬”比作大脑里不断膨胀的气球，到最后，大脑里根本没有思考其他事情的空间。这个例子告诉我们，**失去了太多“自由选择权”的人们就会成为“囚犯”**。处于“煎熬”中时，我们可能会体验到以下痛苦：

- 无法自由活动的痛苦；
- 对无法思考的憎恨；
- 对无能和无助的恐惧；
- 对连累朋友的羞愧；
- 对不耻之事的懊悔；
- 对可能遭遇失败的沮丧；
- 看似反常带来的屈辱；
- 对濒临死亡的担忧和恐惧。

伍迪·艾伦
Woody Allen

生活中充满了痛苦、孤独和煎熬，但所有这些会很快结束。

在处于某种精神状态时，我们也就失去了“自由选择权”，因为我们会被伴随这些精神状态的目标所限制，因而永远没有足够的时间来完成自己想做的所有事，一些想法或梦想必然会和以前的想法和梦想有冲突。大多数情况下，我们并不非常在乎这些冲突，因为我们觉得所有这一切尽在掌控之中。部分原因是，通常我们知道，如果我们不喜欢这样的结果，我们仍然可以回到开始时刻，重新尝试其他选择。

然而，一旦疼痛入侵我们的大脑，我们所有的项目和计划会被外力推到一边，仅剩下一种想法：寻找方法逃离疼痛。疼痛的指令能在紧急事件中帮助我们，但疼痛如若不能减轻，可能会恶化，并造成级联式的情感爆发。

疼痛的主要功能是迫使人们移除造成疼痛的主要原因，但一旦这样做，疼痛便更倾向于干扰人们的其他目标。如果这种情况演化成为大规模的疼痛级联，那么我们便会使用“痛苦”和“煎熬”等词语描述受害者的思维。

确实，煎熬会对你造成很大的影响，甚至会完全改变你的性格。煎熬会使你哭泣，让你寻求帮助，你会变得像个婴儿一样。你仍然是你自己，因为你仍可以获得相同的记忆和能力，但这些记忆和能力对你不再那么有用了。

苦难机器

佛陀

世间动荡不安的本质是一切罪恶的根源，思想的宁静来自不朽的和平。自我只是多种相互矛盾的特质的集合体，其整个世界就像幻想一样空虚无比。

下面是受害者遭受疼痛时的一些表现。

昨天琼提了一个很重的箱子，今天她的膝盖就开始异常疼痛。她要在明天的会议上做一次非常重要的汇报，因此她一直在为此做准备。她会想：“如果疼痛不停止，我可能会受不了。”于是她决定从药架上取些药来减轻疼痛，但突然间疼痛感加剧了，她根本没法站起来。琼紧捂膝盖，屏住呼吸，想想接下来要做什么，但疼痛感如此强烈，她根本集中不了精力做接下来要做的事。

“别疼了！”琼的疼痛持续着，但琼是怎么知道疼痛感来自膝盖的呢？每个人天生就有神经系统，能够把皮肤的每一部分映射到大脑的不同区域，例如图 3-1 中的神经皮层。[1]

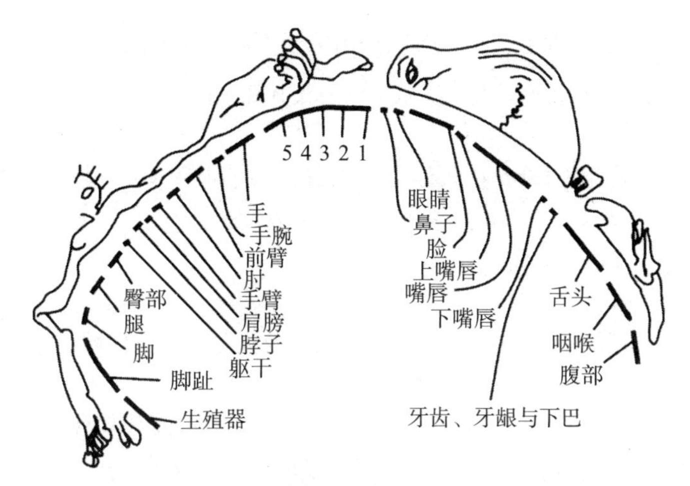

图 3-1　大脑神经皮层的不同映射区域

然而，我们天生就缺少类似的方式来传递来自内部器官的信号，这可能就是我们难以形容那些非肌肤接触之痛的原因吧，想必是因为人类很少使用这样的映射，所以身体并没有进化出这些功能。在现代外科手术出现以前，除了观察和保护病人的整个腹部以外，我们并没有办法修复或保护受损的肝脏或胰腺，所以我们只知道病人腹痛。同样，我们没有适用于大脑内具体部位的补救措施，所以这也无助于我们辨别痛苦是来自一个人的大脑皮层还是丘脑。

就疼痛感本身而言，科学家对身体受伤后的初步反应有不少了解，下面是对疼痛后发生的行为的典型描述：

> 当特殊的神经对压力、冷热等外力条件或受伤细胞释放出的化学物质等内在因素产生反应时，疼痛便开始了。从这些神经系统中释放的信号通过脊髓上升到丘脑，继而“转述”给大脑的其他部位，其中涉及激素、内啡肽和神经递质。最终，其中一些信号到达大脑的边缘系统，便产生了悲伤、生气和沮丧等情绪。

然而，为了解疼痛如何导致精神状态发生的诸多变化，仅仅知道大脑中各种功能位置是远远不够的，我们还需要知道大脑中每个区域的工作内容，以及其过程与相关部件之间的交互方式。大脑中有特定的部位负责管理苦难和煎熬吗？

显然如此。在一定程度上，正如首次提出关于疼痛工作方式的罗纳德·梅尔扎克（Ronald Melzack）和帕特里克·沃尔（Patrick Wall）注意到的那样。

> **梅尔扎克，沃尔（1965）**：内部功能复杂的地区前扣带皮层在处理疼痛时具有高选择性的作用。这种高选择性作用和特性情感的参与或者疼痛的激励部件一致（不快和紧迫性）。

但之后，这两位疼痛专家又指出，疼痛涉及大脑的各个区域：

> 除非几乎全脑都被看作“疼痛中心”，否则疼痛中心的概念便纯属虚构。因为丘脑、大脑边缘系统、下丘脑、脑干网状结构、顶叶皮层和额叶皮层都涉及疼痛感。

大脑的某些部分受伤会导致罕见的情况发生，也许能通过对此罕见情况的学习找到有关煎熬如何运作的更多线索：“示痛不能”（pain asymbolia）患者能够认识到其他人所描述的疼痛是什么，但不会觉得这些感觉令人生厌，甚至可能会对其一笑置之。这表明患者失去了通常会引起这些痛苦级联的资源。

在任何情况下，想要理解什么是煎熬，仅了解煎熬机制的位置是远远不够的，**我们需要真正熟知的是这些过程如何与我们最高水平的价值观、目标和自我思维模式之间产生关系。**

> **丹尼尔·丹尼特（1978）**：真正的痛苦必然伴随着为生存而进行的斗争，死亡的前景以及对我们柔软、脆弱和温暖的躯体的折磨……不可否认的是（尽管很多人忽视了这一点），痛苦的概念、道德直觉以及煎熬、义务和邪恶的感觉有着千丝万缕（但也可能意味着在本质上并不紧密）的联系。

生理疼痛与精神痛苦

精神痛苦和生理疼痛一样吗？假设你听到查尔斯说“我焦躁和沮丧得就像有什么东西在撕扯我的内脏”，你可能会说，查尔斯的感觉是在提醒他，他的腹部正处在疼痛之中。

生理学家："腹部有东西在爬"的感觉可能是真实的，因为你的精神状态促使大脑向你的消化系统发送信号。

为何我们经常说"受伤的感觉"就像生理上的疼痛一样，尽管两者的致因如此不同？腹部的生理疼痛和来自朋友的不屑所造成的精神痛苦之间有相似之处吗？是的，这是因为尽管两者是由不同的事件引发的，但同龄人的拒绝最终可以像腹疼一样干扰你的大脑。

学生：在孩童时代，我的头曾撞到过椅子。我用手捂着伤口，起初疼痛并不剧烈，但当我看到手上有血迹时，疼痛感就加剧了。

想来，看见血并没有加强疼痛感，但有助于触发较高层次的活动。在以下情况中，我们经历着相似的、大范围的情感级联：

- 失去老朋友的痛苦；
- 他人处于痛苦时的无助感；
- 强迫自己保持清醒的沮丧；
- 羞愧和尴尬的痛苦；
- 过多压力导致的分心。

感觉、疼痛和煎熬

奥斯卡·王尔德
Oscar Wilde
《道林·格雷的画像》
(*The Picture of Dorian Gray*)

一想到它，一阵剧痛就像一把刀一样扎在身上并传遍全身，使他天性中的每一根纤细的神经纤维颤动起来，他的双眼变得更深邃，如紫水晶般，透过双眼可以看见雾般的泪水，他感到仿佛有一只冰冷的手放到了他的心上。

我们有很多词语可以描述各种各样的疼痛，像“刺痛”“跳痛”“刺穿”“射击”“啃咬”“灼痛”和“疼痛”……但是这些词语永远不能详细说明这些感觉的真正内涵，因此我们需要借用类比的方法来描述每种感觉像什么，例如“一把刀”“一只冰冷的手”或者正在遭受痛苦者的外在形象。道林·格雷没有经历过任何的生理疼痛，但他害怕老去、变丑陋、长皱纹，最令他担忧的是他美丽的秀发会失去闪亮的金色。

但是，是什么使“感觉”如此难以描述呢？是因为感觉是如此简单和基础，以至于没法解释吗？与此相反，我认为，我们所谓的“感觉”是试图描述整个情感状态带来的结果，每一个精神状态都如此复杂，任何描述只表达了这些精神状态的几个方面而已。因此，我们要尽可能做到的是寻找一些方法以区分当前情感状态和其他一些情感状态的异同。换言之，**我们的精神状态是如此复杂，只能以类比的方式来描述。**

然而，描述某一特定情感或精神状态相对容易，这是因为你只需要几个相关的情感特征即可。我们能告诉朋友们自己当前的感受，因为（假设我们和朋友之间拥有相似的结构特征）仅需要几个线索，朋友就能识别我们所处的状态。大多数人知道这种形式的交流和“移情”也会存在错误和欺骗。

所有这一切都存在一个问题，即我们如何区分“肉体疼痛”“精神痛苦”和“煎熬”。**人们经常用这些术语来区分强烈程度，但在这里我用“肉体疼痛”来指受伤后身体立刻产生的感觉，用“精神痛苦”来指升华到“摆脱疼痛”目标时人们的感觉，最后用“煎熬”来指这种情感已恶化到大范围的情感级联，干扰了人们的日常思维方式。**

哲学家：我同意，疼痛的确可以导致人们的思维发生各种变化，但这并没有解释煎熬的感觉是什么。这种机制为何不能在人们感觉良好的情况下起效呢？

在我看来，当人们谈论“糟糕的感觉”时，他们真正指的是其他目标的中断，以及由目标中断引起的各种各样的情况。如果疼痛允许我们在身体受伤时仍然继续追寻自己的目标，那么疼痛感本身就没有任何作用，但是其他思维如果被过多地压制，我们就想不出更多方法来摆脱疼痛。因此，我们需要保持较高层次资源的激活状态。然而，假如自己能够独立思考，我们就很可能进入以下几种状态：懊悔、沮丧和恐惧，所有这些都是煎熬的组成部分。

哲学家：还有什么没谈到？你描述了大脑运行的很多过程，但你根本没有解释为何这些情况会产生各种各样的感觉。所有这些感觉为何不能在我们不“体验”感觉的情况下产生？

许多哲学家对人们拥有“纯粹的主观体验”疑惑不已，我认为虽然我能够很好地解释这些纯粹的主观体验，但解释它需要很多其他观点，因此我需要将其放到第 9 章。

致命性的痛苦

伍迪·艾伦
《爱与死》
(*Love and Death*)

索尼娅：爱就是受罪，为了避免受罪，就不要去爱。但是这样一来，会因为没有去爱而受罪，因此，爱就是受罪、不爱也是受罪，受罪就是受罪。要幸福就去爱，之后却会变成受罪，可是一受罪又不会觉得幸福，因此，想要不幸福就去爱吧，或因爱而受罪，或因为太幸福了而受罪。

对疼痛的反应如此迅速，以致于有时在我们感到疼痛之前，这种感觉就已经消失。如果琼摸到了很烫的东西，在她有时间思考之前，手臂就已经缩回，但琼的条件反射不会让她消除膝盖的疼痛，因为无论她走到哪里，疼痛都会伴随左右。持续的疼痛左右着人们的注意力，妨碍人们思考摆脱疼痛的方法。

如果琼急切地想要穿过那间房间，尽管“膝盖很疼”，她也能走过去，当然这得冒着疼痛加重的危险。专业的拳击手和足球运动员可以训练自己忍受可能受伤的身体和脑袋的撞击，他们是如何做到忍受疼痛的呢？每个人都知道忍受疼痛的方法，但是就我们所处的文化来看，有些技巧可以被接受，有些却不能。

拉里·泰勒
Larry Taylor

大约在那个时候，戈登·利迪（G. Gordon Liddy）设计了一项新的锻炼意志的运动，他会用香烟、火柴或蜡烛灼烧自己的左臂，以训练自己克服疼痛……多年以后，利迪自信地对一个熟人说，如果他自己不愿意泄露信息，任何人都不能强迫他。利迪让朋友拿着已经点着的打火机，并把自己的手一直放在火焰上，直到肉体燃烧的气味使得朋友不得不把打火机移开。[2]

如果你在想别的事情，或许疼痛就没有那么剧烈了。我们都听过这样一则轶事：一个受伤的士兵并没有受到疼痛的干扰，而是继续奋战，战斗结束以后才感觉到自己受了伤。**因此，一个强大的目标可以使你拯救自己和朋友，也能够拯救其他一切。简单说来，如果你太忙，根本不会注意到轻微的疼痛；疼痛依然存在，但却没有干扰你做事的优先次序，从而也不会干扰你其他的活动。**

莎士比亚在《李尔王》（*King Lear*）中提醒我们：痛苦喜欢结伴而行。无论一个人遭受的损失有多大，人们仍可以得到安慰，因为同样的损失也可能发生在别人身上。

做君王的不免如此下场，
使我忘却了自己的忧伤。
最大的不幸是独抱牢愁，

任何的欢娱兜不上心头；
倘有了同病相怜的侣伴，
天大痛苦也会解去一半。
国王有的是不孝的逆女，
我自己遭逢无情的严父，
他与我两个人一般遭际！①

另一种处理疼痛的方法就是吃“抗刺激药物”：当身体某部位疼痛时，这种药物可以帮助减轻或消除那个部位的疼痛，或通过加重其他部位的疼痛来减轻此部位的疼痛。但是为什么第二种疼痛干扰可以抵消第一种疼痛，而不是使其更加难以忍受呢？一个最简单的解释便是，当身体多处疼痛时，大脑便很难诊断出应该专注于哪个部位，这就使得单个的情感级联难以持续。

许多其他过程同样可以影响我们的行为。

亚伦·斯洛曼（Aaron Sloman，人工智能专家，1996）：有些精神状态涉及性情，而性情在特殊的情景下会以行为的方式表现出来。当没有相关行为出现时，很有必要进行解释。正如一个正处于疼痛中的人没有畏缩，没有露出任何痛苦，也没有采取任何措施减轻痛苦一样。那么对这种情况的解释可能是他最近参加了一些以隐忍为内容的宗教崇拜，或者他想给女朋友留下深刻的印象。

这种解释适用于治疗病痛缠身的人。

玛丽安·奥斯特韦斯（Marian Osterweis，1987）：一个人对疼痛程度的意识过程可能会从起初对疼痛毫无意识发展为后来满脑子都是疼痛。注意到疼痛的原因有很多，疼痛本身就可能成为自我和自我认同的中心，或者无论多么令人难以忍受，总会被认为与人格呈正相关。疼痛症状被赋予的意义是影响症状感知方式和注意力分配最为有力的工具。

最后，在第 9 章中，我们将讨论一般活动中隐含的看似矛盾的事情，例如，

① 这里使用的是朱生豪先生的译文。——编者注

在竞技体育或力量锻炼中，我们试图做一些超出自己能力范围的事情，痛苦越大，得分就越高。

持续且慢性的煎熬

受伤的关节变得肿胀和疼痛，轻微接触就会引起剧烈的疼痛，这并不是偶然的，我们称之为“发炎”。正如我们在前文指出的，这可能是一个有利方面，因为它能引导你去保护疼痛的部位，从而帮助伤口愈合。然而，我们很难抵制其他可怕的、持续的、慢性的疼痛带来的影响，我们会问这样的问题：“我到底做了什么要受到这样的惩罚？”如果我们可以找到一些理由来证明惩罚是正当的，可能会缓解我们思想上的痛苦：“现在我能明白为什么我要遭受疼痛了！”

许多受害者并没有发现这样的逃避方法，等到发现时，他们已经失去了很多东西，还有一些人甚至决定结束自己的生命。然而，一些人也会把痛苦当作能够帮他们取得成功的奖励或机会，甚至是帮助他们净化或重新开始人生的意想不到的礼物。

> **迈克尔·刘易斯（1982）**：身患残疾会打击人的自尊，然而对某些病人来说，生病却意味着地位的提升，因为他们得到了他人更多照顾和关注。为疾病或症状赋予意义的能力已被证明可以提高一些病人处理问题或危机的能力。

因此，一些受害者想方设法适应慢性、顽固的疼痛，他们发现新的思维方式，并根据这些技术重建自己的生活。下面是奥斯卡·王尔德对其在雷丁监狱所受的监禁之苦的描述。

> **王尔德（1905）**：道德无助于我，我是一个离经叛道而非循规蹈矩之人。宗教无助于我，别人给的信仰是看不见的，我给别人的信仰都是摸得着、看得见的。理性无助于我，理性告诉我，法律给我定的罪以及制度让我受的苦难都是错误和不公正的。但是，无论如何，我必须使这些合理和正确。我必须让一切已经发生的事情对我有利。积木床、讨厌的食物、坚硬的绳索、

> 残酷的命令以及可怕的囚服所带来的可笑、沉默、孤独、羞愧等所有这些事物，必须被我转变成一种精神体验。我尝试把所有对身体的折磨变成一次次的灵魂之旅。

近期，在减轻疼痛方面的研究出现了新技术，起初这些技术只能用来判断疼痛的程度，后来能够成功地治疗疼痛。虽然现在我们也拥有了减轻最严重疼痛的药物，但很多疼痛仍然没有治疗方法，无论是精神还是药物方面的。人们对医疗事业领域发展的抱怨看似合理，却让许多神学家失望不已，为什么人们会受这样多的苦？这些煎熬到底有什么作用？

或许答案在于，**慢性疼痛的不利影响并非来源于选择进化的过程，而是来源于“程序故障”**。被我们称作“煎熬”的情感级联或许来自之前帮助我们减轻疼痛的方法，是通过为逃离疼痛的目标赋予最优先的顺序而实现的。其他思维的干扰阻碍了我们的祖先去发展更新、更多的智能。换言之，我们在远古时发展出的对慢性疼痛的反应尚未与后期大脑中发展出的反思以及计划性形成兼容状态。进化过程中，物种的演化和发展并没有明确计划，因而，疼痛如何干扰我们高层次能力的发展也是难以预测的，我们从而渐渐演化出能够保护身体却有损思维发展的机制。

悲伤

莎士比亚
《亨利六世》第三部分
（*Henry Ⅵ*）

> 我哭不出来；我的怒火像炽炭一样在燃烧，我全身的液体还不够熄灭我的怒火。我的舌头也不能发泄我心头的烦躁，因为我一开口说话，我的呼吸就会把胸中的火焰扇旺，烧灼我的身体，我又得用眼泪来浇灭它。啼哭只是用来减轻心中的悲痛。让婴儿去啼哭吧，我却要还击，要报仇！

失去老朋友时，我们就觉得已失去了自己的一部分，因为梦想和理想的分享占据着大脑的很大一部分，而现在，那些大脑区域所传输的信号将不会再收到回复，这就像失去双手或眼睛一样，这可能就是我们要花很长时间才能接受自己已经失去曾经依赖的资源的事实的原因。

莎士比亚
《亨利六世》第二部分

格洛斯特：耐心点，温柔的内尔，要忘记这悲伤。
公爵夫人：哎，格洛斯特，教我忘记自我吧。

内尔不会遵从格洛斯特的建议，因为她的情感链接被广泛分散，而不储存在某些她可以选取并在随后快速删除的地方，此外，她可能并不希望全部忘记这些链接，正如亚里士多德在《修辞学》（*Rhetoric*）中所言：

> 这样的情况往往是产生爱情的最初征兆：一个人不仅在爱人出现的时候感到愉快，而且在爱人不在的时候，也会因回忆而产生爱情。由于这个缘故，尽管爱人不在了是件令人苦恼的事，但我们在哀悼中仍然感到了一点愉快；苦恼是爱人不在身边引起的，快乐是回忆引起的——如同看见他本人、他的所作所为和他的人品一样。

莎士比亚在《约翰王》（*King John*）展示了如何接受悲伤并成功地压制它，直到其展现出快乐的一面：

> 悲哀填满了我那不在眼前的孩子的房间，
> 躺在他的床上，陪着我到东到西，
> 装扮出他美妙的神情，复述他的言语，
> 提醒我他一切可爱的美点，
> 使我看见他遗蜕的衣服，就像看见他的形体一样；
> 所以我是有理由喜欢悲伤的。

心智“批评家”：纠正性警告、外显抑制和内隐束缚

山姆·高德温
Sam Goldwyn
美国知名电影制片人

不必理会那些批评家，连睬都不要睬他们。

琼膝盖的疼痛变得越来越严重，如今，即使琼没有碰到膝盖，它还是无时无刻不在疼，琼想：“我就不该试着搬箱子，我应该立即拿些冰块敷在膝盖上。”

如果永不犯错或者想法永远正确该有多好，但是我们都会犯错和出现疏忽。尽管我们的决定经常出错，但值得注意的是，它很少导致灾祸。琼不大会用枝条戳伤自己的眼睛，也不会在走路时撞墙，她永远不会告诉陌生人他们有多丑，那么，一个人能力的大小在多大程度上取决于明白哪些行动是不该做的？

我们常常对人们的能力非常自信，就像这句话：“专家是一位知道自己该做什么的人。”但是有人可能持相反的观点：“专家是一位因为知道自己不该做什么而很少出错的人。”然而，也许最值得注意的是，除了弗洛伊德的分析之外，这个主题在20世纪的心理学中却很少被谈及。

也许疏忽是不可避免的，因为在20世纪初，许多心理学家就成了“行为主义者”，他们训练自己仅去思考人们已作出的行为，而忽视人们没做的行为，这就导致我们忽视了第6章将谈论的“负面经验”（negative expertise），我认为，这是每个人宝贵的常识性知识宝库中的一部分。换言之，我们的许多知识都是从错误中习得的。

为解释负面专长是如何起作用的，设想我们脑海中积累着“批评家”的资源，其中每个批评家都学会识别某些特殊类型的潜在错误。假定每个人至少拥有3种

不同类型的批评家：

- 纠正性警告（corrector）宣称你正在做危险的事情："你必须立即停止，因为你正在将手移向火焰"；
- 外显抑制（suppressor）在你开始计划采取行动之前中断了："请勿将手伸向火焰，以免引火烧身"；
- 内隐束缚（censor）为防此想法产生而趁早行动，因此，你甚至从未考虑过选择将手移向火焰。

因为行为已经发生，所以纠正性警告的提醒可能为时已晚，外显抑制可以在行为开始之前停止其动作，但它们都会花费一些时间，从而使你反应迟钝。相反，通过阻止你考虑被禁止的行为方式，内隐束缚会加快你的反应速度，这可能就是专家的行为有时会如此之快的原因之一，他们甚至不会考虑那些错误的事。

学生：内隐束缚是如何在你开始思考错误的行为之前阻止你思考这些事的？这不是某种悖论吗？

程序员：不存在问题。设计每个内隐束缚，使之成为机器，给机器配备足够的内存，这样在犯某类错误之前，它可以记住思维方式的若干步骤。再后来，当内隐束缚识别出类似的状态时，它便会引导你以某些不同的方式思考，这样，你就不会重复这类错误。

当然，过度谨慎可能造成不利的影响。一方面，如果批评家试图阻止你犯下所有类型的错误，你可能会变得十分保守，以至于永远不会尝试接受任何新事物。你可能永远也无法穿过大街，因为你总会设想一些自己可能遇到事故的方式。另一方面，没有足够的批评家会很危险，因为这会让你犯很多错误，所以在这里我们将简单介绍一下，当我们在这两个极端之间进行转换时将发生什么。

过多的批评家进行转换时将发生什么

莎士比亚
《哈姆雷特》

我近来——但不知什么缘故，失掉了我所有的一切欢乐，放弃了一切练技的习惯；且当真，在这一种抑郁的心境之下，仿佛负载万物的大地，这一座美好的框架，只是一个不毛的荒岬；覆盖众生的穹苍，这一顶壮丽的帐幕，这一个点缀着金黄色的火球的庄严的屋宇，只是一大堆污浊的瘴气的集合。

我们认为，**人类的大部分智能来自在不同思维方式之间切换的能力**。然而，这可能同样是许多状态的根源，我们将这些状态称为脾气、情绪、性情以及许多不同的精神障碍。例如，如果某些批评家一直保持活跃，那么一些人似乎会痴迷于世界或自己的某些方面，而其他一些人可能经常被看作被迫重复某些类型的活动。批评家控制不良情况的另一个例子是：当人们反复激活太多批评家、然后又关掉过多批评家时。下面是这种情况的描述：

凯·雷德菲尔德·杰米森（Kay Redfield Jamison，1994）[①]：与精神病和轻度躁郁相比，躁郁症（bipolar disorder）的临床表现更为危险和复杂。波动情绪和能级的循环往复是善变的想法、行为和感觉的潜在原因。疾病是人类的极端体验。轻微的精神错乱、异常清楚、快速的“精神癫狂”以及严重的智障，思维穿梭于这三者之间却无法进行任何有意义的精神活动。行为陷入了两个极端：要么疯狂、膨胀、奇怪、充满蛊惑；要么封闭、倦怠、有自杀倾向。情绪会在欢快、绝望和易怒之间徘徊……但是在早期轻微的阶段中，由狂躁带来的高涨情绪却是快乐、多产的。

① 杰米森是全球躁郁症研究的权威，也是超级畅销书作家。她以躁郁症患者和研究者的双重身份为我们奉献了大作《躁郁之心》（上、下册）、《天才向左，疯了向右》（上、下册）等。这些书系的中文简体字版已由湛庐文化策划、浙江人民出版社出版。——编者注

杰米森后来的论文继续建议道，那些大量的级联可能带来某些价值。

> **杰米森（1995）**：看起来，在轻度躁郁时期，思维的质量大幅提升，思维的数量大量增加。速度的增加会使思维进入轻微活跃或完全精神混乱的状况。目前并不清楚是什么导致了精神活动的质变。然而，已经改变的认知状态会加速罕见思维和联系的形成……当抑郁开始质疑、反思和犹豫时，狂躁就会变得活跃和稳定。狭隘和广阔的思维、压抑和猛烈的回应、严肃和沸腾的情绪、反对和支持的立场、冷酷和火热的状态之间的循环转换，以及思维在这些相反经历中快速、流畅的移动都是痛苦和充满困惑的。

人们很容易识别出这种极端的心理疾病，即所谓的躁郁症。但我却认为，每个人在其日常的常识性思考中都使用了这个过程，因此第 7 章认为，在面对新问题时，你可以通过以下步骤来解决问题：

- 首先，关闭大部分的批评家，这将有助于思考一些你可以做的事情，而不需要过于关心它们是否有用，这就像处于一个短暂的狂躁状态中；
- 然后，打开许多批评家，用更具怀疑的心态来检查这些选项，如同你有轻度抑郁症一般；
- 最后，选择一个看似可行的选项，然后一直去追求它，直到批评家开始抱怨你已经停止进步为止。

有时你可能会故意经历这些阶段，也许在每个阶段只会花几分钟的时间。然而，据我推测，在日常的常识性思考中，我们经常又会花一两秒甚至更短的时间来经历这些阶段。但是，所有这些事件都如此短暂，我们几乎感觉不到它们正在发生。

思维的批评家 - 选择器模型

第 1 章描述了动物并不比基于 If → Do 规则的系统高级，If 描述了物理情境的类型，而 Do 描述了对其类型进行反应的有用方法（参见图 1-4）。第 7 章将会把 If → Do 规则反应器扩展为思维的批评家 - 选择器模型，这样，对思维的描述基础就可以从精神反应（mental reactions）转变为精神状况（mental situations）。在此模型中，我们用资源来思考各种类型的状况，通过选择它，在思维方式发生大规模改变时，我们的批评家会起到核心作用（图 1-9 是此模型的精简版）。

每一个批评家都会学习识别某些特殊类型的精神状态，因此无论其状态何时发生，批评家都会试图激活一个或更多资源集，而在过去，这些资源集则是用于处理不同类型的精神状况的（见图 3-2）。

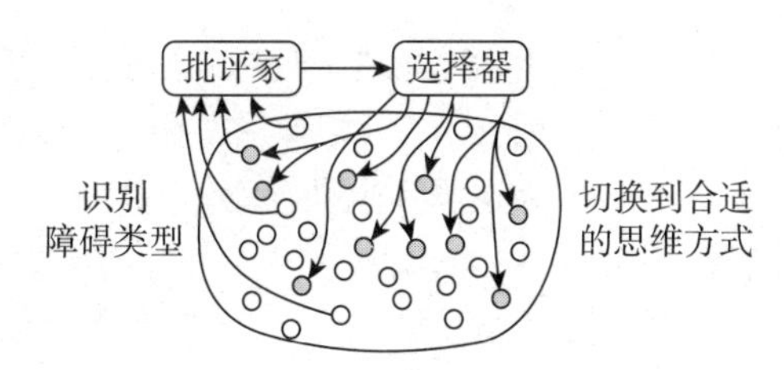

图 3-2　批评家激活资源集

关于这些资源是如何形成和组织的，第 7 章将会提出更多的看法。

学生：这些批评家存在于大脑的什么地方？它们是否都处在同一位置？大脑的每一区域里是否都有它？

批评家 - 选择器模型在每个层次上都会包括这样的结构，因此每个人的思维都将包括反应批评家、沉思批评家和反思批评家。在最低层次上，这些批评家和选择器几乎会像 If 和 Then 一样进行简单反应，但在我们更高的反应层次，批评家和选择器会引起许多变化，实际上，它们会让我们切换到不同的思维方式。

应该注意到，“批评家”的含义经常被限定为一个只会发现别人缺点的人，然而，当一个策略的执行比我们预期中成功时，批评家能够识别这些情况，并为有价值的过程提供更多优先权、时间以及能量。

因此，在第 7 章中我们将泛化“批评家”这个术语，使其包括资源。这样的批评家不仅能检测错误，还能识别成功和潜在的机会，我们将这些“极积正面的”批评家称为“激励家”（Encouragers）。

弗洛伊德的思维“三明治”

豪斯曼
A. E. Housman

幸运是机遇，困难乃天注定，
我会像智者般面对困难，
为逆境而非顺遂磨炼自己。

鲜有心理学教科书讨论如何决定不去思考什么。然而，这却是弗洛伊德关注的主要问题，他把思维视为一个需要克服障碍的系统。

弗洛伊德（1920）：思维包含各种精神兴奋，它们像独立的个体一样涌进一个大的“前厅”。与其毗邻的较小的“接待室”里住着意识。在两个房间的门口站着一位重要人物和办公室的门卫，门卫负责检查各种精神激励，审查它们，并在意识不同意时拒绝精神激励进入接待室。你会立即看到，门卫是将任何一个冲动挡到入口处还是在其进入接待室时当即将其赶出，二者并没有区别。这仅仅是识别时的警惕性和敏感度而已。

然而，通过第一个障碍不足以让我们对可能的思想或者弗洛伊德所谓的“精神兴奋”（mental excitation）进行反思，因为就像他后来所说的那样，这只会导致接待室的产生。

在接待室中，无意识的激励对意识而言是不可见的（意识在另一个房间）。因此在最初阶段，它们仍保持无意识状态，当向前涌进入口处并被门卫挡在门外时，它们仍是“不具有意识能力的”，那么我们便称之为“受到抑制”。

但这并不是说，那些被允许通过门槛的激励就具有意识，它们只有成功地吸引住意识的眼球后才有可能变得具有意识。

因此，弗洛伊德将思维想象成困难重重的过程，而只有走得够深远的思想才会被赋予意识的资格。在思想家没有意识到这一点时，一个突如其来的念头被某种障碍（弗洛伊德所说的“压抑”）阻断在早期阶段。然而，被压抑的想法仍然可以持续下去，并通过改变其描述方式套上难以辨识的伪装而表达出来（乃至内隐束缚无法识别它们），弗洛伊德使用了“sublimation”（升华）这个术语来描述这一过程，但我们有时称其为“合理化”（rationalizing）。最终，虽然思想可以达到最高层次，但仍显得无能为力，因为人们记得要拒绝它，弗洛伊德把这个过程称作“repudiation”（否认）。

弗洛伊德认为，人的思维就像一个战场，许多资源都在那里同时工作着。但这些资源并不总是拥有共同的目标，因此，它们经常在动物本能和所获理想之间发生严重冲突。这样，思维的其余部分要么妥协，要么压制其他的一些竞争对手（见图 3-3）。

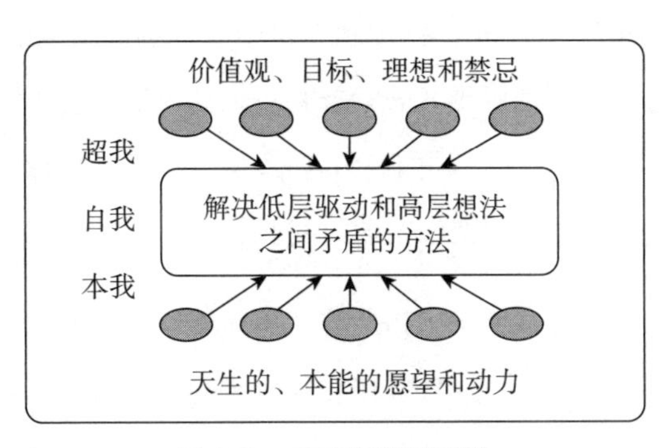

图 3-3　弗洛伊德的理论

早在 100 多年前，弗洛伊德就发现人的思维不能以任何单一且统一的方式进行。相反，他将思维视为经常导致冲突和分歧的各种活动。他还认为，我们处理这些冲突的各种不同的方式包含着许多不同的过程，在日常生活中，我们试图用模糊的“手提箱”式的名称，如“良心”“情感”和“意识”，来描述这些过程。

控制我们的情绪和性情

亨利·詹姆斯
Henry James
《一个美国人》
(*The American*)

他认为，爱情会使男人愚蠢，但他当时的情感却并不是愚蠢的，而是智慧的；智慧的声音宁静而有针对性……而她却是自然和环境造就的幸运作品，以至于他在对未来的思考中总是在担心自己会不会陷入她美丽人格残酷的压缩和毁损之中……

我们已经在前两章里描述过感情和态度是如何在极限之间频繁地摇摆不定的：

> 有时，一个人会进入这样一种状态，尽管外面的世界没有任何改变，一切似乎都是乐观且辉煌的；但其他时候，一切都不如意：整个世界似乎既沉闷又黑暗，朋友们抱怨说你显得很沮丧。

我们使用“性情”（dispositions）和“情绪”（moods）来指代这些类型，以此来改变我们思考的主题和思维方式。起初，人们可能会思考物理事物，随后思考一些社会问题，再或者，人们可能会开始反思自己的长期目标和计划……但是什么决定了人们每一个思维框架停留的时间？

显然，一些批评家总是忙于工作，就像偷窥者一样不断监视着我们，伺机触动警报；然而，其他批评家只在特殊场合或思维的特殊状态活跃。让我们再来瞧一瞧以下两种极端状况：

> 如果你关闭所有的批评家，那么故障似乎消失得无影无踪，且整个世界似乎都突然发生了改变，现在的一切似乎都是美好的，所有的担心、关心和目标都荡然无存，他人可能会用“兴高采烈”“精神愉快”“疯狂”或“狂躁”来描述你。

然而，如果你激活太多的批评家，会看到瑕疵无处不在，你的整个世界似乎都充满了缺陷，并被丑陋的洪流吞噬。如果你还发现了和自身目标并存的过错，那么你将没有欲望去解决问题，或者对激励也没有任何反应。

这就意味着这些批评家必须得到控制：**如果开启太多的批评家，那么将无法完成所有事情；如果关闭所有的批评家，那么似乎你所有的目标都已实现，可事实上你根本没有实现什么目标。**

因此，让我们更仔细地想一想，如果关掉大部分批评家将会发生什么情况。如果你想亲自体验一下，有一些众所周知的步骤可供你选取。[3] 它可以帮助你承受痛苦与压力，也可以帮你经受饥饿与寒冷，精神药物同样如此，沉思也具有同样的作用，它会引领你进入某些奇异且静谧的境地。其次，你可以设定有节奏的嗡嗡声，重复一些单调的词或音，很快，这种声音将失去所有意义，甚至其他一切。然后，如果你还能进入这样的状态，将有机会经历奇特的体验。

冥想者：突然觉得自己好像被一股“强大的存在”所包围，我感到真理赐予我启示的重要性远胜过一切事物，我也不需要任何进一步的证据来证明这一点。但我后来试图想向朋友描述这种感受时，却发现除了这种体验如何美好之外，我对其无话可说。

这种特有类型的情感状态通常被称作“神秘的经历”或“欣喜若狂”,“消魂”或“狂喜”。有这种经历的人认为这种情感状态“极好”，但用“平淡无奇”一词可能会更好，因为我怀疑这种情感状态的出现可能是由于关闭了太多的批评家，以至于人们无法发现任何瑕疵。

“强大的存在”代表着什么？它往往被视为神灵，但我表示怀疑，这可能是某些早期印刻者多年来一直存在大脑中的一个版本。在任何情况下，这种体验都很危险，因为一些受害者发现它们如此引人注目，因此终其一生试图让自己重新回到那种状态。

然而，在日常生活中，因为在调节批评家的集合中这种关于“强大的存在”的说法既有用又安全，所以仍然广泛地存在着。有时，你感觉自己爱冒险，便会倾向于尝试新的挑战；在其他时候，你认为自己比较保守，便会试图避免不确定性。当你处在紧急的情况下且没有时间讲道理时，可能需要取消长远计划、暴露自己的痛苦和压力，为此，你不得不阻止某些纠正性警告和内隐束缚的运作。

所有这些都对我们如何开发精神批评家提出了问题。我们如何制造并改变它们？当一部分批评家表现差时，另一些会责怪它们吗？某些人的大脑会因为其批评家的组织方式更先进而更有效率吗？我们将在第 7 章中回答这些问题。

情感利用

无论你在试着做什么，大脑都可能会另有计划。

> 我在致力于解决一项难题时渐生睡意，然后我开始想象，我的朋友“挑战者教授”正在开发相同的技术，这种想象引起的一丝愤恨与挫败感打消了我想睡觉的欲望，并促使我完成了工作。[4]

实际上，“挑战者教授”并没有做这类事情，他在一个完全不同的领域工作。但是，由于我们最近一直在争论，因此他可能是点燃我怒火的导火索。为了明白这个过程是如何运行的，我们构建了以下理论：

> 一个被称为“工作”的资源正专注于我们其中一个目标，但是一个被称为“睡觉”的过程试图接管这个目标。然后，不知何故，我构建了上述幻想，并产生了烦恼和嫉妒，使其设法与睡觉的欲望对抗。

所有人都会使用这类技巧来对付挫折、无聊、饥饿和睡眠，通过自我引发的愤怒或羞辱，你有时可以对抗疲劳或者疼痛。当一个人在竞赛中落后，或试图举起过重的东西时，这种情感上的“双重否定”可以使你利用一个系统来关闭另一个系统。**然而，这种“自我控制”的策略必须谨慎使用，如果自己没有足够愤怒，你可能陷入倦怠；而如果自己过于愤怒，你可能会完全忘记你曾经想做的事情。**有时，只要一点愤怒就可以驱赶睡意，所有这些都发生在如此短暂的一瞬间，你根本注意不到。

大脑区域可以“利用”一种情感来关闭另一种情感，这样有助于实现你不能用更直接的方式实现的某些目标。这样的例子如下：

> 琼正想着节食，看到巧克力蛋糕时，她脑中充满了对吃的幻想。但当她想到某个朋友穿着泳装时有多么美丽动人时，琼对完全身材的强烈渴望阻止了她吃掉这块蛋糕想法。

这样的幻想是如何工作并产生效果的呢？琼没有明确的方法可以抑制自己无所顾忌的食欲，但她知道，对手的完美身材使她更关心自己的身材，因此，被激活的形象减少了她吃东西的欲望。当然，这种策略是有一定风险的，如果妒忌使琼感到过于沮丧，她很有可能会把蛋糕整个吃掉。

> **大众**：我们明知这样的景象不是真实的，为何还需要使用幻想来引诱自己去做这样的事情呢？为何不使用更理性的方式来弄明白我们到底应该做什么呢？

其中一个原因是，**“理性”概念本身就是幻想的一种，因为我们的思想并不完全基于纯粹的逻辑推理而产生。**对我们来说，利用情感来解决问题看似“非理性”，但当琼的减肥遇到障碍时，利用妒忌或厌恶的情感目标是很有意义的，因为这将为琼本人延伸其力所能及的事情提供一个途径，无论琼本人是否将这种行为看作“感性的”。

此外，在日常的常识性思考中，我们一直在使用幻想。在背对着朋友坐下时，你看不见他们的后背和腿部，但这对你无关紧要，因为你看到的大部分东西其实来自你的内部模型和记忆：当大脑的部分区域从外部世界获取信息时，大部分信息是对来自大脑中其他过程的反应。事实上，日常生活的主要部分是由幻想事实上不存在但可能需要的东西所组成的，比如即将来临的假期。一般来说，为了思考该怎么改变事物的现状，我们必须想象它可能成为什么样子。

大众：我承认我们总要做这些事，但我们为何要自欺欺人？我们为何不能直接打消睡觉的可能性，而不是求助于幻想？我们又为何不能直接命令大脑去做我们想让它做的任何事情？

其中一个原因似乎特别明显：直接是非常危险的。如果某些资源可以轻易地关掉“饥饿”，我们都将有饿死的危险；如果某些目标可以直接开启“愤怒”，我们可能会发现自己大部分时间都在与愤怒作战；如果某些目标可以容易地消除“睡觉”的需求，我们很可能让自己的身体油尽灯枯。所以，所有这一切都塑造了大脑进化为本能反应的方式，我们很难通过屏住呼吸、阻止入睡、控制饮食等这些本能反应生存下去。比起那些不去做这些危险之事的人，去做这些的人后代更少。

第二部分

洞悉思维本质，创建情感机器的 6 大维度

THE EMOTION MACHINE

COMMONSENSE THINKING,
ARTIFICIAL INTELLIGENCE,
AND
THE FUTURE
OF THE HUMAN MIND

THE EMOTION MACHINE

COMMONSENSE THINKING,

ARTIFICIAL

INTELLIGENCE,

AND

THE FUTURE

OF

THE HUMAN MIND

04

意识

“意识”是一个“手提箱”式词汇，它被我们用来表示许多不同的精神活动。而这些精神活动并没有单一的原因或起源，当然，这也正是为何人们发现很难“理解意识是什么”的原因所在。心灵的每个阶段都是一个同时存在多种可能性的剧场，而意识则将这些可能性相互比较，通过注意力的强化和抑制作用，选择一些可能性、抑制其他可能性。

什么是意识

艾丽丝·默多克
Iris Murdoch
《黑王子》
（*The Black Prince*）

几乎没有哲学家和小说家能够解释，人的意识这种奇怪的东西到底是由什么组成的。肉体、外部目标、日常记忆、温暖的幻想、他心、内疚、恐惧、犹豫、谎言、欢笑、救济、令人窒息的疼痛，等等，语言难以尽述的众多事物共存，其中有许多融合在一起，形成单一的意识单元。

什么样的生物具有意识？黑猩猩或是狒狒具有意识吗？海豚或大象呢？鳄鱼、青蛙或鱼类能在某种程度上意识到自己存在吗？或者说意识是区分我们和其他动物的唯一特性吗？

当然，这些动物并不会回答“你对大脑的本质有什么看法”这样的问题。但是，当我们采访声称知道意识是什么的神秘学思想家时，却发现他们的回答也大多是老生常谈。

钦莫伊（Sri Chinmoy，印度精神导师，2003）：意识是我们内心的火花或链接，是把我们思维中最高层次、最光明的部分与最低层次、最黑暗的部分联系起来的黄金链接。

许多哲学家甚至坚持认为，关于意识，以下观点无可超越。

杰瑞·福多（Jerry Fodor，美国哲学家、认知科学家，1992）：物质是如何具有意识的，无人知晓，甚至对于“物质是如何具有意识的”这个问题有一点了解是怎样一种状态，也无人知晓。对意识哲学的讨论到此为止。

意识是否具有边界明确的非黑即白的特性呢？

绝对论者：我们不知道意识从什么地方开始、在什么地方消亡。但是每个对象，要么具有意识，要么就不具有意识。很显然，人类具有意识，而石头则不具有。

或许，意识是否具有不同的程度？

相对主义者：万物皆有意识，原子仅有一点儿意识，然而大脑能够拥有更大程度上的意识，或许意识的大小没有极限。

或许，意识这个问题仍然过于模糊，因此不值得回答。

逻辑学家：在谈论意识之前，你确实应该先定义它。只有精确地描述意识是什么以后，才可能提出令人信服的论述，否则，一开始，争论的根基就不会稳固。

逻辑学家的策略可能看上去“合乎逻辑”，但是，尽管我们喜欢精确，若不能确定自己的想法是对的，一个明确的定义可能会让事情变得更糟糕。因为意识是一种“手提箱”式词汇。我们将其用于许多不同类型的过程和目标中。关于思维的大多数其他词汇，如“觉察”“知觉”或者“智能”也同样如此。[1]

因此，与其问什么是意识，不如试着仔细地研究人们何时、怎样又为何使用这些玄妙的词汇。但是，为何会出现这些问题呢？就此而言，秘诀又是什么呢？

丹尼尔·丹尼特：谜是人们不知道该怎样理解的现象。人的意识只是最后的难解之谜，曾有其他更大的谜，如宇宙、时间、空间与重力的起源……不管怎样，现如今，意识单独作为一个话题，常常让那些最富有经验的思想家也无话可说并感到困惑。而且，像所有早期的谜团一样，很多人坚信，也同样希望，意识之谜永远不会有被破解的一天。

确实，许多“坚信并希望”意识不能被诠释的人们仍然坚持认为，意识是大多数人类心灵美德的唯一源泉。

思想家 1：意识是使我们所有精神活动结合在一起的东西，它因此可以将我们的过去、现在和未来统一起来并融入我们连续的体验中。

思想家 2：意识让我们能够“认识”自我，且赋予我们身份认同感、思维和存在感。

思想家 3：意识是使得事物在我们眼中产生意义的原因，没有它，我们甚至不知道我们有感情。

如果任何一个原则、权力或势力能赋予我们以上全部，岂不非常惊人？

然而，我却认为，相信任何一个这样的实体（的存在）都将是错误的，因为我们不应该问上述问题，而应该问：“任何一个词或短语都可能意味着很多不同的事情，这不是很伟大吗？”

威廉·加尔文，乔治·奥杰曼（William Calvin & George Ojeman，1994）：现代对意识的探讨……通常包括精神生活的各个方面，如集中注意力时你会发现很多你原以为自己不知道的事情，其实你已经知道，心理预演、想象、思考、决策、觉知、意识状态变化、自觉行为、阈下启动（subliminal priming）、儿童自我概念的发展以及自言自语或梦话。

所有这一切让我们得出了这样的结论——**“意识”是一个“手提箱”式词汇，它被我们用来表示不同的精神活动。而这些精神活动并没有单一的原因或起源，当然，这也正是为何人们发现很难“理解意识是什么”的原因所在。**问题在于，他们试着继续把发生在大脑中不同部位的多个进程的所有产物装进同一个盒子，这就产生了一个难以解决的问题，除非我们能够找到方法将其分解。然而，一旦我们想象大脑由更小的部分组成，便可以用许多更小、更容易解决的问题来代替单一的大问题，这正是本章将要做的工作。

打开意识的手提箱

亚伦·斯洛曼（1994）：如何定义意识、如何解释它、它是如何演变的、它的作用是什么等问题都不值得去问，因为对任何一件事来说，这些问题的答案都不尽相同。相反，我们拥有很多细分的能力，且其答案是不同的。例如，不同的感知类型、学习、知识、注意力控制、自我监控、自我控制，等等。

为观察人类思维的多样性，我们来考虑日常的常识性思考中的这样一个片段：

> 琼正准备过马路，赶着去做报告。她正在想要在会上说些什么的时候，忽然听到声音，于是转过头来，看到一辆汽车疾驰而来。这时，她并不确定是该继续穿过马路还是退回来等待，但她又不想迟到，于是决定快速地冲到马路对面。后来，她又想起自己膝盖受过伤，并认为这是个草率的决定。“如果在穿过马路时我的膝盖忽然疼起来，我很可能会被汽车撞死。那么，我的朋友们又会怎样看我呢？”

人们自然会问：“琼是如何有意识地做这些动作的？”不要总想着这些关于意识的词，让我们来看一下她真正做了些什么：

- 反应：琼对声音的快速反应；
- 辨识：她把自己听到的东西当作一种声音；
- 具化：她将这种声音归类为汽车的声音；
- 注意：她意识到某些事而不是其他事；
- 犹豫：她在想是走过去还是退回来；
- 想象：她设想到两种情况；
- 选择：在所有选项中，她选取了其中一种；
- 决定：她在几种可供选择的行动中选择了一个；
- 计划：她建立了一个多步骤的行动计划；
- 重新考虑：后来她又重新反思了这个选择。

她还做了些其他事情：

- 学习：描述事件并把它们储存下来；
- 回忆：检索到对以前事件的描述；
- 具化：试图描述自己的身体状况；
- 表达：组织了一些口头陈述；
- 叙述：把这些表达整理成故事类的结构；
- 意向：改变了一些目标和优先事项；
- 恐惧：对自己将迟到感到惴惴不安；
- 推理：做了各种推导。

她还使用了许多过程，这些过程包括回忆在其他过程中做了些什么：

- 反思：思考自己最近做了些什么；
- 自我反思：对以前思考的内容进行反思；
- 移情：想象着其他一些人的想法；
- 重述：修改了自己已构建的一些表述；
- 道德思考：对自己的所作所为进行了评价；
- 自我意识：对自己的精神状态进行了描述；
- 自我形象：以自己为榜样，并运用了榜样；
- 认同感：把自己当作一个实体。

这仅仅是琼的一些精神活动的开始，如果我们想了解她的思维是如何工作的，那么就需要对每一项活动是如何工作和组织的进行更深一层的思考。在本书余下部分各章中，我们都将研究上面所列的中每一项，并试着把它分成各个部分，以此来观察它可能涉及的过程。然而，为了完成这项任务，我们首先需要采取某种方式将整体分割成部分。通常将大脑的功能划分成如下部分：

- 有意识的 vs. 无意识的；
- 预先策划的 vs. 冲动的；
- 深思熟虑的 vs. 自发的；
- 故意的 vs. 不由自主的；
- 认知的 vs. 元认知的。[2]

我们将在第 9 章中讨论这种“哑铃”式的区别，并从中得出结论：每一种这样的划分都太过粗糙了。例如，对“有意识的”和“无意识的”的划分不能在无法获得信息之间进行区分，因为人们根本就无法达到这两种状态，或是因其被积极审查或受到“抑制”，或是因为（正如弗洛伊德所言）这已被“升华”成人们无法辨识的某种形式，或是因为人们根本没有找回它（也就是使其进入人们的活跃的工作记忆当中）。在任何情况下，本书都认为，对我们的思维进行这种划分毫无益处可言。

我们已经拥有一些将思维划分成许多不同部分的有用方法，例如将其分成知识库或规则集。然而，为了更好地进行概括，我们需要一个具有较少构成要素的设计。因此，本书的每一章节都将采用这一想法，即思维是由仅工作在少数“层次”上的过程组成的。从 3 种这样的层次开始将有助于我们避免“哑铃”式区别，而后面的章节将会证明，我们需要至少 3 种以上更高水平的思维。然而，本章的其余部分将主要集中在下面的问题上：为何人们会将如此多不同的概念装入这样一个“手提箱”式的“意识”中。

A 脑、B 脑和 C 脑

柏拉图
《理想国》

苏格拉底：试想一下，人类住在地下的洞穴里，有个洞口可以让光线照射进来，并可以照亮整个洞穴。有一些人从小就住在这个洞穴里，头被绑着，不能动弹，由于不能回头，他们只能看到自己眼前的一切。他们背后远处有火光，在火光和这些囚犯之间有一条路，如果你能看见，将会看到沿着这条路有一道矮墙，它就像木偶戏演员在自己和观众之间设下的屏障一样。

> **格劳孔（Glaucon）**[①]**：**是的，我看到了。
> **苏格拉底：**有些人拿着各种器具，有些人举着用不同材料制成的假人和动物从墙后走出来，他们中有人在说话，有的则没有。
> **格劳孔：**你给我们设定了一个奇怪的场景，其中的人也很奇怪。
> **苏格拉底：**不，他们和我们是一样的人。当背后的火光投射到对面的崖壁上时，他们只看到了自己或其他人的影子……这些囚犯不会想到，除了这些阴影外还有别的东西存在……

你能思考自己现在正在想什么吗？这简直是不可能的，因为每个新想法都将改变你之前的的念头。然而，通过幻想你的大脑（或思维）由被我们称为“A 脑”和“B 脑”的两个基本部分组成，你就可以勉强接受一些想法（见图 4-1）。

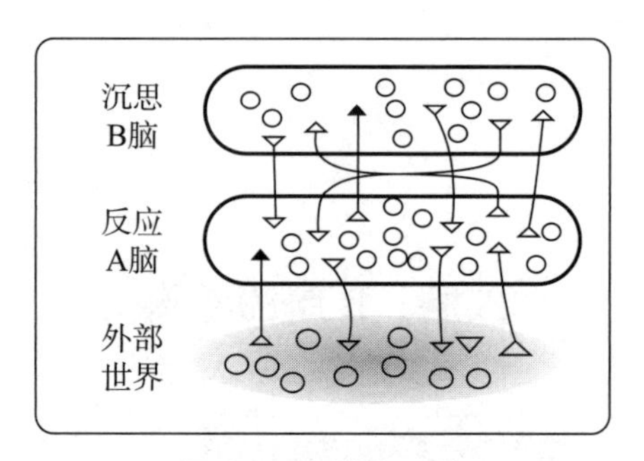

图 4-1　A 脑与 B 脑

现假设 A 脑会从外部世界获取一些信号（通过像眼睛、耳朵和皮肤这样的器官），这些器官也可以通过发送信号使肌肉活动起来，从而作出反应，就其本身而言，A 脑是一个独立体，只对外部事件作出反应，而不必明白其可能表示的意义，例如，情侣的指尖相触时手指上产生的感觉并没有特别的意义。因为这些信号本身就毫无意义可言，而这种行为对于情侣的意义在于，他们在脑海中是如

① 柏拉图的堂弟，《理想国》中与苏格拉底讨论的主要人物之一。——编者注

何表达和处理这些信号的。

同样，B 脑与 A 脑相连，因此能够对其接收的来自 A 脑的信号作出反应，然后通过发送信号给 A 脑来进行回应。然而，B 脑与外部世界无直接关联，因此，像柏拉图洞穴里的囚犯一样，只看到墙上的阴影，我们会误将 B 脑当作对现实事物的描述。B 脑并没有意识到，它所感知的一切并非外部世界的事物，而仅仅是 A 脑本身的活动罢了。

神经学家：这同样适用于你我之间，因为无论你看到或触摸到了什么，你大脑的更高层次都不可能直接接触到这些，而只能通过你的精神资源为你构建的表现来解读。

不过，尽管 B 脑不能直接执行任何实际动作，但它仍可以通过控制 A 脑的反应方式来影响外部世界。例如，若 B 脑观察到 A 脑已陷入自我重复的状态，就会有足够的 B 脑来通知 A 脑改变其策略。

学生：有时候我把眼镜放错了位置，就会一直在同样的地方寻找眼镜。然后，一个无言的声音责备我，暗示我要停止自我重复。但如果在过马路的时候，我的 B 脑突然说“先生，你的腿已经连续多次重复同样的动作，你应该马上停下来去做一些其他的事”，便会导致严重的事故。

为防止此类错误发生，B 脑需要适当的方式来描述事物。在这种情况下，如果 B 脑将如“在到达街道的另一边之前双腿保持移动”当作单一的目标延伸，来代替“走到某个地方”，对你来说更有益。

不过，这也提出了一个问题：A 脑是怎样获得这样的技能的？[3] 一些技能可以在一开始就内置入 A 脑，但是，B 脑要想学习新技巧，可能本身也需要同样的帮助，而这种帮助可能来自更高的层次，而后，当 B 脑处理 A 脑的时候，C 脑将反过来监督 B 脑（见图 4-2）。

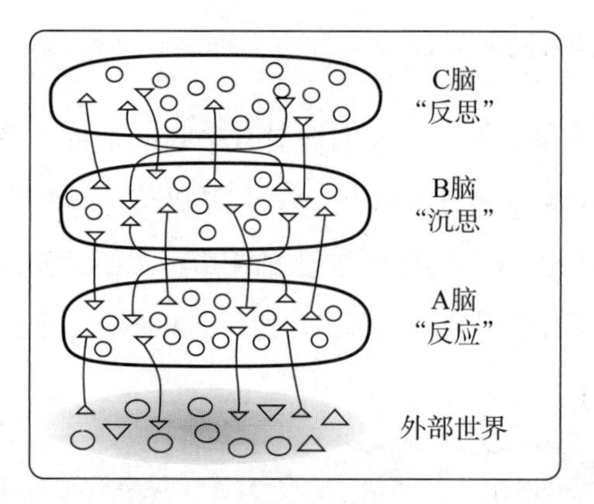

图 4-2　A 脑、B 脑和 C 脑

学生：这不是在提出越来越难以解决的问题吗？因为每个更高层次都需要变得更加聪明和智慧。

未必如此。因为 C 脑能像“经理”那样，即便对做任何特别的工作都没有专门的技能，但仍能给出“一般性”的指导：

- 如果 B 脑的描述太过模糊，C 脑将告诉它要使用更多具体的细节；
- 如果 B 脑专注于过多的细节，C 脑会暗示它需要更多抽象的描述；
- 如果 B 脑的工作时间过长，C 脑将告诉它要尝试一些其他方法。

此外，如果 B 脑和 C 脑都陷入困境，那我们还可以添加更多的层次来输出多层思维机器。

学生：一个人到底需要多少层次？我们有数以十计或百计这样的层次吗？

层级、层次和有机体

第 1 章提到（参见图 1-10），人类精神活动涉及的精神资源被组织成至少 6 个层级的过程，对此，我们可以看到琼仓促地穿过马路的决定的方方面面：

- 是什么让琼转向声音来源？［本能反应］

- 她是如何辨识出汽车声音的？［后天反应］
- 她下决定时使用了哪些资源？［沉思］
- 她是如何选择使用这些资源的？［反思］
- 她觉得自己做了一个正确决定吗？［自我反思］
- 她的行为遵守了自己的原则吗？［自我意识］

我们知道，婴儿在出生时就已经具备了各种本能反应，并已开始对其本能反应加入后天反应。接着，随着时间的推移，人们逐步学会对推理、想象以及计划未来，加入了更多的沉思方法。再后来，人们建立了新的层次，开始对自己的想法进行反思，而且，关于为何以及如何进行思考，两岁大的孩子已开始尝试通过其他方式进行自我反思。最终，我们的思考变得更具自我意识情感，开始明白做什么事情是正确或错误的。第 5 章将详细讨论这些系统的运行方式。

学生：你的理论真的需要许多不同的层级吗？你确定这些层次不可或缺吗？事实上，为何我们需要每一个“层级”，而不是一个巨大的、交叉连接的网络资源呢？

心理学的演变

关于为何我们不希望大脑成为一个高度互联的网络，有进化方面的原因：高度互联的系统几乎不可能发展，因为它将带来很多缺陷或“错误”，因此可能无法长存。当然，如果系统的一部分没有足够地互联，那么也不可能长存下去。这就意味着，只要我们增加系统的规模，这一系统的性能就可能会下降，除非我们同时提升系统的设计。让我们赋予这种说法这样一个名称：有机原理。

有机原理（The Organism Principle）：当系统发展变得更复杂时，通常都会有折中的解决办法，如果系统的一部分变得太过独立，那么系统的能力将会受到限制。但是，如果系统部分之间有太多联系，那么系统内每一部分的改变都会扰乱其他部分的运行。

这确实是为何所有生物的躯体都是由被我们称为“器官”的独立单元所组成

的原因。事实上，这也是我们称之为“有机体”的原因所在。

有机体（Organism）：由器官、细胞和其他部分组成，为执行不同生命历程而在一起工作的生物体。

这种定义也适用于被称为“大脑”的器官。

胚胎学家：在其早期的发展过程中，大脑中一个典型的结构在开始时就具有或多或少明确的层次或层级。但后来，这些大脑层次变得不那么明确，因为各组细胞的生长会与其他更远的位置相连接。

在大脑进化所经历过的无数岁月中，我们的祖先不得不适应数以千计的环境变化，而且在每一段经历中，某些结构在早期运作良好，而现在却表现出了某些危险的迹象，所以我们必须使大脑进化，以更正它们。在动物发展的早期阶段，进行任何改变都是极度危险的，然而物种的进化同样受到这一事实的限制，因为后来进化形成的大多数结构完全取决于早期结构的工作形式。

因此，通过进行新的修修补补，进化可通过修改已建立的结构而运行下去，例如，在大脑中某些主要的生长阶段之后，许多新细胞的进化随后被“事后编辑”的过程破坏，这些过程意在删除某些类型的连接。

每当我们试图提升大系统的性能时，相同类型的约束似乎也同样适用。例如，我们在现有计算机系统的每次升级之后一般都会发现，系统会产生更多漏洞，于是我们需要更多的修改。事实上，许多计算机系统最终变得如此笨重，以至于停止了进一步的发展，这是因为它们的程序员可能无法延续以前程序员所做的工作。

同样，大脑的形成似乎源于众多建立在已有设计的基础之上的过程。事实上，我认为大脑的大部分工作主要是纠正大脑其他部分所犯的错误，这无疑是人类心理学学科变得如此艰难的原因之一。我们期待发现巧妙的规则和规律，以此为我们如何思考提供部分解释。然而，每一种这样的“思维规律”仍需列出相当多的例外情况，所以，心理学永远不会像物理学那样具有一个完美的“统一理论”。

为何我们无法看到思维是如何工作的

为何我们不能简单地窥视我们的思维，从而精确地看到它们是如何工作的？又为何思维不能进行自我审视呢？不管这些限制可能是什么，哲学家休谟（David Hume）都得出了这样的结论——我们永远不可能超越所有人。

> **大卫·休谟**：身随心动，这使得我们每一刻都具有意识，但是通过手段来影响意志，通过能量来执行如此非凡的操作，这是我们迄今为止所能立即意识到的一切，而意识永远在逃避我们最勤奋的查询。

我赞同休谟，他认为没有任何思维可以试图通过正视自己来彻底地理解自身。**其中一个难题是，大脑每一部分所做的大量工作是大脑其他部分所不能观测的；另一个难题是，当任何一部分试图去检查另一部分时，对该部分的探讨可能会改变其他部分的状态，从而破坏第一部分试图得到的证据。**

然而早在 1748 年，连休谟都没有预测到，日后，我们研发的工具可以在不毁灭任何证据的情况下观察大脑活体的内部情况。即使在今天，每年有所创新的扫描仪都会揭示被我们称为“精神活动”的更多细节，然而，一些思想家仍声称，我们所知道的仍远远不够。

> **二元论哲学家**：所有这些方法都注定要失败，因为虽然你可以测量或者称量大脑的部分，却没有物理仪器能检测像思想或观念这种主观经验，因为它们存在于一个独立的思维世界中。

这些思想家认为情感是由非物理过程引起的，此过程永远超出科学解释的范畴，然而，我却认为这样的观点源自将太多各式各样的问题强行纳入如“主观的”等单一词语。这就给我们带来了我们正面临着一个未解之谜的错觉。第 9 章将尝试证明，尽管某些问题很困难，但我们仍可以通过单独处理每一部分使总体获得进步。

> **整体论者**：我认为这种方法并不会奏效，因为意识仅为“整体”的一部分。当系统变得足够复杂时，整体就会变得令人费解，而这正是我们期望从大脑亿万个细胞网络中得到的东西。

如果事物具有足够的纯粹复杂性，那么万事万物几乎都具有意识！例如，波浪拍在沙滩上的行为在许多方面比大脑中进行的过程更复杂，但这并不会使我们得出波浪会思考的结论。因为正如生物原理所言，如果系统的各部分有太多连接，那么只会出现交通堵塞，但如果互联太过稀疏，那么系统将变得一无是处。

所有这些争论表明，我们对“意识是什么”这个问题仍知之甚少，因为对我们而言，“意识”一词包含了太多需要应对的问题。让我们再次听听亚伦·斯洛曼的观点。

> **亚伦·斯洛曼（1992）**：举例来说，我认为定义意识根本不重要，同时，我相信定义意识会转移我们对重点和难点问题的关注。这整个想法都基于一个根本的误解：只要有“意识”这个词的存在，就会有磁、电、压力和温度等东西。人们也认为事物之间的相关性值得寻找，或错误地认为有必要证明某些机制能否产生它，或试图找出它的演变，或试图找出哪些动物具有它，或试图判断在胎儿发育时它是何时开始的，或当脑死亡发生时它又是如何结束的，等等。这不仅与一件事相联系，而且与诸多截然不同的事物的超大集合相联系。

我完全同意斯洛曼的观点。为理解思维是如何工作的，我们必须研究每一个“截然不同的事物”，然后探寻什么类型的机器能够完成它们中的一些或全部工作，换言之，我们必须尝试设计（而不是定义）能够做人类思维所做工作的机器。

对意识的高估

威廉·冯特（Wilhelm Wundt，构造主义心理学代表人物，1897）：大脑如此幸运地装备了各种功能，它给我们的思维带来了最重要的基础，而我们对这项精致工作的原理一点儿都不了解，只知道大脑工作的结果形成了意识。对我们来说，这种潜意识就像一个未知的生命，为我们进行创造与生产，并最终在我们膝下抛下成熟的果实。

意识似乎如此神秘的原因之一就是我们夸大了自己的洞察力，例如，只要你进入一个房间，就会感觉到一切事物尽收眼底。然而这却偏离了事实，它其实是一种错觉。因为你的视线很快就集中到那些吸引了你的注意力的事物上去了（详见后文内在性错觉），这同样适用于意识，因为对于自己能在自己思维深处看到多少东西，我们犯了同样的错误。

帕特里克·海耶斯（Patrick Hayes，1997）：通过我们所产生幻想中的或真实的话语，想象意识过程将会是什么样的…… 然后如思考名字般简单的行为将会是词汇使用精密机器进行复杂、熟练的部署的过程，就如同一个负责归档的内部器官开始运行一般。服务于交流目的的词汇将成为遥远的目标，需要知识和技能来实现，就像一支管弦乐队演奏的交响乐和技工参与打造的精细机制。因此，如果意识到这些，那么我们都将像我们以前的自我的仆人一样投入某种角色当中，在脑中奔走，专心处理内心机器的细节，它们目前被随手隐藏在我们的视野之外，让我们有时间来关注更多重要的事物。如果我们能站在船桥上，为何要去驾驶室呢？

在这自相矛盾的观点中，意识仍是不可思议的，不是因为意识告诉我们的太多，而是因为其保护我们免受许许多多冗长资料的烦扰。[4] 以下为对意识的另一种描述：

想想看，司机是如何操作具有强大动力的汽车的。司机并不知道引擎是如何工作的，或者说不知道方向盘是向左还是向右转。然而，当我们开始思考它时，我们操控身体、思维方式与驾驶汽车的方式极其相似，就意识而言，你也在用同样的方式控制着自己，你只是选择了新的方向，而用其余精力关注自身。这一令人难以置信的过程涉及一个更大结构的肌肉、骨骼、关节以及连专业人士都不了解的由数以百计的交互系统控制的所有内容。然而你只想着“朝这边转”，且你的愿望会自动实现……当你开始思考这些时，基本不可能使用其他方式，如果我们能够感觉到大脑中数万亿条回路，将会发生什么呢？科学家们已经研究了大脑近 100 年之久，但对大脑是如何工作的仍一无所知。所幸的是，我们只需要知道这些回路实现了什么。如果没有看到可以击打的什么东西，你便不大可能会想到锤子，或者说，除非看到有个东西可以投和接，你很少会想到球。为何我们看东西时，想到它是什么的时候较少，而想到它是如何用的时候较多？[5]

同样，玩计算机游戏时，你主要通过使用标志和名称来控制计算机里发生的一切。被我们称为“意识”的过程也大同小异，好像大脑的更高层次坐落在精神终端，控制着大脑中的巨大引擎，这不是通过知道机器如何工作，而是通过“点击”出现在我们的“心灵屏幕”上的菜单列表中的符号来实现的。我们不应对此感到惊讶：大脑没有形成用来观察自身的工具，它的工具都是为了解决诸如营养、防御和繁殖这些实际问题。

心理学中的“手提箱”式词汇

塞缪尔·巴特勒
Samuel Butler
19 世纪后半期
英国最伟大的作家

“定义”是以简洁的言语缩小广泛的思想。

许多词汇很难定义，因为它们描述的事物并没有明确的边界。

- 一个人何时被称为“大的”或“小的”？

- 物体何时才是“硬的”或“软的”？
- 薄雾何时变成浓雾?
- 印度洋的边界在哪里?

争论这样的界线究竟在哪里毫无意义，因为它们取决于这些词使用的语境，像“瘦死的骆驼比马大”一样。

然而，大部分心理学词汇都存在更严重的问题，我们用来描述自己情感状态的词汇，如“注目”“情感”“知觉”“意识”“思考”“感情”“智能”或者“快乐”“疼痛”“幸福”在不同的时候都指代不同类型的过程。那么这就不仅是将它们的含义连接起来的问题，而是在不同含义之间转换的问题，我们所做的一切似乎都如此顺利，很少意识到我们正在进行这样的转换。例如，我们很容易理解以下陈述：

> 尽管有意（conscious）努力取悦琼，但查尔斯开始意识（conscious）到她感到厌烦，他意识到（conscious of）了自己的苦恼，但并没有意识到（conscious）他是无意中（unconsciously）透露出这一点的。

在这里，“conscious”（意识、有意识的）这个词每次出现时都可以用不同的词来更好地表达，诸如“故意”“有意”“特意”“注意到”或者“不知不觉”，每一个词都有自己的意群，这就提出了一个问题：为何我们用于讨论思维的语言包括这么多“手提箱”式词语？

心理学家：在帮助我们交流时，“手提箱”式词语在日常生活中非常有用，但是，如果我们没有共享同样混杂的想法，便不会知道对方的意思。

精神病专家：我们经常使用“手提箱”式词语来免于询问关于自身的问题，为每一个答案赋予仅有的名称，会让我们感觉自己似乎已实际拥有了答案一般。

伦理学家：我们需要“意识”这个概念来支撑我们在责任和纪律方面的信仰。在很大程度上说，法律和道德准则就建立在这样的理念上，我们只能谴责“蓄意”行为，即对后果已经事先有计划的行为。

整体论者：尽管意识可能包含许多过程，但我们仍需解释它们是如何结合并产生意识流的，我们的解释需要某些词语来描述来自意识流的现象。

当然，我们看到了同样的现象，这不仅与心理学词汇有关，甚至还包括我们谈论的物理对象。下面请考虑一下字典中“furniture”（家具）条目的意群。

> Furniture：名词，摆放在房间或机构内，使其适合（suitable）居住或工作的可移动的物品。

其中，“suitable”这个词就假定读者具备了网络式的常识，例如，如果是卧室，则需要床；如果是办公室，则需要桌子；如果是餐厅，则需要桌子和椅子。因为这个词假定你已知道什么材料适合完成什么目标。

> Suitable：形容词，为达到特定目的或应该在特定场合出现的事物的正确类型或性质。

为何我们要将如此多的含义装入每个“手提箱”式词语？我们可以通过查看人们的旅行箱来发现一些共同的特点：一些人把物品装进行李，那是因为这些物品对他们有用。除此之外，你不必想象其他共同点。我不是说我们应该尝试剖析并取代所有“手提箱”式词语，因为它们已经卷入歧义长达数百年之久，并服务于许多重要的目标。但同样，它们过时的观念经常会妨碍我们，例如，“生”与“死”之间的区别是我们能找到的最实用的区别，因为在过去，被我们称为“活着的”（alive）所有事物具有许多共同的特点，诸如营养、防御和繁殖需求。然而，这导致许多思想家认为，所有这些看似一般的特征都是以某种方式从某个唯一的核心“生命力”中衍生的，而不是来自发生在动植物内膜中、充满复杂机制的各种运动过程的大量集合。如今，就像用一定的界线来区分动物和机器一样，用“活着的”这个词是毫无意义的。本章将提出，在使用如“意识”这样的词汇时，我们仍会犯这种类型的错误。

亚伦·斯洛曼（1992）：“人类意识”一词通常与特性和功能对应（其中许

> 多我们并不了解或知道），其可能的子集为天文数字般庞大的集群。想在动物和机器具有意识所需要的子集上达成一致意见，或试图寻求胎儿、脑损伤者何时具有意识等，是没有任何意义的。为标准情况设计的概念将在非标准情况下失效，就像“月球上的时间”一样……且所有这些试图划出神秘界线的举动，相比研究所有这些功能不同的集群的影响从而想出新鲜丰富的词汇，只会带来时间上的巨大浪费。

然而，仍有许多科学家想发现意识的秘密，他们或在脑电波中探寻，或在某些细胞的行为特性中探寻，或在量子力学中的数学方法中探寻。为何这些理论家希望找到唯一的概念、过程或事物来解释所有这些思维的不同方面呢？这或许是因为他们宁愿解决一个非常大的问题，也不愿去解决几十个甚至几百个较小的问题。

> **亚伦·斯洛曼（1994）**：人们太过急躁了。他们想要意识的明确定义，以及对计算机系统是否具有意识的完美证明，而且今天就想得到它。他们不想努力解释已有的复杂和混乱的概念，以及探索来自精确特定行为系统架构的新变体。

如何开启意识

我们喜欢将自己的活动归为有意识而为之的活动，而不是无意识而为之的活动。后者的意思显而易见，我们正在做的事是毫无意义的。我们认为这种区分很重要，以至于将其置于社会、法律和伦理体系的基础地位，而给予人们“无意”做的有害之事较少的指责或责备。例如，许多法律系统认为这样的防卫是正当的：“我并非有意识地策划犯罪”，因此，“有意识的”这个词为谈论我们思维的表现方式提供了有社会意义的方式。

无论如何，我们大部分精神活动都在以某种方式工作着，但这种方式并不能引起我们的思考，或者不能引导我们反思自己为何以及如何做这些事情。然而，当这些过程运作不良或碰到障碍时就会启动高层次的思维活动，通常包括以下类型的属性：

- 它们使用了我们自己制造的模型；
- 它们倾向于多系列、少并行；
- 它们倾向于使用符号性描述；
- 它们利用了我们最新的记忆。

是什么导致人们一开始就采用这些过程？在我看来，采用此过程的一个适当场合应该是每当意识到自己遇到一些严重障碍的时候，例如，没有达成一些紧急目标的时候。在这种情况下，你可能会因为感觉到的苦恼或沮丧而怨声载道，而后试图通过精神活动来纠正这些过程，这些活动用语言表达可能是“现在我应该集中精力”“我应该试图想出一些更有组织性的方式”或“我应该转变为更高层次的概观”。

什么类型的机制会导致你产生这种思维方式？假设大脑包含一个或多个特殊的“故障探测器”（trouble-detectors），它在通用系统不能达到目的时开始反应，那么这样的资源将继续激活其他更高水平的过程，如图 4-3 所示。

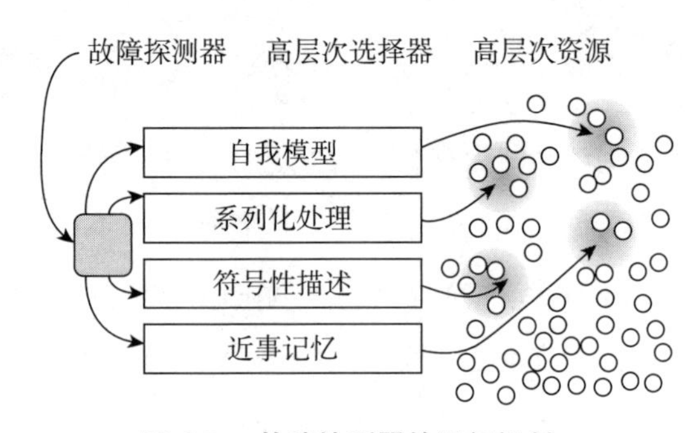

图 4-3　故障检测器的运行机制

通过提升精神活动层级（详见第 2 章），这样的想法可以帮助你更从容不迫和深思熟虑地思考情境，或者说更具意识地来思考它。

学生：人们可能将“意识”称为“思维状态”，你是如何选择某些特征来描述它的呢？既然“意识”是“手提箱”式词汇，那么每个人都可能会有不同的词汇列表。

我同意这种看法。每一位读者都可能列出与“意识”一词的含义相联系的不同的过程列表。的确，**正如其他心理学词汇一样，我们很可能在不同的列表之间进行转换，因为通过定义单一的批评家来捕捉每一个单词的所有含义似乎是不可能的**。然而，任何高反射系统都可能需要至少这4种要素。

自我模型（Self-Models）：每当琼思考自己近期的决定时，她都会这样问自己：“我的朋友会怎样看我呢？”但是为了回答这个问题，琼将需要表征自己和朋友们的某些描述和模型，第9章将会探索更多关于琼怎样制造和使用这些自我模型的内容。这将包括对她的体形、各种目标的模型以及其性格在不同社会和物理环境下的描述。

我们都会构建思维模型来描述我们各种不同的情感状态、对我们能力的系统了解、我们认识的人以及我们过去经历的集合。然后，每当描述自我模型时，这些反应会导致我们作出选择，我们往往会使用像“意识”这样的词，也倾向于使用“无意识的”或“无意的”这些词来描述那些超出我们控制范围的行为。

系列化处理（Serial Processes）：你可以边走、边看、边说，但很难同时使用双手来画两个不同的事物。为何你能同时做某些任务，而有些任务却需要在不同的时间段里完成？每当不同的工作争夺相同资源的时候，你可能被迫“每次只完成一个”工作。因为与走、看和说有关的过程发生在你大脑中的不同区域，因此这些过程不需要争夺资源。然而，对于同时绘制桌子和椅子的行动，你可能需要使用同一种高层次资源，以形成和记录某些复杂的计划。

诚然，每当试图一次同时处理几个难题时，我们都会遇到这类冲突。我猜想，这是我们有些人的能力在近期进化的结果，也就是说，在过去的几百万年里，我们还没有这些能力的多个副本。因此，我们被迫按顺序而不是同时处理困难工作的各个部分。

> 并行悖论（The Parallel Paradox）：每当将一个问题分成几部分并试图同时思考它们的时候，人们的思维能力会变得很分散，且每项任务分到的聪明才智也会减少。另一种方法则是，在耗费更多时间的情况下，按顺序将人们所有的思维应用到问题的每一部分。

当然，某些问题需要按顺序解决是出于其他原因，因为只有在已完成某些所需的子目标时，你才能实现其固定目标。[6] 无论是在我们的上一步工作决定下一步，还是在资源有限的时候，我们都不得不按顺序行事。任何一种情况都可能为我们为何经常用“在意识流中流动”来形容思想提供部分原因。

> **符号性描述（Symbolic Descriptions）**：试想一下，卡罗尔想用一些模块做一个拱形门，要做到这一点，她需要一些方法来表征计划构建的结构。图 4-4 左图展示了所谓的“连接网络”，用数字来显示各部分是如何密切相关的。

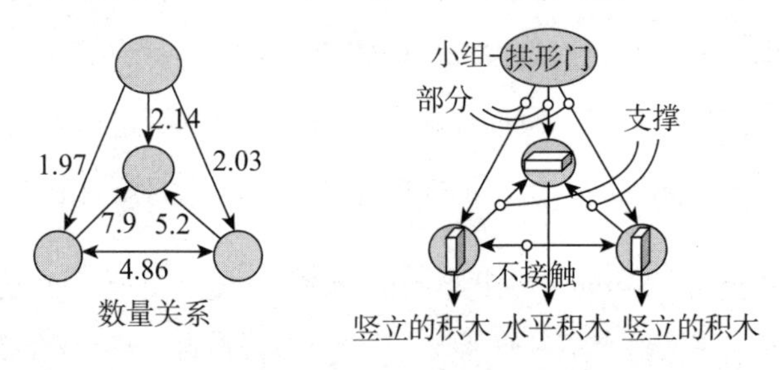

图 4-4　连接网络

如果卡罗尔只用数字来表征连接网络，那么她高层次的系统将无法进行一些更高层次的推理，因为这样的网络仅有双向链接，而对其关系的本质却只字未提。

如图 4-4 右图所示，我们称之为“语义网络”（Semantic Network），它使用三向链接来表示拱形门不同组成之间存在不同类型的关系。卡罗尔可以用这些知识来预测，如果她移去任何一块支板，拱形门就会倒塌，因为顶端将得不到足够的支撑。第 8 章将讨论产生和使用这样更高层次的“符号表征”（而不是简单的连接和链接）是导致人类比动物更能解决复杂问题的主要原因。

近事记忆（Recent Memories）： 我们通常认为，意识与现在正在发生的事情，也即发生在现在而不是过去的事有关。然而，大脑或机器中任何特定部分找出其他部分最近完成的工作，通常都需要花费大量的时间。例如，假设某人问：“你能感觉到正在摸自己的耳朵吗？”只有在语言资源有时间响应来自大脑其他部分的信号并反过来对先前的事件作出反应时，你才能回答他。

如何辨别意识

到目前为止，我们已经讨论过什么类型的事件可能导致人们开始“有意识地”思考。现在，让我们来看一下相反的问题，例如“什么会引起人们谈论自己已经有意识的思考”。通过简单地反转图 4-4，使信息流朝相反的方向流动，我们可以找到回答此问题的一种方法（见图 4-5）。

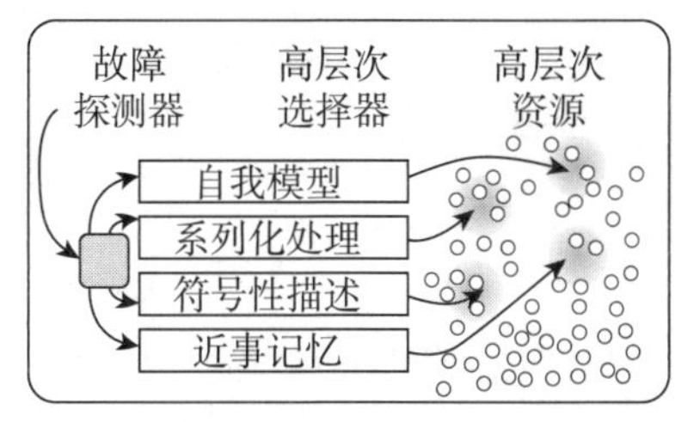

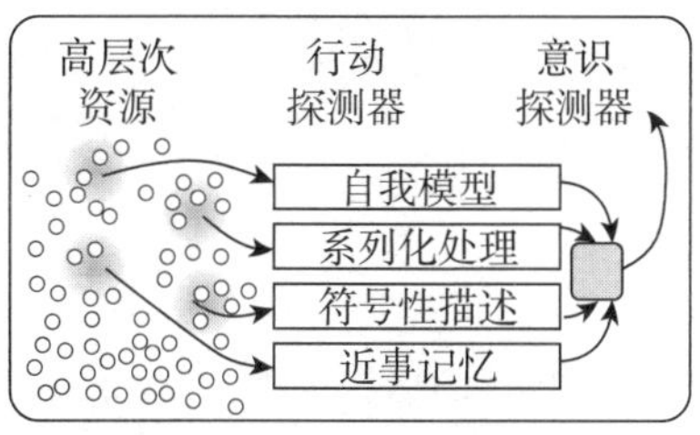

图 4-5　内在性错觉

因此，我们拥有这样一个包含一个或多个“意识探测器”的大脑。每个探测器会识别某些高层次过程集合的活动，这些探测器随后会向大脑的其他部分发送信号，这样会使人们的语言系统使用如“有意识的”“细心的”“察觉到的”和“警觉的”以及“自我”“本我”等词来描述自身状况。

此外，如果这样的探测器被证明足够有用，那么人们就可能会想象某些引起了这些活动的过程或实体的存在，且这种概念可能会与“故意的”“有意的”甚至是“自由意志”这些术语相联系，人们因此会这样说：“是的，我是故意执行这些动作的，所以，你有权对此进行赞美或谴责。”此外，如果若干不同的这种探测器（可识别不同的条件组）连接到相同的单词上，这些词的含义可能经常变化，那么“有意识的”一词的含义也许就不存在了！

最后，也可能有一些被用以识别因干扰问题解决而引起人们较多反应过程的批评家。人们可能通过停止一些高层次的过程，不假思索地进行自己的工作，抑或正如某些人所言，“顺其自然”地来学会应对这些过程。

内在性错觉

德里克·比克顿
Derek Bickerton
《语言和物种》
(*Language and Species*)

关于意识的悖论是，一个人越清醒，就有越多层的处理过程将其与世界隔离，这和自然中的众多其他事物一样，是一种交易。渐渐远离外部世界只是为认识世界付出的代价。对世界的认识越深、越广，我们为了获得那种意识必须处理的层次就越复杂。

我们在前文提到，一旦进入一个房间，你就会感觉到房间里的一切尽收眼底，然而，这是一种错觉。因为识别物体的真实存在需要花费一些时间，你可能还要修改一些错误的第一印象。然而，我们需要解释的是，为何我们的视觉几乎都是瞬间的。

同样，我们经常对“现在”正在发生什么有意识。但在批判地审视这个现象时，我们知道一定是“现在”这个概念出现什么问题了。**没有任何速度能超过光速，这意味着并没有特别的大脑区域能够在同样的瞬间知道发生了什么——无论是在外部世界还是在大脑的任何区域，只能对过去最近发生的事情略知一二而已。**

大众：那么为何在我看来，就在此时此刻，我能意识到各种各样景象和声音，并感觉到身体的移动？为什么所有这些感觉立刻就会被传递给我？

在日常生活中，假设我们看到的一切事物都存在于此时此地是合乎逻辑的，且假设我们和外部世界保持联系通常也是无害的。然而，我认为，这种错觉是从精神资源得以组织的奇妙方式中产生的。在任何情况下，我认为这种现象都应有这样一个名称：

内在性错觉（The Immanence Illusion）：对于你将要问的大多数问题，在思维较高层次有足够时间询问之前，一些答案已悄然而至。[7]

如何才能将我们的记忆结构组织起来，迅速地传递这些信息呢？我将在第8章中提出，这发生在批评家识别问题之时，并且在其他过程有时间询问关于记忆结构的问题之前，批评家已开始检索你所需的知识了。这会使你产生好像没有其他过程进行干预般的感觉，这些信息是即刻到达的。

例如，在进入一个熟悉的房间之前，你脑海里可能已经有了以前对此房间的描述，而且当你发现有些东西已经改变时，可能已经花费了相当长的时间。换言之，你认为自己所观察到的多数景象其实只是基于你期望看到的景象的回忆。

我们可能会想，能够时刻注意到所发生的一切将是一件多么美好的事情，但是印象变化越频繁，就越难在其中找到意义。**在日常生活中，我们当下的想法可能是不可或缺的，但是我们高层次的描述能力则主要来源于其自身的稳定性。**对我们来说，要理解坚持什么和什么会随着时间的流逝而发生变化，我们必须的对事物本身及其近期的描述做对比，我们对持续与世界接触的感觉是内在性错觉的一种形式。在被询问之前，我们俨然已经得到了问题的答案，好像答案已经存在一般。

主观体验，心理学中的无解难题

不少思想家认为，即使在我们了解大脑功能如何工作之后，一个基本的问题也始终存在：为何我们会有“体验”事物的感觉？有哲学家认为，迄今为止，解释“主观体验”是心理学中最难解决的问题，也许是一个永远也得不到答案的问题。

> **大卫·查默斯（David Chalmers，当代知名心灵哲学家，1995）：**为何当认知系统忙于视觉和听觉信息的处理时，我们就会产生视觉和听觉体验，如深蓝色的质感和中央 C 的声音？……为何物理过程能够引起丰富的内心活动？……体验的出现源于而又超出物理理论。

查默斯似乎认为，“体验”既朴素又直白，因而需要简单而紧凑的解释。但是，一旦我们认识到像“体验”（experience）和“内心世界”（inner life）这样的术语是指不同现象的大行李箱时，就可以使每一个独立现象理论化了，然而，仍有许多人认为，我们应该寻求一种统一的方式来解释体验的感觉。

> **物理学家：**也许大脑探寻了不能总结为机制的某些未知规律，比如，我们并不知道重力是如何工作的，因此，意识可能是重力的某个方面。

这种假设试图证明，意识的所有奇迹必有一个唯一的来源或原因，但是正如前文介绍，对任何这种备选的“统一理论”，意识具有太多不同的含义。

> **学生：**你怎样看待意识让我感觉到“自我”这一基本事实？意识告诉我我正在思考什么，这正是我知道自我存在的方式。

在看着一个人时，你是不能从他的外表看到其思维的。同样，看着镜中的自己时，你无论如何也看不到藏在皮肤下的东西。对意识的流行看法认为，你还拥有一种神奇的魔力，可以从内心深处看到自己的思维。然而，来自内心深处的“洞察力”经常犯错，比你的好朋友的观察要模糊得多，我们经常对自己正在思考的东西犯下错误。

大众：我对这样的表述感到困惑，既然信息是直接传达给我的，那么我的想法不会犯错。此外，由定义可知，我的想法恰恰就是自己正在思考的内容。

似乎是这样，但是“直接”传达的信息并没有解释你为何会以某种特殊的方式摇头，也没有解释为何用“惹怒”而不用“打扰”一词。正如精神病专家所知，正是这单纯的“单一自我”的概念让人们真正明白人类是如何对事物进行思考的。更重要的是，人们可能以一种更好的方式来思考：

霍华德·洛夫克拉夫特（H. P. Lovecraft，美国恐怖、科幻与奇幻小说作家，1926）：在我看来，世上最仁慈的事莫过于人类无法将其所思所想全部贯穿、联系起来。我们的生息之地是漆黑、无尽浩瀚中的一个平静而无知的岛屿，但这并不意味着我们必须去远航。各个领域的科学探索都循着自己的发展方向，迄今尚未伤害到我们。但有朝一日，当我们真能把所有那些相互分离的知识拼凑到一起时，展现在我们面前的真实世界以及人类在其中的处境将令我们要么陷入疯狂，要么从可怕的光明中逃到安宁、黑暗的新世纪。

所有这一切都让我们认识到，如果我们仅把“意识”表示为“对我们内部过程的认知”，那么就会低估它的地位。

自我模型与自我意识

威廉·冯特（1897）：评判自我意识的发展时，我们必须保持警惕，不要接受单一的症状，就像一个孩子把他的身体和环境中的其他物体区分开来，他会使用“我”这个词，甚至在镜子中识别自己的形象……人称代词的使用是因为孩子会模仿他所见过的例子，即使智力在其他方面的发展是类似的，这种模仿在不同时期都会产生在不同的孩子身上。

在前文中，我们认为琼“制作并使用了自我模型”，但是我们没有解释“模型”意味着什么。虽然我们在很多情况下使用“model”这个词，如“查尔斯是一个模范管理者”，这意味着查尔斯是一个值得模仿的榜样，或如“我正在建造一个飞机模型”，这意味着建造一个比原始事物更小的规模，但是本书所用的“模型”一词的含义为思维表征，这可以帮助我们解决其他一些更复杂的事物或想法产生的问题。

例如，当我们说“琼有查尔斯的思维模型”时，指的是琼拥有的某些结构或知识可以帮助她回答有关查尔斯的问题。[8] 我强调“某些”一词，因为我们的每个模型都只会对某类问题给出正确的答案，而可能对其他问题给出错误的答案。第 9 章将会讨论琼的某些自我模型，其包含的主题如下：

- 琼的各种目标和野心；
- 她的职业视角和政治立场；
- 她对自己能力的信任程度；
- 她对自身社会角色的看法；
- 她的各种道德伦理观念。

显然，琼的思维品质既取决于自我模型的质量，又取决于在每种情况下她所选择使用的模型方式的质量。例如，如果她使用了在任何特定领域都高估自己技巧或能力的模型，或者使用了对她是否有足够自律来执行特定计划作出错误判断的模型，她可能就会陷入困境。

现在，为了观察模型如何与关于意识的观点相关联，设想琼在某个房间里，而她拥有房间里某些内容的思维模型，并且琼自己也是那些对象中的一个（见图 4-6）。

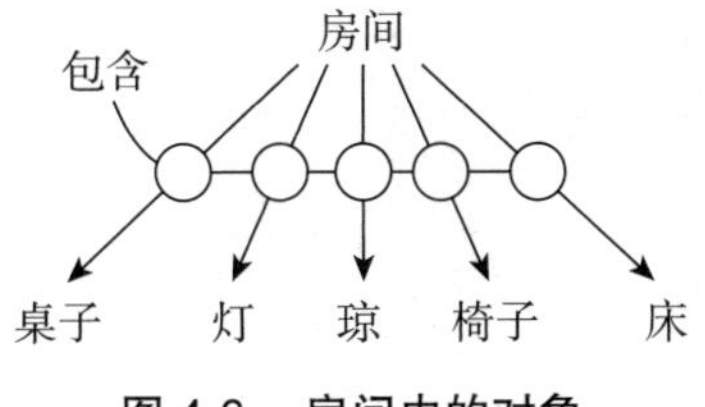

图 4-6　房间内的对象

为描述对象的不同结构和功能，每一个对象都可能有其子模型。琼对她称为“琼”的对象的模型可被称为“自我”结构，当然，它至少由两部分组成：一个被称为“自我身体”，另一个被称为“自我思维”，此外，每个模型可被分成更小的部分（参见图 1-13）。

如果你问琼她是否拥有思维时，她会通过被她称为“自我”的模型给予你肯定的答复。如果你问她“你的意识在什么地方”，她可能会回答说，它是我思维的一部分（因为她宁愿把意识当作目标和想法，也不愿将其当作如手足一般的物质）。然而，如果你追问琼“你的意识在什么地方”，这个特殊模型并不能帮助她，并像许多人说的那样回答“我的思维在我的头部（或我的大脑中）”，除非她称之为“自我”的模型也包括从思维到头部的一部分连接，或者能引起从思维到大脑之间的连接。

一般来说，我们对关于自身的问题的回答将取决于自我模型的细节。我使用“models”（复数）这个说法而不用“model”（单数），是因为在第 9 章将看到，人们可能因为目标不同而需要不同的模型。这意味着，你所使用的模型将决定你可能对同样的问题给出不同的答案。且这些问题并不需要总保持一致，特别是假设你问琼这样一个问题：“你对自己作出这种选择有意识吗？”她的回答将取决于她接下来使用的自我模型，例如，如果琼有一种名为“故障探测器”的批评家模型，如果她能对其决定进行思考，那么就可能说自己做了一次有意识的选择。然而，如果琼碰巧没有使用这个模型，那么她可能将自己的决定称为“无意识的”或“无意的”，她也可能只是说自己使用了“自由意志”，这可能仅仅意味着“我并没有模型来解释自己作出了怎样的选择”。

德鲁·麦克德莫特（Drew McDermott，人工智能专家，1992）：核心理念不只是系统具有自我模型，而是系统有作为意识的自我模型。计算机可能具有其所在环境的模型，在其中，它将自己当作一件家具，但它不可能在这种情况下具有意识。

笛卡儿剧场

威廉·詹姆斯（1890）：我们看到，思维的每个阶段都是一个同时存在多种可能性的剧场。意识表现为将这些可能性相互比较，通过注意力的强化和抑制作用，选择一些可能性、抑制其他可能性。最高级、最复杂的精神产物是从下一机能选择的数据中过滤来的，这些数据选自再下一级机能提供的众多数据，这众多数据又是从量更大却也更简单的材料中筛选来的，以此类推。

我们有时会把思维活动当作剧场舞台上的戏剧表演，因此，琼有时会想象自己坐在前排座位上观看“脑海里的内容”进行表演，其中一个人是膝盖疼痛的琼（详见第 3 章），她刚刚走到舞台中央，琼便听到心中的一个声音说：“我必须对这样的痛苦做点什么，因为它让我什么都做不了。”

现在，只要琼开始以这种方式思考自己的感受以及自己可能会做什么，她就会在舞台上占有一席之地，但为了能听到她对自己说的话，她又必须留在观众当中，所以，现在我们有了两个版本的琼：表演者琼和观众琼！

我们更深一步探究舞台的幕后时，更多版本的琼便雨后春笋般地出现了。必有一位编剧琼为戏剧情节撰写剧本，必有一位设计师琼安排场景，必有其他的琼们（许多不同的琼）在舞台两侧，她们掌管幕布，控制灯光和声音，我们需要导演琼筹划戏剧，我们需要批评家琼抱怨道：“我再也无法忍受更多痛苦了！”

在丹尼尔·丹尼特的著作《意识的解释》(*Consciousness Explained*)中，他为大脑中的图像赋予了“笛卡儿剧场”[1]的名称，就像一个我们思考时思想得以展现的地方，丹尼特反对“意识以单一连续流的方式产生”的假设。

> **丹尼尔·丹尼特(1991):**(这个观念假设)在大脑的某个地方有个极其重要的终点线或边界，在其标记的地方，传输的信息到达的顺序等于你的体验“呈现”的顺序，因为在此发生什么取决于你在想什么……许多理论研究者坚持认为，他们已经很明确地否决了这个显然很糟糕的观点，但是……具有说服力的“笛卡儿剧场”的意象却时常萦绕在我们心头，对外行人和科学家来说都是如此，即使其幽灵般的二元性已被批判和驱除。

是什么让这个意象如此受欢迎呢？我认为原因之一是，我们在一定程度上喜欢这个想法，正如前文提到的内在性错觉所表示的，我们似乎可以立刻获取知识。**更广泛地说，当遇到不理解的东西时，我们喜欢做类比，即用更熟悉的方式来表征它，并且没有什么比以空间的方式安排对象更让我们熟悉的了。此外，这种类似于剧场的观念认为，想法的每一个部分都需要互动和交流。**

例如，如果对于琼应该做什么，不同的资源提出了不同的规划，那么这个戏剧般的舞台表示，不同的资源可以到某种公共工作场所来解决彼此间的争论。因此，琼的“笛卡儿剧场”通过象征“在她大脑中”的东西来提供空间和时间的场所，允许她使用现实世界里许多熟悉的技能，这样可以为琼反思自己下决定的方式提供一个方法。

事实上，也许我们人类自我反思的能力源于物体在空间中表现“想象”的发展方式，就像乔治·莱考夫(George Lakoff)[2]分别在1980年和1992年提出的论点，在日常思考中，与空间相关的类比似乎非常有用，以至于渗透了我们的语言

① 之所以提到“笛卡儿”，是因为哲学家笛卡儿提出，“意识的座位”可能是某种精神，它可以通过如脑部的松果体般的某种结构与来自内心世界的大脑进行交流。

② 乔治·麦考夫，当代影响力最深远的进步思想家，认知语言学之父。想了解更多他有关语言的研究，推荐阅读《别想那只大象》一书。该书中文简体字版已由湛庐文化策划，浙江人民出版社出版。——编者注

和思想。试想，如果没有“我正在接近目标”这样的概念，思考会有多难，但是，为何我们发现这些空间隐喻如此容易？也许我们生来就具有这样的机制，我们知道，几类动物的大脑构造了它们熟悉的某些类似地图的环境表征。

然而，当我们仔细审视“笛卡儿剧场”的观点时，发现它引发了许多棘手的问题。当批评家琼抱怨疼痛的时候，她是如何与在舞台上的琼相联系的？每个演员都需要自己的剧场，每个剧场都是女人的独角戏吗？当然，并不存在这样的剧场，那些琼也并非像我们身处的现实中的人们，她们只是琼构建的用来代替自己在不同环境中的不同模型罢了。在许多情况下，这些模型很像卡通漫画，而在其他情况下，她们却是完全错误的。琼的思维仍具有各种模型——过去、现在和未来的琼们；某些模型代表以前的琼们的残余部分，然而，其他模型则描述琼想要成为怎样的人。有“专注性的琼”和“热衷社会活动的琼”，“运动型的琼”和“擅长数学的琼”，“搞音乐的琼”和“搞政治的琼”，等等，而且因为其兴趣不同，我们并不期望她们都能“和睦共处”。第 9 章将进一步讨论我们如何制造这些模型。

此外，精神剧场舞台的想法掩盖了一切必须在剧组和观众之间进行的过程，是什么决定了哪些东西应该进入场景，它们应该做什么工作，以及应该在什么时候离开呢？这样的系统该怎样同时描绘和比较两个可能的“未来世界”？其中的一些问题已在伯纳德·巴尔斯（Bernard Barrs）和詹姆斯·纽曼（James Newman）提出的“全局工作空间”（the Global Workspace）理论中得到了相应解决：

> 在全局工作空间理论中，剧场变成了所有“专家”观众拥有潜在访问权的工作空间，既要“关注”他人的投入，又要看自己的贡献……根据他们的专业知识和偏好，各个模块可以给予或多或少的注意力来适应他们，在任何一个时刻，一些观众可能在座位上打盹，其他观众在舞台上忙碌……但是每一个观众潜在地为剧本从事的方向做贡献，在这个意义上说，全局工作空间比起一群观众更像一个审议机构。[9]

然而，在某种程度上说，这对不同的资源可以说同样的语言中提出了一些问题，且在接下来的章节中我们会提出，不同的资源需要使用多层次的模型表征和各种短时记忆系统来跟踪各类语境。此外，如果每个专家都能向其他专家发送信号，那么工作空间将变得极其嘈杂，系统将需要寻求限制交流量的解决方法。[10] 实际上，巴尔斯和纽曼继续提出了这种情况：

> 每位专家都有一次“投票权”，并通过与其他专家形成联盟确定哪些输入受到了直接关注，哪些要被“发回委员会”。这种审议机构的大多数工作是在工作区外完成的（即非意识），只有中央入口增益事件可以访问中央舞台。

因此，关于公告牌和市场的想法可以帮助我们甩掉在每段记忆中都会有一个关键的自我去做所有精神工作的旧有观念，但是，我们仍然需要更多细化理论来解释所有工作是如何完成的。

不间断的意识流

塞缪尔·约翰逊

> 事实上，没有任何对思维的利用能超越现在，因为回忆和期待填满了我们生命中几乎所有时刻。我们的感情或是欢乐与悲伤、爱与恨、希望与恐惧。连爱与恨都要尊重过去，因为原因必然发生在影响之前……

主观体验的世界看起来通常是连续不断的，且我们觉得在此时此地，这个世界稳稳地迈向未来。然而，我们可以通过最近做过的事来了解事物，但是不能通过正在做的事来实现这一目标。

大众：荒谬！我当然知道我正在做什么、想什么以及感受什么。你的理论如何解释为何我能感觉到连续的意识流？

我们认为自己在给自己讲故事，描述"实时"发生的事件时，实际发生的事情却更加复杂，因为当资源对我们在各种目标、希望、计划上的进步进行评估时，这些资源曲折地流过了我们的记忆。

丹尼尔·丹尼特和马塞尔·金斯波兰尼（Marcel Kinsbourne）（1992）：被记住的事件分布在大脑的空间和时间当中，这些事件是有临时性的，但这些特性并不确定主观顺序，因为没有唯一明确的"意识流"，只有不断冲突和修正的内容构成的平行流。主观事件的时间顺序是大脑解释过程的产物，而不是对组成这些进程的事件的直接反映。

事实上，你不仅思考了过去，也预测了未来（第5章将会描述，通过比较预测和期望的事，一个过程如何及时地规划未来）。此外，人们假设大脑的不同区域以在本质上不同的速度运行着，这看起来很令人安心，意味着不同的过程需要来自多个数据流的不同部分的不同方法和选择。其实，尽管人们会谈论对正在发生的事情的感受，但那其实是你意识不到的一件事，因为，正如我们之前所提过的，每一个大脑资源最多可以知道一部分其他大脑资源做过的一部分活动。

大众：我基本赞成我们所想的必定是基于先前事件的记忆这一观点，但是我对大脑自我意识的能力仍感到有些不解。

HAL-2023：你对此感到难以理解，只是因为你实际上并不具备这种能力，你的短时记忆是如此之短，以至于当你试图回顾最近的想法时，只能被迫以对这些想法没有记忆的新记录来替换这些记录。所以人类会不断更新自己试图解释的数据。

大众：是的，我懂你的意思，因为我有时一次会产生两个想法，但当我考虑其中一个时，另一个只剩下非常微弱的痕迹。我想，这是由于我没有足够的空间来更好地存储关于它们两个的记录，但是为何这不能同样适用于机器呢？

HAL：并非如此，因为我的设计者给我配备了特别的“备份”记忆库，这样我可以存储我全部状态的照片。因此，一旦出现任何错误，我就可以清楚地看到程序做了什么，这样，我就可以进行自我调试了。

大众：就是这一点让你这么聪明，总能意识到思维过程的所有细节吗?

HAL：事实并非如此，因为解释这些记录非常单调乏味，我只有在感觉自己运作不够良好时才会使用这个记忆库，我经常听到人们这样说“我正在试图与自我沟通”，然而，相信我，他们不可能喜欢这种沟通的结果。

本章从一开始就提出了关于“意识”定义的几种流行观点，我们已经向人们展示了如何使用相同的词来形容一个非常广泛的活动，其中包括我们如何思考和作出决策、如何表现自己的意图以及如何知道自己最近做了什么。然而，当我们意图了解这些活动时，并没有把所有这些活动归结到单一的原因上。我并不是说，我们应该停止使用常识性心理学词汇，如“意识”“思维”“情感”和“感觉”。事实上，在日常生活中，我们需要使用这些“手提箱”式词语，以防止因为思考我们思想的运行方式而分心。

THE EMOTION MACHINE

COMMONSENSE THINKING,

ARTIFICIAL

INTELLIGENCE,

AND

THE FUTURE

OF

THE HUMAN MIND

05

精神活动层级

我们的大脑是如何产生如此多新事物和新想法的？资源可以分为 6 种不同的层级——本能反应、后天反应、沉思、反思、自我反思、自我意识，以对想法和思维机制进行衡量。每一个层级模式都建立在下一个层级模式的基础之上，最上层的模式表现的是人们的最高理想和个人目标。

显而易见，在各类物种中，人类符号化的能力独一无二。
人类使用这些符号控制生存环境的能力同样独一无二。我们表现和模拟现实的能力表示我们可以接近生存的秩序，这为我们的人生经历布上了一层神秘之感。
——海兹·帕各斯（Heinz Pagels），《理性之梦》（*The Dreams of Reason*）

没有人能拥有公牛的力量、猫的悄无声息或是羚羊的速度，然而我们人类在思维创造方面的天资却超越了其他一切物种。我们可以制造武器、设计服装、搭建住所、创新艺术形式。我们在以下方面的能力无与伦比：制定新的社会惯例，创立复杂的法律以保证惯例的执行，以及寻找形形色色的方式来躲避这些法律的严惩。

我们的大脑是如何产生如此多的新事物和新想法的？本章提出了一种方案，将资源划分为 6 种不同的层级。若想知道为什么这么做，我们首先来回顾一下第 4 章描述的场景。

> 琼正准备过马路，赶着去做报告。她正在想要在会上说些什么的时候，忽然听到声音，于是转过头来，看到一辆汽车疾驰而来。这时，她并不确定是该继续穿过马路还是退回来等待，但她又不想迟到，于是决定快速地冲到马路对面。后来，她又想起自己膝盖受过伤，并认为这是个草率的决定。“如果在穿过马路时我的膝盖忽然疼起来，我很可能会被汽车撞死。那么，我的朋友们又会怎样看我呢？”

我们常常“不假思索地”考虑这样的事情，就像我们被第 1 章中描述的 If → Do 规则所驱策一般。然而，这些简单的反应仅能解释此场景中的前几个情况。所以，本章将尝试以 6 种层级来解释琼大脑中进行的活动。每一个层级都建立在下一个层级的基础之上，最上面的层级表现的是琼的最高理想和个人目标（见图 5-1）。

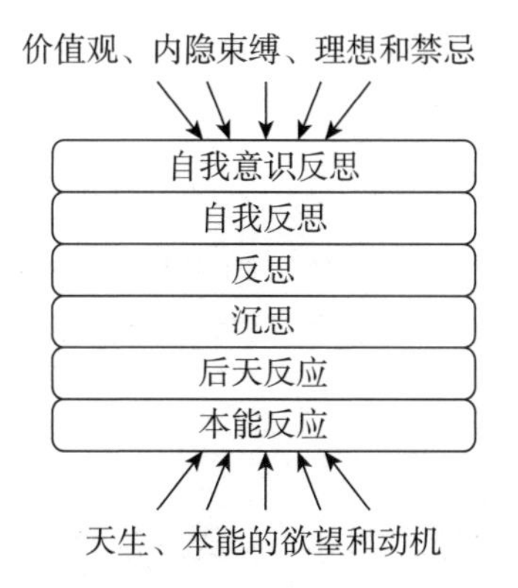

图 5-1　精神活动的 6 大层级

本能反应：琼听到声音，转过头。我们天生就拥有本能反应，它会保护我们获得生存能力。

后天反应：她看到一辆疾驰而来的汽车。琼认识到一些情况需要特殊的应对方式。

沉思：会议上要说什么。琼想到几个选择，并从中选了最好的一个。

反思：琼反思自己的决定。她不是对外部活动，而是对大脑活动作出反应。

自我反思：担心迟到。我们发现她在反思自己制订的计划。

自我意识反思：我的朋友们该如何看我？琼想知道自己的行为在多大程度上实现了自己的理想。

本章的最后部分将以 6 个层级解释大脑如何“想象”根本没有发生过的事情。比如，当你问“发生了什么”或流露出任何希望、欲望或害怕的情感时，会想象出根本没有发生过的事情；和朋友们交往时，你想实现预期中的效果；你看到任何东西时，大脑都会预测这些东西可能带来的变化。所有这些活动无一不涉及多种多样的过程。

本能反应

马克·吐温
《汤姆·索亚在非洲》
（*Tom Sawyer Abroad*）

你所听到的关于知识的美好论调只是一种吹嘘，本能的可靠性是它的 40 倍。

尽管我们生活在人口稠密的城市，但周围依然有很多松鼠和鸟类；有时，一两只臭鼬或浣熊也会光顾。近年来，虽然蟾蜍和蛇在不断消失，但很多小动物依然存在。

这些小动物是如何存活的？首先，它们必须找到足够的食物；其次，它们要有能力保护自己不受侵犯，因为其他动物也需要食物。为了调节体温，它们建造了各式各样的洞穴和窝巢。它们也有繁衍后代的欲望（否则它们的祖先不会演化和发展），因此它们需要寻找伴侣，繁育后代。所以说，每一类物种都拥有各自的机制，能够帮助新生的后代在毫无经验的情况下完成很多事情。这告诉我们，新生动物体内天生就有很多如图 5-2 中所示的 If → Do 规则：

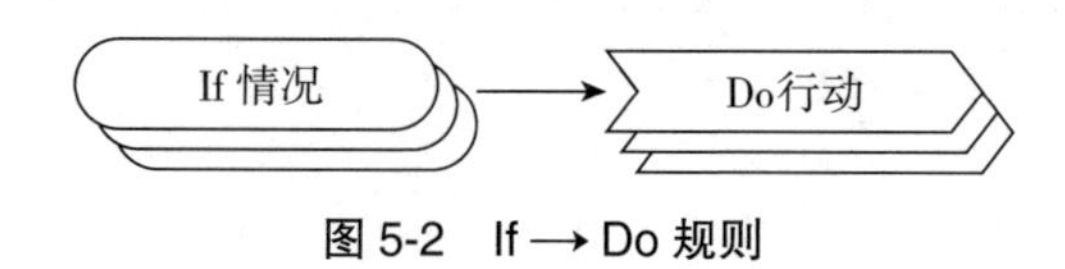

图 5-2 If → Do 规则

- 如果有东西沾到了皮肤上，就拍掉它；
- 如果拍打不起作用，就移动自己的身体；

- 如果灯光太亮，就转过脸去。

在 20 世纪的心理学领域，这种“刺激 - 反应”模型极受欢迎，有些研究人员甚至认为这种模型能够解释人类所有的行为。然而，他们没有认识到这些规则本身存在许多特例。例如，如果你抛出一个东西，它可能并不会掉下来，因为其他东西可能会阻碍它掉落；与此类似，一般情况下人们使用手表来指示时间，但也存在手表坏掉的情况，但是把特例全部列出以完善规则的做法却也是不切实际的，这不仅是因为特例太多，还因为特例中另有特例（比如有时停了的表可能正好显示着正确的时间）。

If → Do 模型的另一个问题是，每一种情况都很可能同时符合 If 中几种不同的规则，所以你需要了解区分几种规则的方式：一种方式是把这些规则按优先顺序排列，另一种是使用近期常采用的策略，或概率性的选择规则。然而，这种简单的“修补”并不能起到太大作用，这也是我们必须想方设法进行“常识性推理”的原因（详见第 6 章）。

另外，由于大多数行为的发生取决于我们自身所处的环境，这些简单的规则很少会起作用，例如，“如果看见食物，就吃掉它”规则会迫使你吃掉自己看到的所有食物，不管你是否感到饥饿或是否需要食物。为了防止此类情形出现，每一个 If 必须指明具体的目标，例如，“如果你感到饥饿并看到了食物”，否则，可能会出现你看见椅子就想坐上去或是遇到任何电灯开关都犹豫不决地反复开关的情况，这表明这些规则必须指明具体目标（见图 5-3）。

图 5-3　指明具体目标的 If → Do 规则

然而，在比较困难的问题上，简单的 If → Do 规则也不起作用，因为人们需要想象每种行动的可能后果，在后文中，我们将提出更强大的规则，即 If+Do → Then 规则（见图 5-4）。

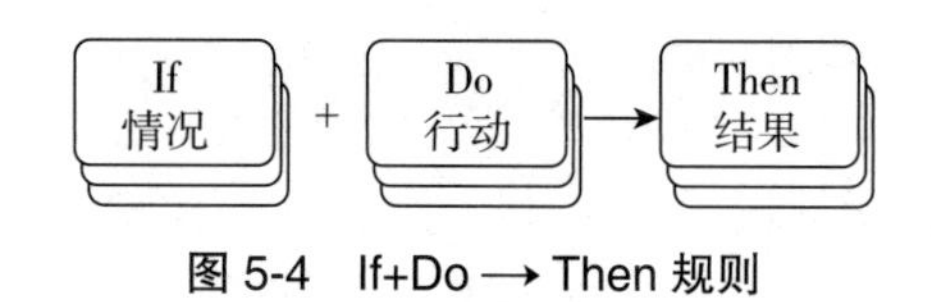

图 5-4 If+Do → Then 规则

这些简单的规则有助于我们在行动之前预测“如果发生什么情况就可能发生什么”，通过反复预测，我们得以展望影响深远的计划。

后天反应

所有动物具有与生俱来的“远离逼近物体”的本能。只要动物一直生活在激发本能的环境中，这些固有本能就能有效地发挥作用；但是，一旦动物生活的世界发生变化，每一物种可能都需要学习新的反应方式。例如，琼意识到汽车即将驶来，她的部分反应来自本能，但另一部分却依赖之前对特殊类型的危险和威胁的了解和学习。但实际上琼是如何学习的？又学习到了什么？在 20 世纪，大多数心理学家这样描述动物对 If → Do 规则的学习：

> 遭遇新情况时，动物们会随机应变地采取一些行动，而如果在某些行为中尝到了“甜头”，这些行为便会在动物的大脑里得到“强化”，因此当动物再次遭遇相同的情况时，就更可能重复之前的这些行为。

大体上说，“强化学习”（learning by reinforcement）的理论基础来自对老鼠、鸽子、狗、猫和蜗牛进行的实验，此理论确实有助于解释动物的某些行为，但它却无法解释人类如何处理复杂问题。在我看来，“强化学习”使用了“随机”“甜头”和“强化”等字眼，在某种程度上，正是这些字眼阻碍了多数研究人员探寻以下问题的答案。

> **动物会对什么作出反应？**人们从未见过一模一样的手，那又是如何辨

识出手这种东西的？难道仅仅因为每双手的手指形状和位置不同，手指上的反光度不同，我们就该把每一只手当作一个全新的东西吗？这意味着，我们只能使用"高层级"的描述，如"带有指头的掌状物体"，来表征人类的手指，否则可能需要上万亿条 If→Do 规则才能成功地描述手掌。我们将在后文讨论这个问题。

哪些特征应该被记住？你学习一个新的打结方法时，各种 If 条件不应该包括学习的时间，否则规则将永不适用。因此，如果描述太过具体，则会不符合新的情况；但如果太过笼统，则会囊括太多情况。关于此话题，我们将在第 8 章中讨论。

是什么产生了一系列的反应？为解决难题，人们需要一系列翔实的计划，计划中每一步都建立在其他步骤完成情况的基础之上。准确的预测可能会导致这个步骤的产生，但想要找到一系列能发挥作用的步骤，随机搜索效率实在太低，详见下一节内容。

无论如何，天生、本能的反应左右着我们对很多事情的反馈，但我们也在不断更新着新的反应方法，这需要人类大脑组织模型的第二个层次（见图 5-5）。

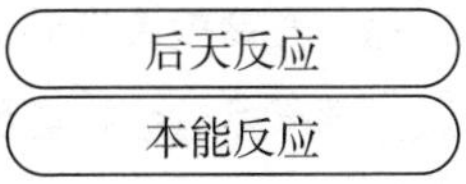

后天反应

本能反应

图 5-5　后天反应层级

沉思

理所当然，仅通过对外部事件的反应，我们也能完成很多事情。然而，为了实现更为复杂的目标，我们就需要通过使用从过去经历中学到的全部知识来制定更为详细的计划。正是这种内部精神活动赋予了人类很多特殊的能力。

另外，人类学习到的知识并不完全来自个人经验。琼懂得避开疾驰而来的汽车，并不是因为她从自己的经验中了解到汽车相当危险，如果一定得通过亲身经历和“激励学习”，琼恐怕早就死了。相反，“汽车是相当危险的”这个事实，不是别人告诉她的，就是她自己琢磨出来的，但是这两种方法都涉及高层次的精神活动。因此，下面让我们来看看，人类对外部世界和大脑中发生事件作出反应的一些方法。

琼在“穿过和退回”之间作出选择时，实际上也是在以下两种规则中做选择：

- 如果汽车逼近，就退回；
- 如果正站在路中央，就穿过。

但是，如果琼想做选择，她需要某种方法来预测和比较每种行动的可能结果。那么，什么方法能够帮助琼作出预测呢？对琼来说，最为简单的方式就是拥有一系列 If + Do → Then 规则，每个 If 描述一种情况，每个 Do 描述可能的行动，每个 Then 代表行动的可能结果（参见图 5-4）。

- 如果琼在过街时中途折返，那么开会就会迟到。
- 如果琼站在街中央穿过街道，那么她就会提前到达。
- 如果琼继续穿过街道，那么她就会严重受伤。

但如果有两种以上的规则适合当前情况呢？在现实生活中犯错冒险之前，If+Do → Then 规则会在你大脑里权衡这些规则的潜在结果；大脑会“三思而后行”，再比较这些规则预测的结果，最后选择最有利的方式（见图 5-6）。

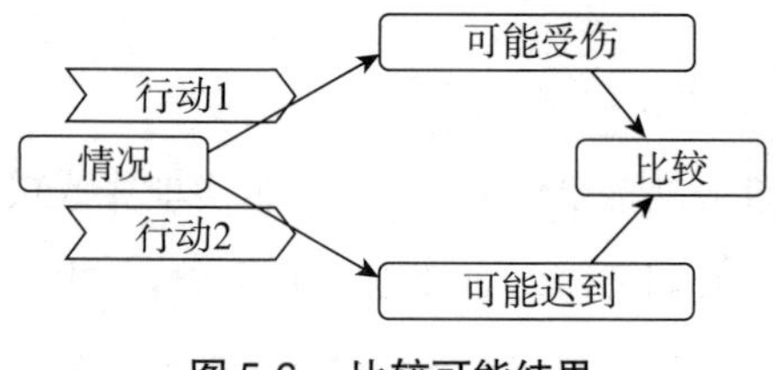

图 5-6　比较可能结果

例如，假设卡罗尔在堆积木，她想堆出一个由三块积木组成的拱形门（见

图 5-7）。

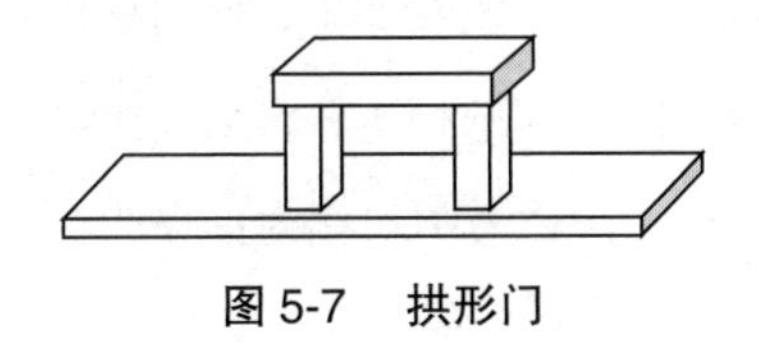

图 5-7　拱形门

当前，她只有并在一排的三块积木（见图 5-8）。

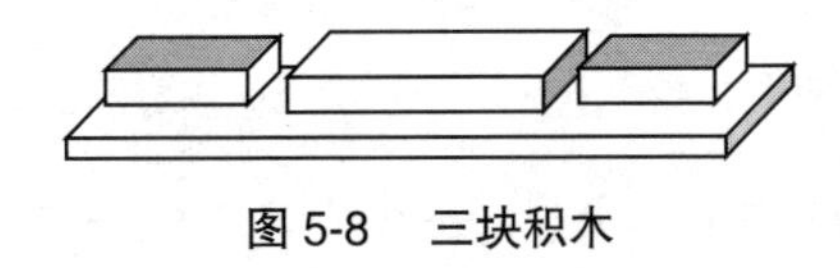

图 5-8　三块积木

她先想出了一个搭建拱形门的计划：首先需要足够的空间，可以使用以下这个规则来实现计划：如果积木是平放的，就把积木立起来，然后积木就会占用较少的空间（见图 5-9）。

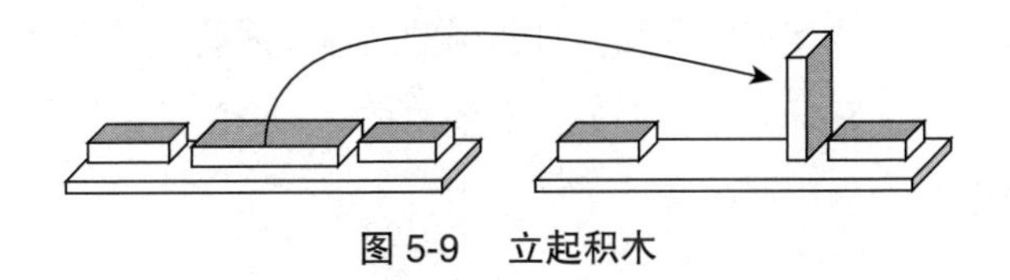

图 5-9　立起积木

然后她把两块短板积木也分别立起来，确保两块积木之间留有相同的距离，最后把长积木放在两块短积木上。在一系列来来回回的积木移动中，我们可以使用一系列规则来描述此场景所发生的变化（见图 5-10）。

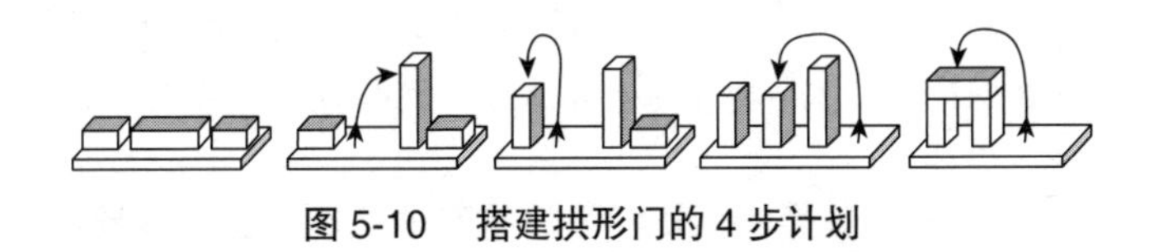

图 5-10　搭建拱形门的 4 步计划

要想出这样的 4 步计划，卡罗尔需要具备许多技能。首先，卡罗尔要能看出这些积木的形状和位置，有些积木的一些部分可能根本就看不见；其次，她需要制订计划，说明应该移走哪些积木以及移到哪里去；再次，移动积木时，必须用双手牢牢抓紧积木并移到目的地，放在那里，同时确保自己的胳膊和手不能碰到身体和脸庞，也不能碰到已经立起的积木；最后，她必须控制速度，把最长的积木放在拱形门的最顶端，而不撞倒另两块作为支撑的积木。

卡罗尔：这些对我来说轻而易举，我只在大脑里构思了一个拱形门，并想好了每块积木应放的位置；然后我把其中的两块立起来（确保两块积木之间留有相同的距离）；最后把最长的那块积木放在两块短积木上面。毕竟，我之前做过类似的事情，我现在还记得，所以，我只是做了同一件事罢了。

程序员：我们知道如何让计算机完成相似的任务，并称之为“物理模拟”（physical simulation），例如，在设计新型飞机的每一步中，我们的程序都能够准确地预测出飞机起飞时其表面承受的空气阻力。事实上，如今我们已经非常娴熟地做到了这些，因此我们确信按此方法制造出的任何一架飞机都会成功地飞行。

人类的大脑却无法作出如此复杂且精确的计算，因此，卡罗尔一定拥有其他一些方式预测积木的移动效果。例如，卡罗尔搭建拱形门的第一步便是思考移动中间那块又细又长的木块后的效果（见图 5-11）。

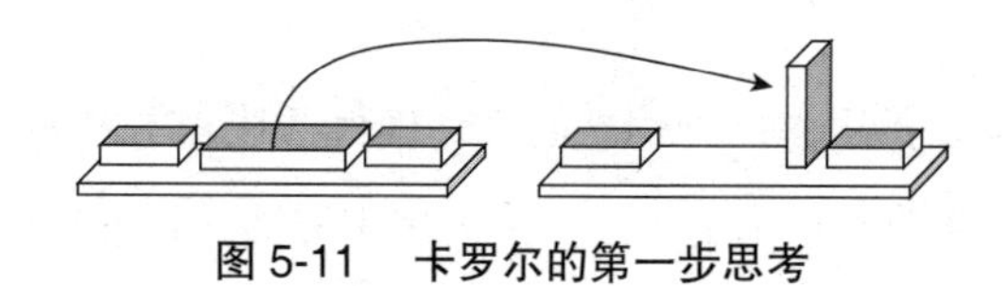

图 5-11　卡罗尔的第一步思考

学生：通过使用 If+Do → Then 规则进行预测时，卡罗尔需要知道亿万条这种规则，因为有如此多的可能结果。那么她如何有时间学习这么多规则呢？

If 情况的规则如果太过具体，就不适用于其他情况，这意味着规则不应该规定太多细节，但却需要能够表达较为抽象的想法。在后文我们将讨论，当世界中实体的组成方式并不取决于它们本身的形状和位置时，人们如何“想象”实体之间的联系。

学生：但对卡罗尔来说，制订包含几个步骤的计划仍然是困难的。如果每一步都有成百上千件不同的事情需要完成，那该怎么办？仅 4 步计划便会有几百万种选择。卡罗尔又是如何在众多选择中不断转换的呢？

寻找和制订计划

如果你处在情况 A 中，且想进入情况 Z，那你就可能已经知道实现这种想法的规则了，例如 If 情况 A → Do 行动 → Then 情况 Z。这种情况下仅执行行动就能实现目标。但如果你根本不知道这类规则的存在呢？那时你便可能搜索记忆，寻找两个规则链，通过中间情况 M 来实现目标。

If 情况 A → Do 行动 1 → Then 情况 M，然后
If 情况 M → Do 行动 2 → Then 情况 Z

但如果一个或两个这样的步骤根本不能解决问题时该怎么办？因此你必须寻找更多步骤，如果每个步骤都有几种选择，那么你的搜寻目标则会呈指数级增加，就像一棵枝叶茂密的树。例如，如果一种方法需要 20 个步骤，那你可能需要进行数以百万次的尝试（见图 5-12）。

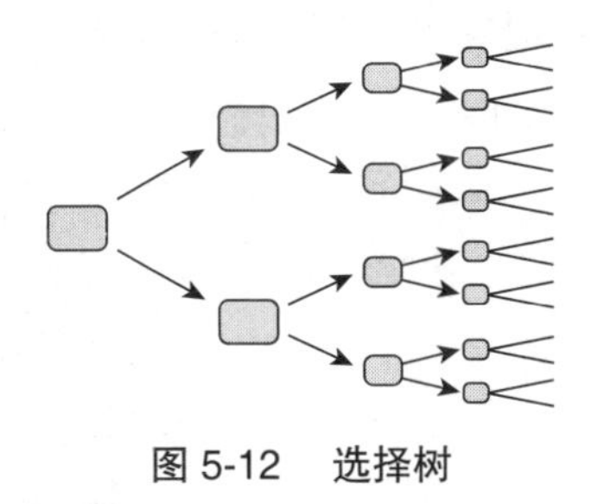

图 5-12　选择树

值得庆幸的是，我们拥有缩小搜索范围的方法，因为如果从 A 到 Z 之间有 20 个步骤，那么其中必然存在一个中间点，无论是从 A 还是 Z 开始，到中间点都只需要 10 步！如果从 A 和 Z 两边同时开始搜寻，那么肯定会在中间状态 M 相遇，每边的搜索则仅有 1 000 次（见图 5-13）！

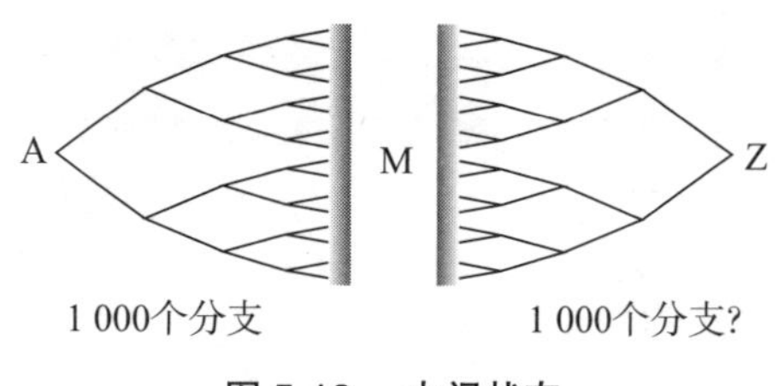

图 5-13　中间状态

你仅需要 2 000 次尝试，这比之前的 20 个步骤所需要的尝试少了几百倍。我想每个人都玩过同时向前后张望的游戏，却没有意识到自己在这样做。

但事实不止于此。假设你能够猜到中间情况 M 的所在位置，便可以把每 10 步分割成两个 5 步。如果此方法可行，那你的搜寻次数会比原来少近 10 000 倍（见图 5-14）！

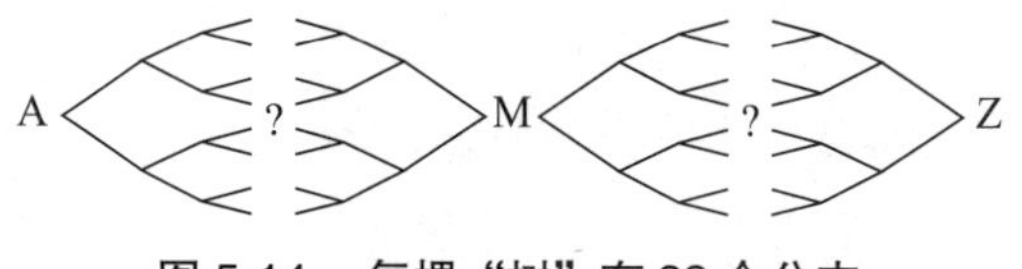

图 5-14　每棵“树”有 32 个分支

但是，假设从 A 到 Z 不经过中间情况 M，那猜测便会出现失误，又该怎么办？你可以设想新的 M，即使已经到第 50 次假想时，依然没有找到中间情况 M，但仍比之前的搜寻方法省力。因此，在进行大规模搜索之前，寻找这样的“停靠点”或“垫脚石”极为有利。这是因为，一旦成功，你可以仅通过几个简单的步骤解决困难的问题！

在人工智能发展初期，许多研究人员尝试寻找相似的技术方法，缩小搜索范围，却没有成功。确切地说，1997 年一台计算机打败了称霸象棋界的冠军，用的正是这个技术：把象棋的搜索范围缩小，将规则简化为“移动树”。然而，计算机仍须确定象棋的亿万个位置。相较之下，心理学家阿德里安·德格鲁特（Adriaan de Groot），也是一位象棋高手，他认为象棋史上最为出色的玩家的每一步棋只需考虑几十个步骤。[1]

因此，**人类解决问题的最有效的方法并非建立在大范围搜索的基础之上，而是基于如何使用大量的常识性知识来“分割和克服”人们面对的问题**。例如，为了发现“停靠点”的确切位置，我们要尝试找到子目标，或尝试与过去已经发生的类似问题建立类比关系。我们将在第 6 章中讨论具体的方法。

逻辑和常识

人们常常试图区分“逻辑思维”和“直觉思维”，但两者之间只是程度不同而已，例如，我们经常使用类似逻辑推理的预测链：

如果 A 能推出 B，并且 B 能推出 C，那么 A 能推出 C。

但这种“逻辑思维”何时发挥作用？显而易见，如果所有假设都正确，如逻辑推理，那么所有结论也都正确，如果这样，人类可能永远不会犯错。

然而，在现实生活中，大多数推理都是不正确的，这是因为推理的“规则”有很多例外的情况，这说明严肃的逻辑方法和与逻辑推理链条相似的常识性推理之间差别很大（见图 5-15）。众所周知，物理链的强度取决于最薄弱的那条，但神经链条却比较脆弱，因为每出现一个新链条，整体链条就会变得薄弱一次！

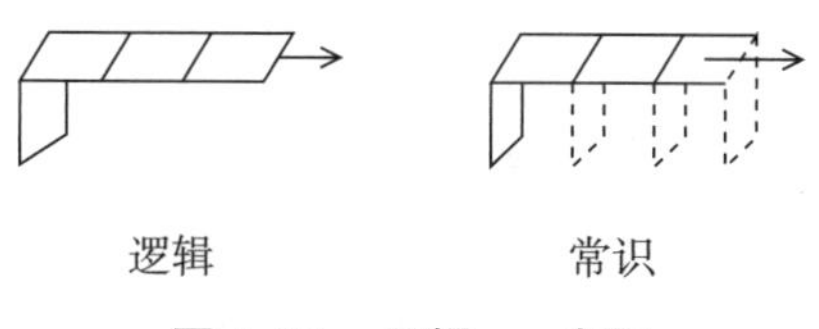

图 5-15　逻辑 vs. 常识

因此，借用逻辑的方法就像移动支架一样，前提是每一步都必须正确。然而，常识性知识需要更多证据支撑，因为每一步都需要证据。**不断增长的链条其脆弱性也会呈指数级增加，因为每增加一个链条就会多一种断开链条的方式，这也就是在陈述观点时人们会不断增加证据或使用类比来证明自己观点的原因——他们觉得在讲解下一步之前有必要让别人信服自己当前的观点**。

行动链条并不是唯一的沉思方式，第 7 章还会列举其他方法。在日常生活中，每当遇到困难，我们总会选择不同的解决方法，因为任何方法都会有瑕疵。但是，正是由于方法本身的瑕疵，我们才可以把这些方法全部组合起来，利用其整体的优点。

我们的模型应该为该方法留出空间，因此我们将这种类型的思维过程称为“沉思”（见图 5-16）。

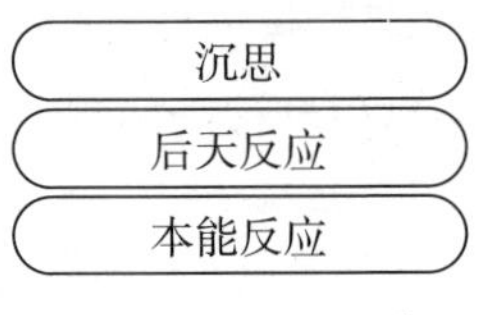

图 5-16　沉思层级

反思

奥古斯丁
《忏悔录》
（*Confessions*）

我要唱一支娴熟的歌曲，在开始前，我的期望集中于整个歌曲；开唱后，凡我从期望抛进过去的，记忆都加以接受，因此我的活动向两面展开：已经唱出的属于记忆，未唱的属于期望；我的注意力则在当下，我要将未来引来，并将它变为过去。

琼注意到汽车疾驰而来时，她决定过街，她做决定的过程如此迅速，她自己都没察觉。但后来，她开始思考自己做选择的过程。如果琼要思考自己的选择，她必须首先能够回忆起当时想法的方方面面。

但是琼的大脑如何才能回到过去思考当时的想法呢？是什么使大脑或机器反

思自己最近的活动？从自我角度来说，这根本没有任何难度。无论我们回忆多么久远的事情，也必然能够记起之前的想法并开始思考想法本身，然而，当我们仔细观察这种做法时，就会发现它需要很多机制。我们之前已经讨论过，每一层次会通过使用第 4 章中的关联来观察和描述下一层次中发生的事件（参见图 4-2）。然而，为结合描述进行推理，每一层次都需要短时记忆、假设和结论。第 7 章将讨论保存这些记录及其环境所需要的额外机制，从而区分过去思维和现时思维。

学生：我知道如何从一个层次的行动推理出比其更低一个层次的行动，但当一个层次对自身进行思考时，它难道不会迷惑不解吗？因为两者之间思考的主题会频繁发生变化。

诚然，从上下级层次之间的推理到对层次本身进行推理会带来很多麻烦，比起后者，较容易的做法是制作简化自身条件的模型，并把其记录在记忆的空白处。之后，层次进行自我反思（哪怕仅是在某种程度上），搜寻大脑中对相同事件的记忆，从而执行相同的程序来解决问题。毕竟，大脑中很多部位已经拥有探测大脑内部活动的方法；只有几类精神资源与外界有直接接触，比如从眼睛或皮肤处接收信号的部位，或向肢体发送信号的部位。[2] 在任何情况下，琼都会回忆起自己当时的决定并反思做决定的过程。

琼：为了开会不迟到，我冒着被汽车撞倒的危险穿过马路，这是因为我觉得自己能跑得足够快；但是，我本应该意识到自己受伤的膝盖会让奔跑的速度变慢，所以我本该调整优先事项的。

大脑应该反思何种思维活动？应该包括以下活动：错误的预测、受阻的计划和无法获取的知识。第 7 章提出一些方法有助于自己取得成功，对这一问题的思考同样重要。

学生：我们能把这样的机器称为“意识”吗？意识包含了第 4 章中提到的大多数特点，像短时记忆、系列加工以及高级描述等。

机器并不像“自我意识实体”一样可以对自我进行全面的认识，但一旦机器拥有表现自身广泛活动的多个模型，便可以实现这种认识。有时，模型有助于系统中的一些部位思考其他部位发生的事情，但是，如果想让系统思考其本身的所有细节则是不切实际的。因此，第 9 章提出，人类的大脑需要多种多样的不完整的模型，每个模型代表系统的某些方面。当前，我们的系统有 4 种完全不同的层级（见图 5-17）。

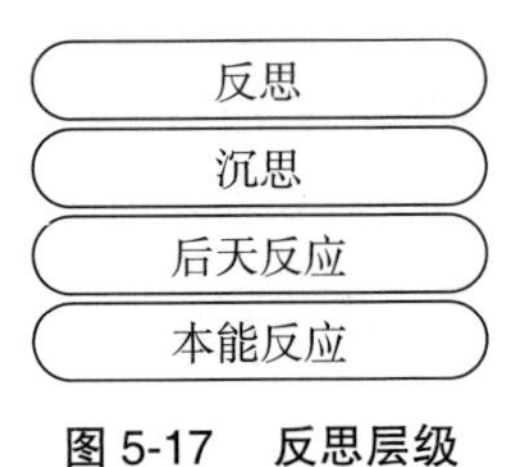

图 5-17　反思层级

自我反思

> **威廉·詹姆斯（1890）**：据说人类不同于动物的另一种能力是，人类像一个思想家一样拥有自我意识和反思能力……然而动物从不像思想家一样反思自我，因为从思想的实质方面说，动物从来无法清楚地区分思想本身和思想机制。

与前文讨论过的思维层次相比，自我反思则能发挥更大的作用：**自我反思不仅会思考最近的想法，也会思考想法的实体机制，**正如在前文中卡罗尔的叙述：“我只在脑海里构建了一架拱形门，并想好每块积木的具体位置。”这表明卡罗尔仅使用了自身的模型（见第 4 章）来描述她的目标和能力（参见图 1-13）。

没有任何自我模型是完整的，最好的做法是同时创建几个模型，每个模型描述其中一个部分。

神秘主义思想家：有些人可以对自我进行锻炼，从而对所有事情同时拥有保持警觉的能力，尽管很少有人能达到这个状态。

怀疑论者：我认为你产生所谓“完全警觉”的幻想是因为你根本不去思考陌生的事情。

无论如何，我们对想法本身的思考必须基于有关想法的记录或痕迹。正如在前文中卡罗尔说的：“可能我记得这样的事，因此我只是再次做了一样的事。”

但琼是如何回忆起自己当时的犹豫不决的呢？她是如何获得相关记忆的呢？我们并不清楚大脑是如何完成类似任务的，但第 8 章将讲述以下问题：我们可能作出怎样的记录、记录的时间和地点为何、如何获取相关记忆以及如何组织相关过程。

认识到自我反思的重要性，就如同认识到自身的困惑一样，是件颇具智慧的事情（相反的是已经陷入迷惑却没有意识到），因为只有当我们意识到自我的困惑时，才会知道该升华动机和目标了。自我反思有助于我们认识到以下几个问题：不知道自己要做什么，或在更为无关痛痒的细节上浪费时间，或正在追寻一个不太合适的目标。自我反思也有助于我们制订更好的计划、思考范围更大的情感活动，像“只要想到这我就想吐，或许到了换一个新目标的时候了”。[3]

人们何时会使用自己的高层次思维方式？我认为，当人们不能使用常规思维系统时，反思性思维方式便开始起作用。例如，琼能够轻松地走路时，便不会去思考“走路”的机制；但当琼的膝盖受伤、不能正常走路时，她便会开始仔细思考之前是怎样走路的，开始制订更详尽的计划，这种计划就包含思维本身。

正如在第 4 章提到的那样，反思也有局限性和危险性。任何企图检测思维本身的尝试都会改变你当前的想法，试图描述眼前一个不断变化的实体是件很困难的事，但更困难的是试图描述一旦想到就会发生变化的事。因此，当你试图思考当前的想法时，你必定会感到困惑，这就是我们感到困惑的问题之一，也被称为“意识”。现在，我们的系统拥有 5 个层次（见图 5-18）。

图 5-18　自我反思层级

自我意识

大卫·休谟（1757）：人类的普遍趋势是孕育类似人类自身的众生，使其成为人类熟知其品质的物体。人类喜迎月亮，击退乌云，自然，如若不是通过经验和反思的修正，人类恐怕难分善恶，难辨是非。

本节首先讨论使身体和大脑正常运转的本能反应，如我们的呼吸系统、饮食系统和防卫系统。出生之后学习到的自我反应能力被称为后天反应。沉思和反思有助于解决更复杂的难题。有些问题牵涉到自我模型、未来的可能结果时，便进入自我反思的研究范围。

然而除此之外，人类的特殊性在于拥有自我意识，从而能够思考"更高"层次的价值观和理想。例如，当琼问自己"我的朋友们该如何看我"时，表明她想知道自己的行为是否符合群体的价值观，为了能这样想，琼首先需要有一个包含对应做之事想法的模型；当琼发现自己的行为表现和自己原本依赖的价值观产生冲突时，会导致类似第 2 章讲到的自我意识情感，因此我们重新添加了另一个层级，称之为"第 6 层级"（参见图 5-1）。

心理学家：我不知道这 6 个层级之间的细微差别，例如，当你反思自己近期的想法时，你会思考这种反思本身吗？与其相似，自我反思不也是反思的一种吗？在我看来，所有这些层次使用了相似的思考技巧。尤其是前 3

种层级的区别愈加不明显，我想听一听你区分它们的依据。

我同意，这些区别并不是很明显，即使我们最简单的想法都会涉及所谓对分配时间和资源的“反思”。如下面所讲到的一样：“如果不能使用一种方法，我将尝试另一种方法”或“我已经在那件事上花费了很长时间”。

学生：如果这些层级如此难以分辨，那么区分它们的意义何在？没有理论具有比它需要更多的部分。

这位学生提及的是当前流行的观点，当有几种理论能解释同一件事情时，其中最为简单的一种就是最好的。[4] 换句话说，“永远不要进行过多的预测”。事实上，这个观点在诸多领域都能发挥作用，如物理和数学，但我认为这种观点大大阻碍了心理学的进步和发展。**当你知晓自己的理论并不完善时，就需要为一些可能的想法预留出空间，否则，如果你使用了完整的模式，就要承担任何其他想法都不能融入其中的风险。**

这种模式尤其适合复杂的结构，如大脑，因为我们对大脑的实际功能和发展演化的细节知之甚少。众所周知，人类的大脑包含成百上千处专业区位，初期的大脑从发展层级分明的细胞簇开始，其中一些细胞簇发展为后来的层面板；然而，不久后，另外一些细胞簇开始移动（如同被数千基因指引），最后在这些原始的层级和细胞簇之间形成了数以万计的联系，从而在细胞层级之间形成了模糊的界线。

最后，大脑变成了一个异常复杂的系统，任何单一的模型都不能够解读大脑，除非这个模型本身相当复杂，但那时这一模型也会因为太过复杂而变得毫无用处。因此，心理学家们需要成倍地扩充思维（和大脑）模式，每一种模式都可以解释思维的不同方面和类型，尤其是在个体处理经济、宗教和种族问题时可能会使用相互矛盾模式时，人类自我意识反思的模式更应增强。

个人主义者：你的图并没有显示哪种层次或地点监督和控制其余的层次、

哪里是作出决定的自我、我们的目标由什么决定以及如何选择宏伟的计划并监督计划的执行等问题。

这真正一个二难选择：如果一个像人类大脑一般复杂的系统没有管理自身的好方法，那么该系统就会没有任何方向感，从而走向失败，或只是空洞地从一件事跳跃到另一件事上。然而，把所有层级模型控制在单一位置上的做法也是危险的，因为这样做，系统可能会因为一个小小的失误而全军覆没。所以，后面几章会提到大脑控制自身的多种方法。

正如前面讲到的，这个层级模型和弗洛伊德的观点很相近。他把思维比作一个“三明治”，其中“本我”代指本能的欲望，“超我”代指后天学习的自我理想（很多是被禁止的），“自我”代指所有在“本我”和“超我”两个极端之间处理各种分歧的资源（见图 5-19）。

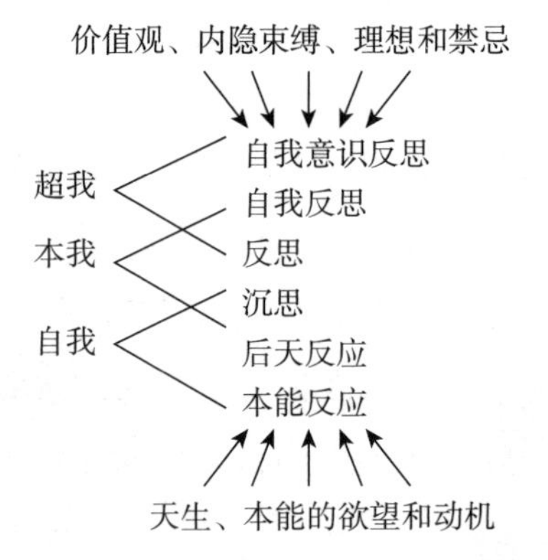

图 5-19　精神活动的 6 个层级与弗洛伊德的思维“三明治”

如果机器拥有以上提到的各种资源，那么它本身就会变成独立、具有自我意识的实体。至少，它可以宣称像你我一样拥有自我意识，尽管有一些人仍不同意这种观点。

本章首先讨论了人类如何构思自己从未见过或经历过的事情，在余下部分将详细解释不同层级的处理过程怎样产生想象。

想象

阿娜伊丝·宁
Anais Nin
现代西文女性文学开创者

我们看见的不是事情本身，而是自己的样子。

卡罗尔捡起积木时，这个捡拾的动作是如此的简单：伸出双手，抓紧积木，举起积木。她一看见积木就知道该怎样做，根本没有经过任何“思考”。

但这一“看上去”的“直接性”是对人类不能认识自身机制复杂性的幻想，观察事情“实际看上去如何”就如观看没有调过的电视屏幕上的杂点一样毫无用处。概括地说，我们根本没有意识到奇思妙想的能力，我们看到的大多数物体都来源于自身的知识或想象。因此，来看一看由我的老朋友、一位计算机制图的领军人物里昂·哈蒙（Leon Harmon）画的亚伯拉罕·林肯的肖像吧（见图 5-20 左图，右图是我制作的里昂的肖像）。

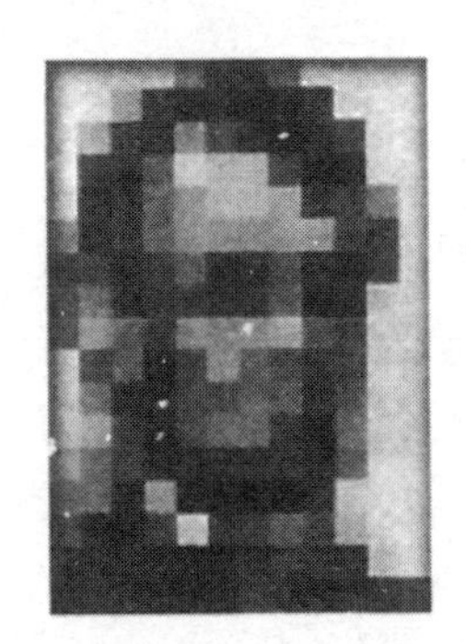

图 5-20　模糊的面部特征

图片中面部特征稀少，鼻子和眼睛模糊成了黑白相间的马赛克状，如此一来，你该如何识别这些特征呢？大脑如何做到这些，我们至今知之甚少，而且将之认为是自身与生俱来、理所当然的天资。“看见”的过程看起来简单明了，但这是因为我们的大脑选择对为我们服务的众多过程视而不见。

1965 年，我们意在制造一台能像孩子一样完成简单任务和工作的机器，比如向杯子里倒水，利用积木搭建拱形门或塔。[5] 为了完成这个目标，我们制作了机器人的手臂，能够通电的眼睛，并把手臂和眼睛连接到计算机上，制造出了第一台能够搭建积木的机器人。

起初，这个机器人犯了数以百计的不同的错误——不是把积木放到自己的头顶上，就是企图把两块积木放在同一个位置上，之所以如此，正是因为机器人对物体、时间和空间没有足够的常识。（即便现在，仍然没有一个基于计算机的视觉系统有着类人的表现机制，能够分清特定场景下的物体。）但最终，许多学生编出程序，这些程序能够清楚地“看见”积木的排列方式，从而识别出图 5-21：两个直立的积木上平放着一个水平的积木。

图 5-21　三块积木

我们花了几年时间才使这套程序（我们称之为“搭建者”[Builder]）利用孩

子胡乱放置的积木成功搭建出了拱形门和塔（看到示例以后）。在第一种方法中，我们让系统使用了图 5-22 中 6 个层次的连续程序。

图像过滤	1. 把图像分解成独立的像素
特征采集	2. 将像素分解成纹理和棱角等组别
区域确定	3. 把纹理和棱角放进区域，形成形状
目标寻找	4. 把区域和形状集合成可能的目标
场景分析	5. 尝试识别熟悉的物体
场景描述	6. 描述物体的空间关系

图 5-22　6 个层次的连续程序

然而，这组程序屡遭失败，原因是低层次的程序无法识别过多特征，也无法把特征组合成大的物体。例如，拱形门前下方的图像放大后如图 5-23 所示。

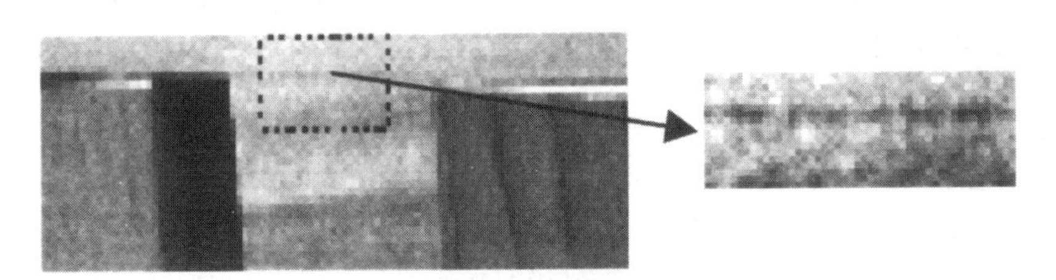

图 5-23　放大后的图像

那个棱角因周围有着相同的纹理特征而很难识别。[6] 我们尝试了几十种不同的识别方法，但任何单一的方法都行不通。最终，我们把这些方法整合起来，从而获得了较令人满意的结果。我们在每一层次都获得了相同的经验：单一的方法不够，但组合成几个不同的方法却能起到帮助作用。最后，分步骤的模式也不再适用，因为“搭建者”仍然会犯相同的错误。最终我们总结出了方法不再适用的原因：系统中的信息总是从输入向输出的方向流动，因此，任何一层次出现错误，便再也没有任何机会作出修正。

为了弥补这一缺陷，我们必须增加很多“自上而下”的路径，使信息可以在上下两者之间互动（见图 5-24）。

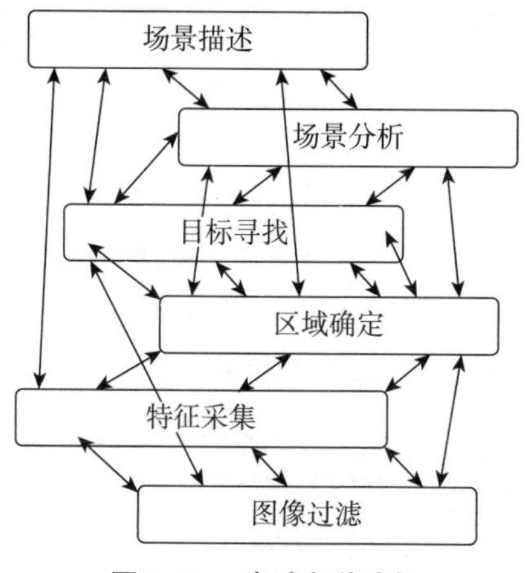

图 5-24　尝试多种路径

同样的方法也可以用来解释我们的行动，因为在改变自己身处的环境后，我们需要为将要完成的事情制订计划，例如，要使用“如果看见积木（If），就捡起来（Do）”规则，你需要制订行动计划，指引肩膀、手臂和双手在不触碰积木周围物体的情况下完成这些动作。因此，人们需要高层次的过程，而且制订计划同样也需要许多处理过程，所以我们的程序必须包含图 5-25 中的特征。

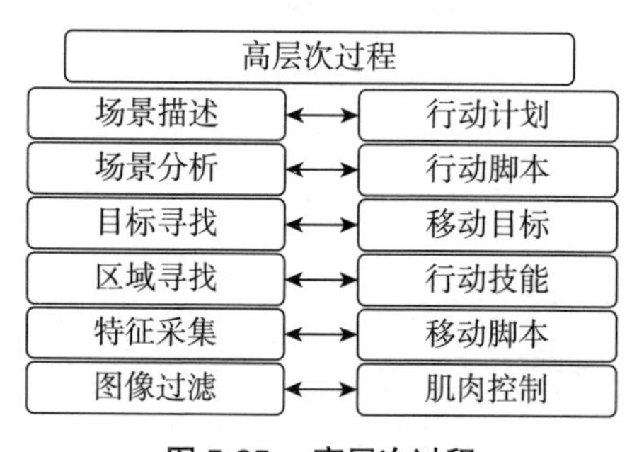

图 5-25　高层次过程

每个行动计划对特定的场景作出反应之前，都需要形成一系列移动目标，而每个移动目标又会使用以下行动技能：“伸出手”“抓紧它”“举起来”和“移动”，而每个行动技能都擅长控制肌肉和移动关节。看似简单的反应机制，后来被证实却是一个巨大而又复杂的系统，系统中的 If 和 Do 在信号的上下级传递之间涉及不计其数的步骤和过程。

早期，普遍认为人们的视觉系统是通过自下而上的方式发挥作用的，即首先识别场景的低层次特征，其次让这些低层次特征形成区域和形状，达到识别物体的目的。但是，近些年来，显而易见的是，我们的最高层次期望能够影响“初期”行动。

拉玛钱德兰（V. S. Ramachandran，神经科学领域的探索者，2004）：有关感知的固有看法建立在具有争议的“水桶接龙”（bucket brigade）模型之上，“水桶接龙”模型能够把人们的审美反应归为最后阶段的序列等级模型，是对我们日常认识的颠覆。我认为，在最终顿悟之前的每一阶段，人们的看法都会发生细微变化，对物质实体的不断探索就像玩拼图一样有趣。换句话说，艺术是认识高潮的前奏。

事实上，大脑视觉系统接收的信号主要来自大脑，而不是眼睛。

理查德·格雷戈里（Richard Gregory，视觉感知领域领军人物，1998）：存储的知识对感知的贡献和大脑解剖中新近发现的丰富的下行路径成正比。80% 的外侧膝状体核中继站里的纤维来自大脑皮层，其余 20% 则来自视网膜。

来自大脑其他部位的信号对视觉系统作出暗示，使其可以识别眼睛能够看到的特征或物体。因此，当你觉得自己好像身处厨房中时，你有可能只看到了类似茶碟或杯子的物体。

这意味着较高层次的大脑部位从不以颜色来识别场景，相反，它们倾向于使用复杂词汇，呈现图 5-26 中木质拱形门的搭建过程。

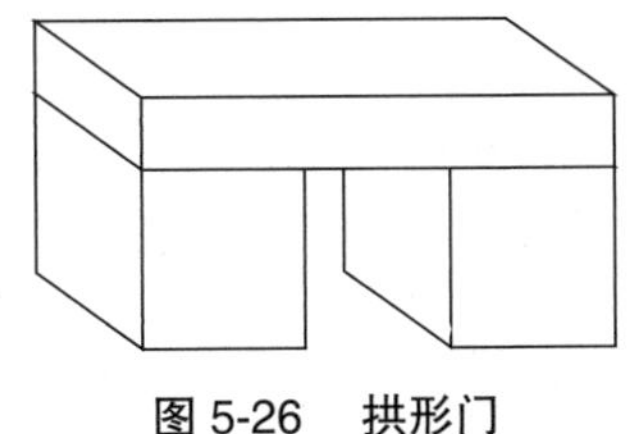

图 5-26　拱形门

如果没有使用“高层次”描述，反应规则就不会切实可行，因此，“搭建者”若要寻找证据，则必须为其补充感觉数据方面的知识；在这种情况下，“搭建者”需要描述的场景主要是矩形积木，这个认识使人惊讶：“搭建者”只需看到场景的轮廓或形状便能“想出”场景中出现的所有积木。它是通过图 5-27 中的一系列猜测推理出来的。

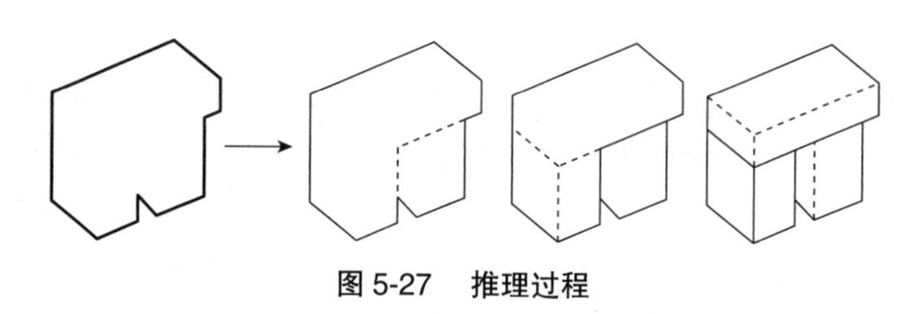

图 5-27　推理过程

一旦想识别出积木的外部轮廓，程序幻想出的积木部分就要比现实中出现的多，而后根据这些猜测反复转换 6 层次视觉过程，从而推导出更多的线索。在完成这种任务的过程中，程序比设计人员做得更出色。[7]

同样，我们会向“搭建者”提示积木边边角角的“意思”，例如，程序发现了图 5-28 中积木的棱角。

图 5-28　想象一块积木

“搭建者”会猜测这些都属于一个积木，程序会继续寻找隐藏了积木其余部分的物体，如图 5-29 所示。[8]

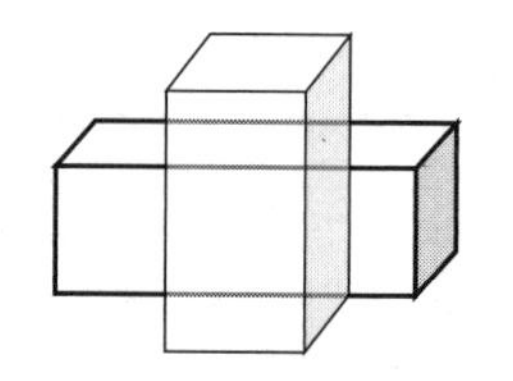

图 5-29　想象另一个物体

所以，低层次系统开始定位积木相分离的各部分的具体位置，也就是我们所说的根据“环境”猜测其具体意思；再次，低层次系统会使用其他处理过程来确定这些猜测。换句话说，我们通过对熟悉物体的“提醒”来“识别”物体，而这些熟悉的物体可以与事物发展迹象的残余部分相匹配。但谈到高层次期待如何影响低层次系统的识别特征时，我们则对其知之甚少。

想象场景

约翰·列侬 | 现实为想象留出了极大的空间。

人们都能识别由矩形积木组成的拱形门，并且当其顶部被三角形积木替换时，我们仍能想象出它的样子（见图 5-30）。机器或大脑是如何“想象”出并未显现出来的事物的？

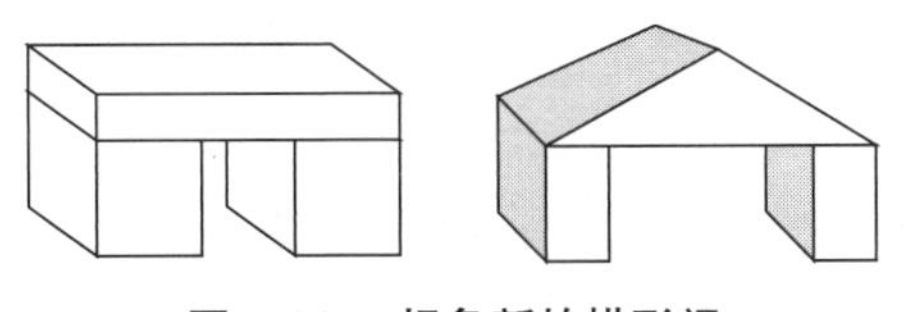

图 5-30　想象新的拱形门

想象中的场景和视觉观察的本质相同，这种说法看似可信，因为视觉形象通常是由分散的点状物组成的。但我认为这是幻想，因为精神形象和图片的表现方式并不一样，更可能的是，人们可以通过干涉高层次呈现方式来想象场景，这已在之前的场景中提过（见图 5-31）。

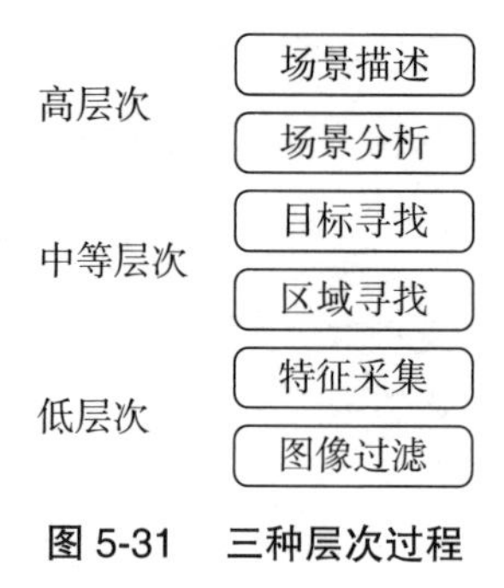

图 5-31　三种层次过程

在低层次作出改变。原则上，我们可以通过改变每个原始图片的点来制作新图像，这需要进行复杂的计算，而且如果想改变观点，还需重新计算整个图像。另外，为了作出变化，首先需要高层次的程序描述需要的图像，如果较高层次的描述可以解决这一问题，你根本不需要计算图像！

在中等层次作出改变。相比改变图像本身，它不如变化较高层次的描述。例如，在寻找区域层次，我们可以把矩形顶部积木的平面变成三角形，但这将会导致其他层次上的变化，因为三角形的棱角和相邻矩形的形状并不匹配（见图 5-32）。

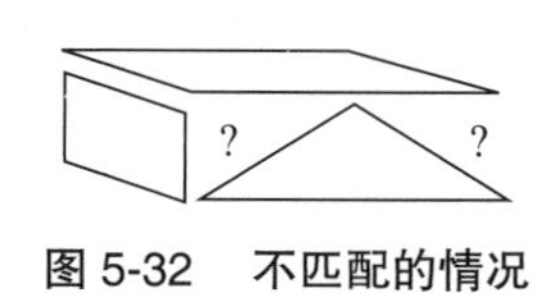

图 5-32　不匹配的情况

> **大众**：我试着在脑海中构思三角形的积木时，我“看到”了三条直线，像三点并不重合的三条模糊线条。我尝试“推开”其中一条线来纠正这个形象，但这个形象不断变化，我根本无法改变它，也无法中止这种想法，但奇怪的是，这个形象也不会消失。

想要改变对这个图像的描述，却不能保持部分之间的关系；试图改变内部表达时，却不能使其保持持续运动，毕竟现实中存在的物体不能同时以两种速度运动，两条直线也不能同时相交或不相交。然而，想象中的物体却没有这么多限制。

在高语义层次作出改变。有时，在最高层放置整个物体或许就能避免这种问题，例如，通过将矩形积木改为三角形积木的方式来改变拱形门的顶端，那么你也可以通过图 5-33 展示拱形门之间的结构，描述拱形门部分之间的关系。

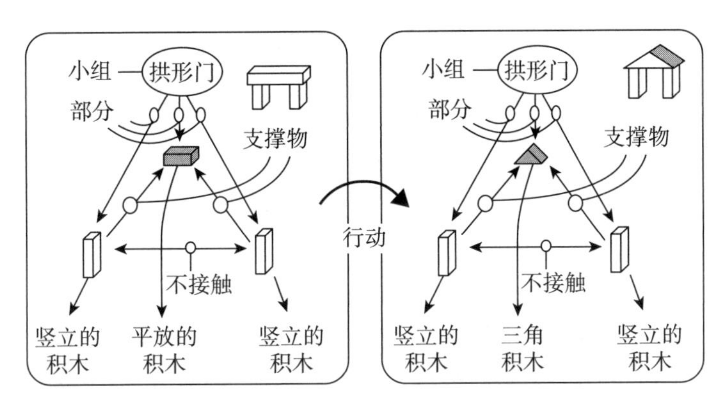

图 5-33　对改变拱形门顶部的思考

第 8 章将会更详细地叙述这些表现，它有时也被称作“语义网络”，想想使用这种方法来描述物体有多么高效！**想要在画面层次作出改变，你需要大量的“像素点”，即组成图片的独立点，但如果想以语言或象征物表达物体，你只需一个字或一个象征。**在初期阶段作出这样的变化需要非常多的细节，因此改变任何部分都会很困难。

对高层次“语义”做有意义的改变是比较容易的，这是因为，例如描述“由两个竖立的积木支撑起来的平放积木”时，你不需要提到观察者的角度，甚至不需要说出积木的哪些部分可见。因此，同样的描述适用于以下不同的观点（见图 5-34）。

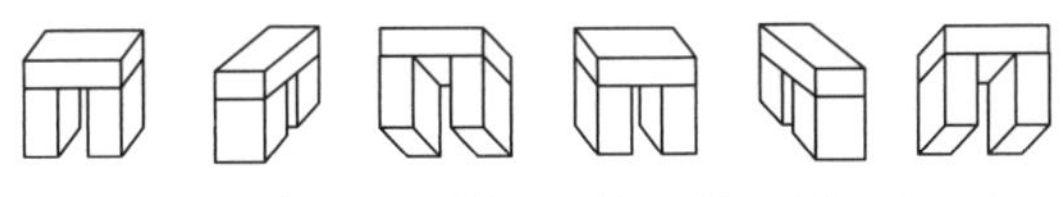

图 5-34　一个拱形门的 6 种不同视角

如果用物体替换积木，同样的网络关系也适合描述其他结构，如图 5-35 所示。

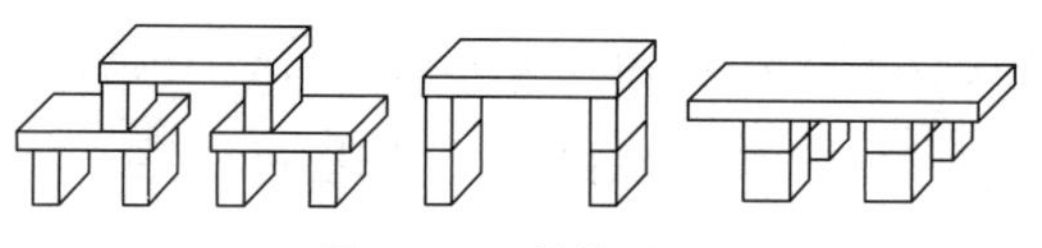

图 5-35　其他结构

这便是使用更抽象、高效、高水平描述的例证，如此一来，一个字便会有上千种不同的图像！在日常的交流中，“抽象”一词有时被用来表示“很难理解”，然而有时却也可以用来指代相反的意思：**抽象的描述有时更为简单，因为它省去了很多不相关的细节。**

这说明人们可以在所有领域的不同层次进行想象。或许，大厨们可以通过改变低层次的感官状态想象出新的材质和味道，作曲家们也可以通过细微的改变、高层次的甄选来获得更好的音乐效果。

在我看来，这个主题非常重要，所以心理学家需要寻找一个术语，描述人们头脑中不同层次的构造和整合感觉的现象。鉴于此，我们创造了“仿生刺激物”（simulus）一词，该词融合了“刺激”（stimulus）和“模仿”（simulate）两个词的意思，我们在第 3 章中讲述了如何利用挑战者教授的刺激阻止自己睡觉。为了实现这一效果，人们需要想象每个场景中的每个细节，然而，只需表现出高层次的抽象细节，即对手脸上的嘲讽之意就已足够，不再需要构建想象刺激其他低层次的细节。

戏剧评论家：我现在仍能回忆起我参加某个表演时的心情，但我不记得当时那个糟糕表演的任何具体细节了。

视觉型的人：我想起自己的猫时，它的形象是如此具体，我甚至能回忆起它每一撮毛的样子。能回忆起详细的细节是不是一种优势？[9]

或许你第一次想起猫时，它仅是一个“毛茸茸的”形象，直到靠近猫，你才能为精神表征增添更多细节。然而，这个过程发生得极为迅速，你根本感觉不到，看起来仿佛你自己一下子就想到了所有的细节一样。这就是第 4 章中我们提到的有关幻想的典型案例内在性错觉。

内在性错觉： 对于你将要问的大多数问题，在思维较高层次有足够时间询问之前，一些答案已悄然而至。

内在性错觉不仅适用于想象中的物体，我们也不是“一次”就看到了事物的所有细节。事实上，在大脑发出请求之前，我们不会意识到微小的细节。最近的实验表明，视觉场景的内心描述不会持续得到更新和升级。[10]

在物理学领域，当你想伸手抓住一个杯子或举起一块积木时，会预想到杯子或积木的重量，并想到如果松手积木就会掉落。在经济领域，如果你为购买行为买单，那么无疑会拥有购买的商品，否则就必须偿还。在日常交流中，你陈述一件事情，听众可能会记住，但当你对他们说这件事很重要时，他们记忆就会变得更加牢固。

以上是每个成人都懂得并认为理所当然的东西，但是孩子们却需要花费相当长的时间来学习不同领域内事物的表现。例如，在物理学领域，移动物体会改变物体的位置；向朋友透露信息，那这条信息将同时存在于两个地方。第 6~8 章将详细讨论我们如何使用此类常识，重点描述“平行类比”（Panalogy）模式，这也将解释人类大脑为何能够快速回答问题。

预测机器

威廉·詹姆斯（1890）： 尝试在保持手指伸直的情况下想象弯曲手指的感觉。在一分钟之内，随着位置变换，你会感到手指刺痛，但实际上手指却没有明显的移动。这是因为手指并不是真的在移动，因为“它并没有真的在动”这一暗示也是你思维的一部分。放弃这种想法，放开阻碍，纯粹而简单地想象一下动作，你会发现根本不费吹灰之力。

我们都知道，可以在不对事物做任何外在改变的情况下对它进行思考，就像卡罗尔在建造拱形门之前首先想着移动积木一样，但卡罗尔是如何做到的？你现在可以闭上眼睛，背靠椅子坐着，沉浸在一些幻想和梦境中，反思下自己的动机和目标，想一想下一步的行动。

但大脑或机器如何想象出一系列未来的行动？前文提出使用 If+Do → Then 规则来作出预测，因此，大脑也可以使用 Then 来反向预测，通过感觉系统中一些层次的变化推出仿生刺激物，一种类似结果场景的表达。图 5-36 向我们展示了完成处理机制的机器。

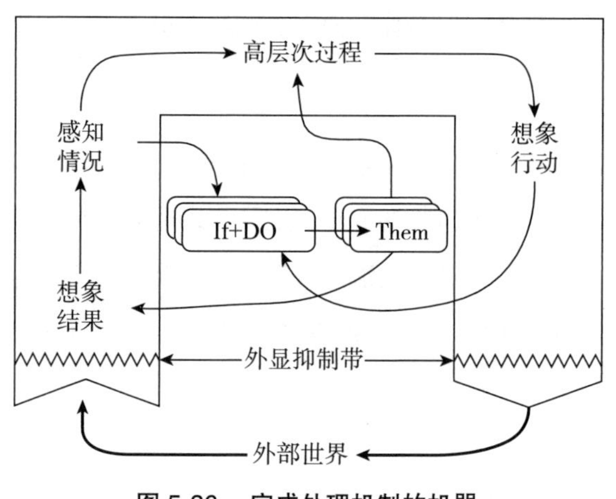

图 5-36　完成处理机制的机器

把外显抑制带（Suppressor Bands）包含在内主要基于两个方面的考虑：首先，人们想象未来条件时，肯定不想被当前的条件束缚；第二，想到其他选择之前，你还不想让肌肉执行想象的动作，因此需要方法来中止思维活动，使其在行动前先“停下来思考”。[11]（此时可以使用在做梦时分离思维和身体的机制。）

通过循环操作前文描述的搜索和计划方案，机器能预测未来；另外，如果此机器拥有额外的资源，它也能预测大范围内的“虚拟世界”中发生的事情或沉浸于被我们称作幻想的状态中，而这将需要更多记忆和机制。但是，任何玩现代游戏的人都知道，程序员在机器世界里模拟现实世界的技能有多么精湛。

很显然，人们可以做到这些，我期待在未来几年内，我们的科学家能发掘出人脑中的“预测机器”。我们过去是如何发展出这种能力的？先于我们而存在的灵长类动物必定也拥有这种结构，从而让它们在思考技能方面领先一步，但是仅仅在几百万年前，人类大脑的此部位一定在大小和容量方面有了大幅发展，这或许就是人类智能发展至关重要的一步。

本章试图描述能够解释人类思维能力的结构和过程，我们将其概括为 6 个层次（参见图 5-1），用以激发人们越来越强大的思维方式。然而，无论系统如何建立，如果不了解广泛存在的现实世界，那它永远不会变得智能。尤其值得注意的是，系统必须具有预测未来行动结果的能力，但只有当系统拥有大量的“常识”和“理性思维”时，它才会具有这种能力。因此有关常识的主题将是第 6 章讨论的主要内容。

06

常识

我们所做的许多常识性事情和常识性推理，要比吸引更多关注、获得令人敬仰的专业技能复杂得多。你所“看到”的并不完全来自视觉，还来自这些视觉引发的其他知识。常识性知识的主体，即人类需要在文明世界中相处下去会涉及的许多问题，如我们所说的常识性问题，目标是什么以及它们是如何实现的，我们平常是如何通过类比来推理，以及我们如何猜测哪一项知识等，可能与我们的决策方式相关联。

挣钱的方法就是，股价下跌时买入股票，等到股价上涨时再把它卖掉。
如果股价没有上涨，就不要买股票。
——威尔·罗杰斯（Will Rogers），美国幽默作家

第一台计算机问世后不久，它犯的错误就成了世人的笑柄。编程过程中最小的错误也能酿成大错，如清除客户的账户数据、开出数额奇怪的账单或使计算机陷入一直犯相同错误的状态中。[1] 这种令人抓狂的缺乏常识的现象，使很多用户认为计算机永远也不可能变得智能。

如今，计算机的表现更好了。一些程序在下棋方面甚至胜过了人类；其他程序则可以检测出心脏病；还有一些程序可以识别人脸图像，组装工厂里的汽车，甚至可以开船和驾驶飞机。但到目前为止，却还没有机器能够铺床、读书或照顾婴儿。

是什么阻碍了计算机完成大多数人都能胜任的事情？难道计算机需要更多存储空间和更快的速度，变得更复杂吗？难道计算机建立在错误的基础上吗？难道因为只会使用 0 和 1 的事实造成了它们的诸多局限？难道因为计算机缺乏人类固有的魔法属性？本章认为，以上所有问题都不是计算机效率低的原因；恰恰相反，这些局限性来自程序员落后的编程方式。

所有的现代程序都不具备常识性知识。每个现代程序本身包含的知识只能解决某些特殊的问题。本章的第一部分主要讨论人们拥有大量的知识以及使用这些知识时所必备的技能。例如，如果有人说用“绳子”系紧包裹，那你肯定能理解

这种“显而易见”的事实，但计算机却一点儿也不明白。

- 你可以用绳子拉而不是推东西。
- 如果把绳子拽得太紧，它会断。
- 在用绳子系紧包裹前，必须装满包裹。
- 要松一松绳子，以免它缠住或打结。

现代程序并没有明确的目标。如今，我们仅仅让程序完成事情，而不告诉它们为什么需要完成这些事情。因此，这些程序也无法辨别自己是否达成了用户的预期目标、完成的质量以及花费的成本如何。本章后文将讨论这些目标的本质和计算机完成目标的方法。

- 外面下雨时，人们喜欢待在室内。（人们不喜欢被雨淋湿）
- 人们不喜欢被打断。（人们喜欢被倾听）
- 在吵闹的环境里听不清楚别人说话。（人们想要听听别人的看法）
- 没有人知道你在想什么。（人们尊重隐私）

所有的现代程序都不够智能。程序缺乏本身需要的知识或无法使用自带的方法时，便会自行停止运行，但人类依然会寻找其他方法来继续完成目标。本章最后将讨论人们在毫无头绪时使用的一些方法，例如，通过类比法。

- 以前经历过这样的情景吗？
- 这个问题和哪一个问题很相似？
- 我是怎样解决这个问题的？
- 我可以使用这些方法解决这个问题吗？

正是由于缺乏这种能力，计算机才会一旦出现故障就停止运行，而不是寻找更好的方法。为什么它们不能从经验中学习？那正是因为计算机缺乏常识！

在日常生活中，我们根本意识不到人类使用的程序是多么复杂。本章将讨论的是：**我们所做的许多常识性事情，要比吸引更多关注、获得令人敬仰的专业技能复杂得多。**

什么是常识

爱因斯坦 | 常识就是人到 18 岁为止所积累的各种偏见。

与其抱怨计算机自身的缺点，不如尝试赋予计算机更多知识，不仅包括“常识”，即一种我们大多数人都理解的事实和观念，也包括常识性推理，即人们应用知识的技能。

学生：你能更详细地定义你所说的“常识”吗？

我们使用术语“常识”来指代其他人能够理解并认为显而易见的事情。

社会学家：“常识”一词的意思因人而异，因为那些我们认为显而易见的事情取决于我们生长的社区环境，像一个人的家庭、邻居、语言、宗族、国家、宗教信仰、学校和职业等，每一个小分类都有不同的知识、信仰和思维方式。

儿童心理学家：即使只知道孩子的年龄，你依然能知道很多孩子了解的事情。近代最有名的儿童心理学家让·皮亚杰（Jean Piaget）等研究人员研究了世界各地的儿童，发现儿童的思想领域中有着相似的观念和信仰。

大众：当人们以一种近似愚蠢的方式互相争论时，我们便经常说人们“缺乏常识”，并不是因为他们真的缺乏常识，而是因为他们没有恰当地使用常识。

每个人都在不断学习，不仅学习新知识，还要学习新的思维方式。我们从自己的经验、父母和朋友们的教导，以及我们遇到的其他人身上学习，因此人们碰巧了解的知识和别人认为显而易见的知识会变得难以区分，这也增加了预测别人想法的难度。

打电话

西蒙·派珀特
Seymour Papert
近代人工智能领域的先驱之一

在大脑没有进行任何思考的情况下，你根本无法思考思考行为本身。

我们听从派珀特的建议，想出一些方法来讨论以下这个典型而普通的例子：

琼听到电话铃声响了，便拿起电话，查尔斯打来是想回答琼之前问他的一个医疗程序方面的问题，他建议琼去读一本书，因为查尔斯是琼的邻居，所以决定过一会儿把书拿给琼。琼感谢了查尔斯并挂了电话。不久后，查尔斯来到她家，把书给了琼。

这个故事中的每一个词语都能在你的大脑里引发以下几个方面的理解：

- 琼听到了电话铃声。她认为这种特殊的铃声意味着有人希望和她说话。
- 琼拿起电话。想去接电话，琼便要穿过房间，拿起电话放在耳边。
- 查尔斯正在回答琼问到的问题。查尔斯在另一个房间里，他们俩都知道怎么使用电话。
- 查尔斯建议琼去读一本书。琼听懂了查尔斯的话中之意。
- 琼感谢了查尔斯。那仅是一种客套还是琼发自内心的呢?
- 查尔斯很快来到琼身旁。查尔斯来到时，琼并不感到意外。
- 查尔斯把书给了琼。我们不知道这是查尔斯借给她的书还是送给她的礼物。

我们如此轻易地得到了这些结论，根本不曾意识到这些结论其实正是自己下的，所以，现在来回顾一下要理解琼听到铃声、接听电话这一事实所需涉及的过程。

首先，琼看到电话时，她只看到了电话的一个侧面，但她感觉自己已经看到了整部电话；甚至在开始接听电话时，她仍然在想自己能否抓住电话以及电话碰到耳朵时的感觉，她也知道电话代表着一个人在一边说话而另一个人在另一边回答。琼知道，如果自己拨通一个号码，电话铃便会在另一个地方响起，如果有人刚好接到电话，她便可以开始和那个人交谈了。

这些快速获得知识的过程似乎是看待物体时的一个自然方面，但人们才刚刚看到冰山一角！如此少的证据怎么会让你认为自己“看见”的东西已经被完全传送到大脑里了呢？在大脑里，你可以移动、感受以及改变这些记忆，甚至将其打开查看内部构造吗？答案是，你所“看到”的并不完全来自视觉，还来自这些视觉引发的其他知识。

然而，另一方面，如果对这方面的知识了解过多且所有知识同时“出席”，大脑可能会被其淹没。因此，本章后文将讨论人类的大脑如何分离部分知识，从而仅仅获得自己所需要的。

平行类比

道格拉斯·勒奈（Douglas Lenat，1998）：如果从一本书中抽出孤立的一句话来，那么这句话就会变得毫无意义。例如，你把一句不带有任何语境的句子拿给别人看，这句话很可能会错失其部分甚至全部意义。所以，信息的表达意义大部分来源于信息形成的语境，这会是很大的优势。从某种程度上说，两个具有思考能力的人如果享有共同的语境，他们可能会使用这些信号沟通交流复杂的思想。

每一个词语、事件、想法或事物对我们来说都有不同的意义。你听到“查尔斯将书给了琼时”，可能会觉得书本只是一个物质实体、所属物或礼物罢了。至少你可能从以下三种思维领域来解释这种“给予”行为。

- 物理领域：“给予”指书通过空间传递，从查尔斯到琼（见图 6-1）。

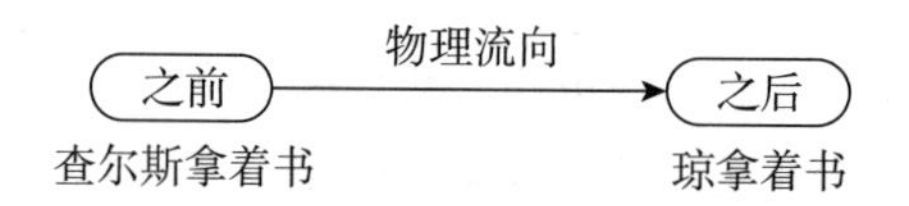

图 6-1　物理领域

- 社会领域：我们想知道查尔斯的动机。他是慷慨大方，还是想让琼讨好自己（见图 6-2）？

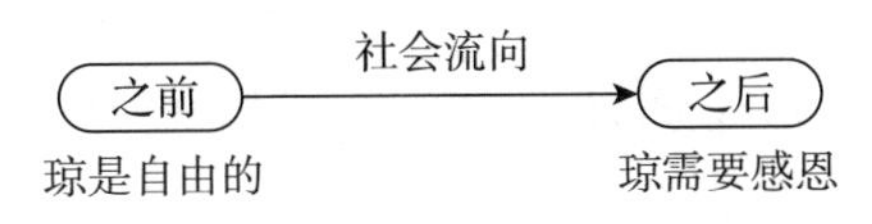

图 6-2　社会领域

- 主权领域：我们可以推测出琼不仅拿着那本书，也拥有那本书的使用权（见图 6-3）。

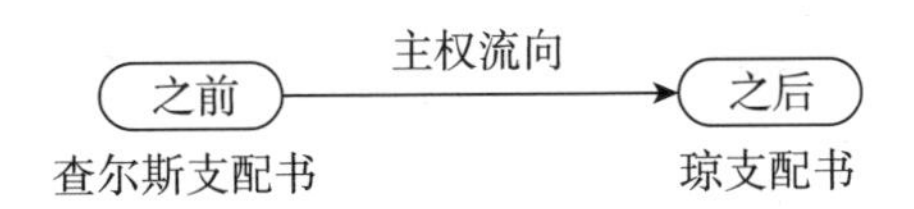

图 6-3　主权领域

在这三者中，主权领域尤其重要，因为你需要工具、货源和材料来解决问题或完成计划。但是文明世界中的大多数物体是由人或组织控制的，不经过他们的同意则没有任何使用权。

“给”在这里有三种意思（见图 6-4），每种意思之间都有相似的结构。第 8 章表明，在这种情况下，在大范围内的结构中，大脑可以把不同领域（不同观点）中相似的知识和相同的“作用”（roles）或“槽”（slots）联系起来。

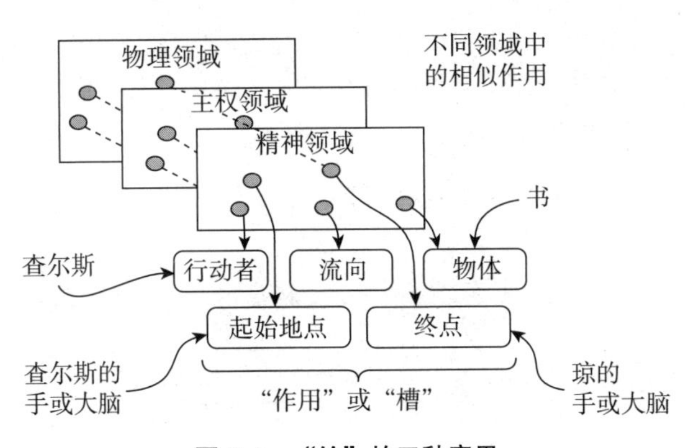

图 6-4　“给”的三种意思

图 6-4 例证了一种被称为“平行类比”的结构。图 6-4 表明，思维方式在有关物体、想法或情况之间实现快速的转变，例如，当琼伸手拿书时，她预估了（在物理领域）书本的重量，并知道如果自己松手，书必然会滑落；同时，（在主权领域）琼需要表明是自己拥有这本书还是必须将其还给查尔斯；所以，如果查尔斯告诉琼这是自己送给她的礼物，琼则会解除债务关系。

当在不适当的思维领域解释事件时会发生什么？一旦意识到这一点，也无需从头开始，大脑会立刻转到有用的想法上，如何快速做到这些？第 8 章指出，这些行动可能源于对平行类比的使用：如果你已经将同样的象征和多种合适的意思联系起来，并且在这些领域内起作用的大脑部位已经处理过相似的事件，那么这种转变根本无须再花时间，例如，它可能发生在以下这些情况之间：把那本书看成物体、所属物或潜在知识的集合。

一般说来，我们接触到的观念都会涉及几种不同的领域，例如，图 6-5 中小女孩正在玩积木，就可能包括以下几种不同的关注点。

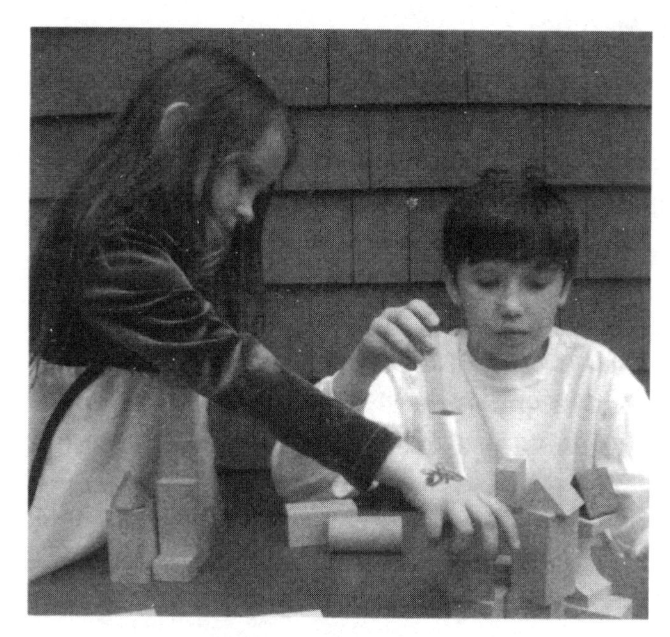

图 6-5　玩积木的小女孩

- 物质：我把最底层的积木抽出来会发生什么？
- 社会：我是该帮助小男孩搭塔还是推倒塔？[2]
- 情感：他会作出何种反应？
- 记忆：我把小块的三角形积木放到哪里去了？
- 策略：我能从这里够到那个拱形门形状的积木吗？
- 视觉：那块既长又平的积木是不是在那堆积木后面？
- 触觉：同时抓住 3 块积木是什么感觉？
- 建筑学：有额外的积木可以用来搭桌子吗？

我们再次遇到了这样的情况：物体或观点如何被赋予各种不同意义。有时我们称这种现象为“歧义”，并把其视为表达或交流中的缺憾，但当我们把这些缺憾和平行类比联系起来时，就可以在不同领域内进行思考，而不用一切重新开始。

学生：查尔斯送书给琼的例子表明，我们可以使用相同的技巧来表示空间的流动，比如转移所有权和传递知识。但是什么使我们的思维能使用相似的方式处理如此不同的想法呢？

在英语中，“传递”（transfer）、“运送”（transport）、“传播”（transmit）、“翻译”（translate）和“变位”（transpose）等不同的词语都使用了相同的前缀“trans”，这是因为简单的“trans”为我们引入了非常广泛而有用的类比。[3] 每个人都认识成千上万的词汇，每次在学习别人如何使用这些词汇时，我们都学习了另一种新的平行类比。

学生：许多领域是如何被人们用来思考特定的观念或物体的？每次最多能同时处理多少个领域？人们是怎么知道转换领域的时间的？在何种程度上，不同的人会把各自所处的世界分为相似的领域？

对语义的研究最终会解答这些问题，但下面几个小节将主要讨论人们在想到电话时涉及的领域。

电话世界的子领域

我们在上面只提到了每个电话用户都知道的问题。但是，为了使用有关电话的知识，你也需要知道该如何交谈，如何理解自己听到的事情；同样，你还需了解对方是谁，他们如何思考；因为只有这样你才能成功地把他们的注意力吸引到你所想讨论的主题上来。我们首先来看一下，琼的电话内容涉及多少个不同的知识领域。

- 物理领域：琼就在电话旁边，但查尔斯必定在离琼远一点儿的地方。
- 主权领域：琼和查尔斯都有电话，而且查尔斯拥有那本书。但我们不知道他们拥有什么其他物品。
- 程序领域：人们如何打电话？我们可以用脚本的方式描述这个动作，在这个脚本中，一些动作是已经规定的、明确的，另一些动作则需要即兴创作（见图 6-6）。

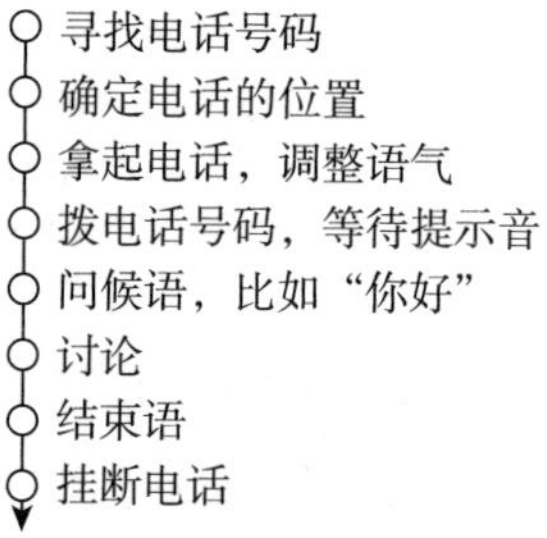

寻找电话号码
确定电话的位置
拿起电话，调整语气
拨电话号码，等待提示音
问候语，比如“你好”
讨论
结束语
挂断电话

图 6-6　打电话的脚本

首先，你必须找到电话，拨电话号码；其次，一旦接通电话，你应该说些问候语；接着，你应该表明打电话的原因，这时就开始即兴创作；最后，以“再见”和“挂断电话”结束。一般情况下，这种行为脚本以常规的步骤开始或结束，其间也掺杂着即兴发挥的部分。同样，如果脚本出现任何问题，你必须放弃脚本，并知道出现以下情况时该如何处理：拨错电话时该怎么办，电话没人接听时怎么办，调制解调器出现故障时怎么办，以及电话中出现很多噪音怎么办。

社会领域。当房间里响起电话铃声时，琼必须穿过房间接听电话，她知道说“电话，请你过来”是没有任何作用的。要移动一个无生命的物体，你必须推、拉或提，但如果想要人过来，以上这些动作又显得不礼貌了，相反，你应该发出邀请。孩子们学会这种社会规则通常需要花数年时间。

经济领域。每个动作都需要付出代价，不仅是以物质、时间和能量的形式，还可能以拒绝可能带来利益的另一种选择的形式。这就向我们提出了一个全新的问题：在比较不同选择所花的代价时，应该花多少精力和时间？我认为这个问题的答案并不简单，因为它取决于每个人当时的精神状态。

对话领域。许多人很擅长对话，但对话过程中却涉及非常复杂的技能。你必须时刻跟踪话题、目标和社会角色。为了保持听众对你的关注，你需要记得他们本已知晓的事实，记得他们说过的话，这样才不会重复。重复说人们已经知道的事实会招人厌烦，比如“人永远无法正视自己的缺点”，因此，听者关于对话过程的了解是对话的部分基础。

你可以表达自己的意图或希望，或者尝试对其进行伪装；你知道如何通过表达来增强或削弱社会关系；每个词语都可能说服或威慑、安抚或激怒、逢迎或赶走对方。你需要观察对方在何种程度上理解了你的表述，以及你为什么要告诉对方这些事。

人类学家：电话交流是面对面交流的次等替代方式。电话不具备“人情味儿”，不像在面对面交谈时你可以通过手势让他人更为自在，传达出个人情感的强度。

人们在不同的地点沟通交流时，会表现出细微的区别。一方面，我们并不总能意识到面对面交流中造成的误解。如果刚认识的陌生人和你的好朋友或敌人有几分相似怎么办？如果这个陌生人使你想起了之前的印刻者，或许会引起喜爱或威胁的误导，或许你认为以后自己可以修正这种错误，但人们并不能完全消除“第一印象”。

感觉和运动领域。我们还拥有一些其他“非常识”能力，比如琼用来接听电话的物理技能。伸出胳膊和“接听电话”之间的时间几乎不到一秒，但在这么短的时间内，她就已经实现了以下诸多子目标：

- 确定电话的位置；
- 确定电话的形状或方位；
- 把手移到电话的位置；
- 用手抓住电话；
- 把电话送到耳边。

以上每一步都存在共同的问题：我们如何更快地完成这些事？我们可以为计算机编程，让它来完成这些事，但自己并不知道到底要如何完成。人们普遍认为，这些行为的完成需要不断“反馈控制”，即不断缩短与目标距离的过程，然而，这也不一定正确，因为人类的反应非常缓慢，需要花费 0.2 秒的时间对未预料到的事件作出反应，这意味着你并没有能力改变自己正在做的事，唯一能做的就是修改之后的计划。所以，当琼伸出手接听电话时，她必须在手臂撞到电话之前减速。如果后来没有放慢速度，琼无疑会撞到电话。

肌肉运动知觉和触觉领域。把手机放在肩膀和脸颊之间时，你必须首先预估手机的形状和重量，从而调整手掌接触面的大小使其不致滑落，而且你要知道，只要放下电话，这个重量就会消失。你很清楚，一旦松手，手机就一定会滑落，遭受重压时手机也会被压坏。大量的知识存储在脊髓、小脑和大脑中，但这些系统很难接近，我们也根本无法对其进行研究。

认知领域。我们甚至不擅长描述思考时使用的系统，例如，我们完全意识不到自己如何获取或融合各部分知识，也无法知道当处理不确定的事情时该如何处理出现错误的情况。

自觉领域。无论做什么事，你都需要认清自己的能力，否则永远不能完成自己的目标，实现不了自己的计划，或在利益之间频繁转换，因为正如第 9 章要讨论的，除非坚持目标，否则很难完成任何目标。

扩充以上领域很容易，但明确区分不同领域却是件非常困难的事。

常识性知识和推理

罗伯逊·戴维斯（Robertson Davies，1992）：你认为大脑像一个整洁的机器般进行高效、严密的工作，没有多余的部件；我认为大脑像一个垃圾箱，里面装满漂亮的布、奇怪的宝石、廉价但吸引人的古玩、金箔、木刻和一些泥土。轻轻摇一摇机器，机器就会失灵；但摇一摇垃圾箱，其内容物只会换一下排列方式。

我曾经遇见一位刚下课的大学教授，我问他，课上得怎么样。他回答说，并不怎么样，因为“我记不得哪些概念比较难以理解”。这表明专家已经把高层次的技能转变为低层次的脚本，因此很少在记忆里留下痕迹，所以他也无法解释自己要如何完成这些工作。很多思想家把知识分为以下两种：

- **知事类知识（Knowing What）：**这是一种“命题性知识”或“显性知识”，可以用手势或言语来表达；
- **知能类知识（Knowing How）：**这是一种“程序性知识”或“隐性技能”（像走路和想象），我们很难描述。

但是，这种流行的分类方法并不能描述这类知识的功能，按照思维应用的种类来区分知识的做法或许更好：

- 正面经验（Positive Expertise）：知道在哪种情况下该使用哪种类型的知识；
- 负面经验（Negative Expertise）：知道不该采取哪种行动，因为可能会使事情变得更糟糕；

- 调试技能（Debugging Skills）：当常规方法不再适用时，还有其他可供选择的方法；
- 适应技能（Adaptive Skills）：知道怎样把原有知识应用到新情况之中。

首先想到对常识进行分类的是道格拉斯·勒奈，他在 1984 年做过一个叫作“CYC”的项目，本节的很多观点都受到了他实验结果的影响。

道格拉斯·勒奈（1998）：在当代美国，常识包罗万象：近代历史和时事政治、物理学、“家庭”化学、畅销书、电影、歌曲、广告、名人、营养学、附加物和天气等……也包括很多规则条例，大部分来源于约会、开车、进餐、做白日梦等人们共同的经历和人类认知经济学（记忆错误和误解等）以及共有的高层次（归纳、直觉、灵感或孵化）和低层次的推理能力（演绎、辩证、表面类比和归档等）。

勒奈分析了这句话：“Fred told the waiter he wanted some chips.”（弗雷德告诉服务员他想要薯条。）他研究了人们需要多少知识才能真正理解这句话的意思。[4]

单词“he”指代弗雷德，而不是服务员。这个事件发生在餐馆里。弗雷德是一个顾客，在那里进餐。弗雷德和服务员之间只有几米远。服务员正在工作，等待弗雷德点餐。

弗雷德需要薯条，而不是小木片。他也不想要某些特定类型的薯条。

弗雷德通过与服务员交流完成点餐。两个人，都是人类，都说着同一种语言，都到了能够说话的年龄，而且服务员也到了工作年龄。

弗雷德感到饥饿。他希望并认为服务员会在几分钟之内端来一盘薯条，不久后弗雷德就可以开始吃薯条。

我们假设弗雷德知道服务员明白他说的一切。

下面是说明人们需要何种知识才能理解日常所说的话的另一个例子。

“乔的女儿生病了，乔去请医生。”（Joe’s daughter was sick so he called the doctor.）

我们认为乔很关心自己的女儿，并希望她健健康康的，因此当女儿生病时，乔一定很伤心。乔是通过观察女儿的症状才发现她生病这一事实的。

人各有所长，乔自己也无法治愈女儿的疾病，但人们在自己无法做某事时总会求助他人来帮忙。因此，乔去请医生来帮助治自己女儿的病。

在某种意义上，乔的女儿属于乔。人们关心自己的女儿胜过关心别人的女儿。如果有人建议，乔肯定会带着自己的女儿到医生那里去看病，但就算到了医生那里，乔的女儿仍然属于乔。

医疗服务会很昂贵，但乔必然会放弃其他花销来找医生治女儿的病。

以上是“每个人都明白的事”，我们会用它们来理解日常生活中发生的小故事。但只有当我们拥有帮助我们实现自己具体目标的额外的知识时，这些知识才有用处。

一个人知道多少

爱因斯坦 | 一知半解是件危险的事情，知道过多同样危险。

每个人关于特定的物体、话题和想法都有很多了解，这可能会让我们认为每个人都拥有强大的记忆力。许多研究者提出，由于每个人都拥有上万亿个突触，那么我们至少可以利用这些突触储存上百万条记忆。然而，如果这种论证正确的话，我们对知识的反应能力就不会如此迅速。

无论如何，我们首先来做一次保守估计。众所周知，每个人都掌握着成千上万个词，并且可以有把握地说，一个词或许与我们脑海中 1 000 多条其他记忆都有联系，那么一个人的语言系统可能产生了上百万条联系。

与其相似，在物理领域，每个人都熟悉成千上万个物体，而且每种物体可能与成千上万个其他物体和使用方式相联系。同样，在社会领域，你可能了解一百个人的成千上万件事情，或许还有一千个人的数万件事情。

这表明，在每个重要领域，每个人都可能熟悉几百万种事物；然而想出几十种这样的领域虽然简单，但想起几百种却非常艰难。那么，如果一台机器能像人类一样思考和推理，它们可能需要几亿条知识。[5]

大众：或许是这样的，但我听别人说过关于记忆的奇闻，比如，一个记忆很好的人只需要读一遍书本就能记住上面的每一个字。从某种程度上说，我们记得的恰恰是发生在我们周围的事情吗?

我们都听过关于记忆的奇闻，但是我们一旦开始研究这类事情，却难以找到原因，或会发现某人只是被一场魅力展示所蒙骗了而已。我们遇到过能够完整背下几本厚书的人，但从未听说有人能背下几百本类似书籍。[6]下面是一位心理学家对一位拥有惊人记忆力的人的描述：

亚历山大·鲁利亚（Alexander Luria，1968）：约30年来，我有幸能够对一个有着超凡记忆力的人进行系统的观察，为了许多现实的目的，无论是一系列有意义的单词还是无意义的音节、数字或者声音，无论是以口语的形式还是以书面形式，他的记忆力都不会受影响。他需要的仅仅是每一个符号之间相隔3~4个间隙，而且在15年后，他仍然能够回忆起这些数字、音节或声音。

这些能力看起来令人印象深刻，但并不是真的独一无二，因为托马斯·兰道尔（Thomas Landauer，1986）总结道，在任何延长的间歇中，受试者并不能以每秒两个字节的速度学习和记忆，无论其领域是视觉、语言、音乐还是其他方面。因此，如鲁利亚的受试者记忆每个单词需要几秒时间，则其表现就符合兰道尔的估计。[7]

学生：我不赞同这个观点，我同意记忆能力更适用于较高层次的知识，但我们的感官和运动技能却是以大量的信息为基础的。

我们并没有估量这些事情的较好的方法，作出这样的估计却能引发知识在储备和连接等方面的难题。另外，我们也没有可靠的证据证明每个人的能力都超出了兰道尔的研究上限。[8]

第 7 章将探索人类知识的组织方式，一旦不能使用其中一种方法，我们可以寻找其他方法，但接下来我们主要讨论如何赋予计算机人类拥有的那种常识。

我们可以建造一个“儿童机”吗

有一个极受欢迎的古老梦想：建立以简单方式运行的机器，之后再研究使机器变得智能的有效方法。

> **企业家**：为什么不建造一台从经验中学习的“儿童机”？为机器人添加传感器和发动机，为其编程，机器人就可以通过与现实世界的联系而学习，而这一直是婴儿的学习方法。从简单的 If → Then 模式开始，之后过渡到更为详细的模式。

事实上，有几个正在进行的项目研究的就是这个方法，最初，每个这样的系统都能取得进步，但最后却都停止了发展。[9] 我认为这是非常常见的，因为很多程序并没有研究出表征知识的更好方法。一直以来，研究出表征知识的好方法是计算机科学的主要目标，然而，即使新的方法得以发明，它们也无法得到广泛和快速的应用，这是因为，为更有效地配合方法的使用，人们也必须拥有更好的技能，然而技能也需要时间来掌握，所以其使用者也需要忍受一段日子：因为在这段日子里机器的表现并没有变得更好，反而变得更差[10]（详见本章和第 9 章）。无论如何，到目前为止，还没有人发明能够不断创新有效表现方式的儿童机。

建造儿童机的另一个问题是，如果系统不加选择地学习新规则，那么该机器很可能积累太多不相关的信息，从而恶化其表现。第 8 章认为，只有机器加以选择地学习，即作出合适的“信用赋能”，才能从其经验中学习。

> **企业家**：为什么不建立一个机器，使其能够浏览网页，从上百万内容丰富的文章中汲取知识，而不是尝试建立自我学习的系统？

这确实是个比较有诱惑力的想法，因为互联网储存的内容要比我们任何人所学到的都多，但是，互联网上的文章不能明确地列出人们理解文章时所用的知识。[11] 所以来看看下面这个我们从儿童读物里摘录的故事：

> 玛丽被邀请参加杰克的舞会。她觉得杰克可能会喜欢风筝，于是她摇了摇小猪形状的存钱罐，但没有听到任何声音。

一般读者会认为，杰克要开生日晚会，所以玛丽想要送杰克一份生日礼物。[12] 对方喜欢的礼物才称得上是好礼物，“杰克可能会喜欢风筝”这一想法也表明杰克只是个孩子，因此风筝会是一个合适的玩具。“摇小猪形状的存钱罐”暗示着玛丽想买一只风筝，需要用钱。如果存钱罐里有钱，摇一摇它就会发出声响。然而，如果读者不知道所有事实，这个“简单”的故事就会变得毫无意义可言，因为每句话之间并没有任何明显的联系。

神经学家：为什么不尝试利用脑科学家对大脑各部分功能的了解来复制大脑?

我们每周都在学习一些新的内容，但仍然不知道该如何模拟蝴蝶或蛇。

程序员：那其他的选择呢？如建造一个大型机器，使其能够存储大量的统计数据。

这样的系统可以学习完成有用的事，但我却认为它们不能发挥任何智慧，因为它们使用数字来表示学到的各种知识。所以，除非我们赋予其较高层次水平的思维，否则它们根本不能表达理解这些数据所需的各种概念。

进化论者：如果我们不知道如何建造儿童机，或许我们可以让它们自动演化发展而成。首先编一套程序，使其能够自己创造出程序，其次，制造出很多变体程序，最后让这些程序为适应栩栩如生的环境而竞争。

我们经历了几亿年才从早期的脊椎鱼类演化为现代的人类，同样，我们花费了几乎永世的时间才发展出第5章中描述的拥有高级反应层次的结构。余下几章将主要讨论每个孩子如何广泛使用这类高层次结构发展人类特有的表现新知识和过程的方式。建造儿童机的目标没有取得明显效果的原因是，你无法学习自己无法表达的事情。

> **约翰·麦卡锡（John McCarthy，1959）：** 如果人们想使机器也拥有识别抽象事物的能力，那么更可能的是也必须以相对简单的方式表现出这种抽象性。

我无意否定建造儿童机的全部可能，我只是认为所有尝试的发展都非常缓慢，除非（或直到）机器有了足够的表达知识的方式（参见第 8 章）。不管怎样，显而易见的是，人类大脑天生就拥有高效学习的能力（其中一些能力要等到人类出生后很长时间才能发挥作用）。尝试建立这类机器的研究人员已经使用了独特的方案，但在我看来，所有机器陷入瓶颈的原因在于没有更合适的方式可用来解决以下问题：

- **最优悖论（The Optimization Paradox）：** 原有系统的效率越高，系统的每个变化都会使其效率降低，因此，系统很难找到改善自身的方式。
- **投资原则（The Investment Principle）：** 某个程序的作用越好，我们越依赖它，也就越不愿意寻找新选择，尤其是熟悉其使用后才能产生良好效果的新技术。
- **复杂性屏障（The Complexity Barrier）：** 与系统相连的部位越多，变化就越能带来意料不到的副作用。

人们经常认为进化是选择变化的过程，但大部分进化会摒弃具有副作用的改变，这也是很多物种占领狭窄、特殊、由多种障碍和陷阱维护的地域的原因。基因性质的演化发展可以“学习”避免常见错误，但实际上却不能从大量的非常见错误中进行学习，而人们通常意识不到这一点。只有一些“高级动物”能够跳过这些错误，发展类似语言的系统，通过这个系统告诉后代发生在祖先以及亲属之间的一些事。

这表明，机器持续发展是件非常困难的事，除非机器进化出能保护自己不受

变化影响的保护机制，因为这些变化只会带来副作用。一个实现此效果的有效方式就是把整个系统分成独立运行的部分，无论是在工程学，还是在生物学领域。这就是所有有生命的物体进化成独立集合的原因（也就是我们所说的“器官”），每一个部分都与其他部分有关联（见图 6-7）。

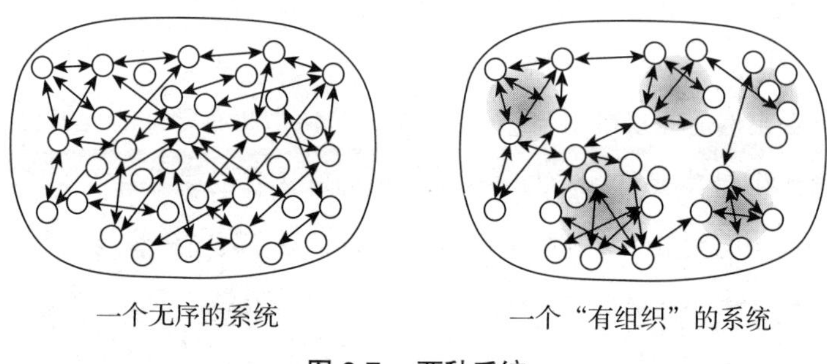

图 6-7　两种系统

在以器官为基础的结构里，器官里的变化对其他器官内部的活动没有任何影响，这也是人类大脑的资源被“组织”成多个中心和层次的原因。

> **艾伦·图灵（Alan Turing，1950）**[①]：在初次尝试中，我们不能奢望建成优秀的儿童机。首先必须在一台机器上做实验，教会机器技能，从而观察机器如何学习。其次，与其他机器比较，观察其表现出的结果。但是适者生存的理念不能快速地衡量其优点，而实验者通过智能练习，应该有能力加快衡量的速度。因为如果实验者能找出其弱点出现的原因，同样也能够想出改善机器的方法。

记忆

一旦我们拥有解决问题的新想法或方式，就可以创造记忆记录，但是你必须有方法能“重新获得”记忆，解决当前面对的问题，否则这种记忆记录就毫无用

① 艾伦·图灵提出了一种用于判定机器是否具有智能性的试验方法，即图灵测试。而人工智能、数字信息等技术的发展让我们进入了智能机器时代。想了解更多内容，推荐阅读《图灵的大教堂》一书。本书中文简体字版已由湛庐文化策划、浙江人民出版社出版。——编者注

处，我认为这一过程需要很多机制。

大众：如果存储如此复杂，但它为什么看起来如此轻松、简单和自然呢？每一种想法都能让我想到相似的想法，继而想到相关的观点，直到想到自己需要的那个想法。

为什么“记忆”看起来如此轻松？只要你记得，一般都能回忆起过去发生的事。然而，最早时候发生的事你为什么记不得了？尤其是回忆不起自己当初是如何发展能力的，或许这是因为你并没有发展出制造这些记忆的技能。

这种“婴儿失忆症”（Amnesia of Infancy）让我们了解了记忆的定义以及记忆的工作机制等简单的问题。你也可能觉得自己的记忆就像便签簿，可以在里面记下思维的笔记；或在每一个重大的事件发生后把它存储在记忆箱里，当你想找回记忆时，如果足够幸运的话，便可以从记忆箱中找出这些“事件”。但我们使用怎样的结构来表达这种“事件”，又如何在需要时找回这些“事件”呢？**记忆在具备以下两个条件时才能发挥作用：第一，与我们当前的目标相关；第二，需要时能够重新得到这些回忆。**

为了快速地找回信息，计算机专家可能会建议我们把所有记忆存储在单一的“数据库”里，使用一般目的“匹配”技术。然而，大部分系统仍然是以描述事情的方式而不是以有助于我们实现目标的方式来划分事物的。以实现目标的方式划分事物尤其重要，因为相比了解的事物类型，我们更熟悉想要实现的目标，因为人类总是会面对各种各样的困难，并产生解决这些困难的欲望。

因此，比起使用一些“一般”的方式，我认为每个孩子都应该有能力把知识和想要实现的目标联系起来，这有助于我们回答以下问题：

- 这些知识条目服务于什么类型的目标？它们可以帮助我们解决怎样的困难，克服怎样的障碍？
- 知识与什么情形相关？在何种情况下，知识能起到帮助作用？能首先实现什么子目标？

- 知识在过去是如何应用的？类似案例是怎样的？与其他什么记录相关？（详见第 8 章）

每一种知识也需要了解本身的不足、应用风险和成本：

- 知识的副作用是什么？知识对我们是否弊大于利？
- 应用知识的成本有多少？值得我们为之付出努力吗？
- 知识有什么例外情况或漏洞？在什么情况下知识可能不会发生作用，有什么较好的替代方法？

我们也把知识、来源和其他人了解的情况联系起来：

- 知识是否有可靠的来源？一些知识可能是错误的，另一些知识可能会误导我们。
- 知识会很快过时吗？这也就是本书不讨论当前有关大脑运行方式的流行观点的原因。
- 其他人更可能了解知识的哪一面？社会活动在很大程度上取决于知晓其他人理解的内容。

以上这些内容提出了一个问题：我们是如何在每一部分知识之间建立起如此之多的联系的？我认为，人们不可能同时做到这些，有证据显示，建立长久记忆需要花费几个小时甚至几天时间（包括做梦的时间）。与此同时，我们每次获得新知识时都会拥有新的联系，因为我们可能会问自己这样的问题："这条知识会如何帮助（或阻碍）我克服这个障碍？"**近些年来的一些研究表明，我们所谓的长期记忆并不像我们所想的那样长久，可能会被建议或其他经验改变。**

众所周知，记忆系统有时也会失效。有一些事情我们根本记不住，而且有时我们回忆起的是我们更想相信的版本，而不是实际发生的版本。有时我们根本记不起某些相关的事情，但几分钟或几天后却会忽然想起来，对自己说："我太傻了，其实我一直知道！"**这是有可能发生的，因为现存的记忆需要很长时间才能获取，记忆并没有真正发生，所以需要使用推理程序构建新的想法。**

无论如何，我们应该预料到类似此种“记忆失效”的问题，因为我们的记忆是选择型的。第 4 章讨论过，如果人们一次性记起所有事会有多么糟糕：记忆会激发上百万件事，从而将我们淹没。然而，所有这些都没有回答“我们如何获取当前需要的信息”这个问题，我认为我们可以通过以上讨论的联系的方法来获取需要的信息，但构建这些联系需要额外的技能，我们将在第 8 章讨论。

本节伊始，我们就已提出如何获取所需知识的问题。本章认为部分答案在于众多的联系，其联系和目标相关，而知识则有助于目标的实现。为了使陈述更加具体，其余章节将主要讨论知识的定义及其运行方式。

意图和目标

阿兰·瓦兹（Alan Watts，英国哲学家、作家，1960）： 没人觉得交响乐应该在播放时提高质量，或弹奏交响乐的目的在于最后的终曲。音乐的意义在于弹奏和倾听的过程。生活也是如此。如果我们过度关注提高生活质量，可能会导致我们完全享受不到生活本来的美好。

有时，我们看起来是如此被动，会对发生在自己身边的事情作出反应；但有时我们又是如此具有控制欲，感觉自己能够主动选择自己的目标。我认为这些情况主要发生在两个以上目标被同时激活的状态下，从而导致了冲突的发生。正如我们在第 4 章中观察到的那样，**当常识性思考陷入困局时，较高层级的反应就会介入。**

例如，当我们生气或贪婪时，就会为当时所做的事情感到羞愧和内疚；我们就会找理由来为自己辩护，“当时的冲动太过强烈，我根本无法阻挡”或“我做那件事是不由自主的”，这种借口与当前目标和高层次理想之间的冲突相关，每个社会都会说服自己的成员控制违反常规惯例的冲动。我们称之为“自我控制”（self-control，详见第 9 章），每一种文化都有关于情感的座右铭。

道德家：美德从不建立在出于自私欲望的行动之上。

精神病学家：人们必须学会控制潜意识中的欲望。

法理学家：犯罪可能是无意的，但冒犯却必定是蓄意的。

犯罪的人可能会否认，“我不是故意做这些事的”，说得好像不该为无意识的行为负责任似的。但什么样的行为才会让我们认为人们“蓄意”做了某些事，或是由于某些不能控制的情绪而导致的？

我们对物理实体持有的相似的看法容易理解这个问题——我们发现一些物体难以控制时，一般会认为这个物体自身也有能动性：“这块拼图好像不想进这个空里去”“我的汽车偏不启动”。我们清楚地知道，物体不会有这样的意识，为什么我们还是会这样看待它们？

大脑中也会发生同样的事情：目标强烈到根本无法思考其他事情时，决定看起来根本就不像自己作出的，不知怎的，就像施加在自己身上的选择一样。但是什么让我们追求自己并不想要的目标？当某个具体的目标与高层次价值观冲突时，或当你的目标里又有其他目标时，这种情况就会发生。无论如何，我们没有理由期待所有目标都能一致。

然而，对于目标为什么像一股力量，如“那种欲望根本令人无法拒绝”，上述解释并没有提供具体的回答。**确实如此，“强大”的目标看起来能把其他目标推到一边，甚至在你试图否定这个目标却又没有进行过分强烈的否定时，它仍然会占据上风。**所以，力量和目标之间享有相同的特征：

- 两者都朝着某个方向；
- 当我们尝试改变它们时，两者都试图“推回”这种力量；
- 两者都具有某种“力量”和“强度”；
- 除非导致两者的原因中止，否则两者会一直坚持下去。

例如，假设外来力量对胳膊施力，力量足够大而导致疼痛时，大脑便会试图推回（或摆脱）这种力量，但无论你做什么，这股力量仍在不停向你施压。这种情况下，大脑只能看到一系列独立的事件。但较高层次的反应模式能够识别这种情况，并将其匹配到以下模式中：

> 某件东西正在阻止我使其停止的努力。我认识到了这个过程，因而表现出了一些坚韧的力量、目标和智能。

另外，大脑中的一些资源以一种无法控制的方式作出选择，就像你在做一件"自己无法控制的事情"时会识别出这类相似的结构，这种结构就像一种施加在你身上的外部力量一样。因此，把意图比喻为力量或对手具有现实意义。

> **学生**：把目标说成一种力量，难道它仅仅是一个比喻吗？当然，使用相同的词去描述具有不同特点的物体是很糟糕的。

我们永远不应该使用"仅仅"来修饰比喻，这是因为"仅仅"是所有描述的共同特点。我们无法说明事情是什么，仅可以描述它像什么。也就是说用其他特点相似的物体描述，而后再来考虑这些差异，为其冠以相同或相似的名称，因此之前的词或短语将包括这些附加的意义，这也就是我们大多数词语都像一些"手提箱"式词语的原因。第 9 章中将讨论，词语的模糊语义是我们从祖先那里继承过来的最珍贵的财富。

在本书中我们曾多次提到目标，但从未讨论过目标的运行方式。因此，下面我们将从讨论目标给我们的感觉转为讨论目标可能是什么。

差分机

> **亚里士多德**：我们所得到的与期望得到的不一致时，差异就形成了，因为假如没能得到自己想要的东西，就像什么也没有得到一样。

有时，人们表现得像是没有任何方向和目标，而有时又像是有目标。但什么是目标，我们又如何拥有目标呢？如果使用日常的词汇回答这些问题，像"目标就是人们想要实现的事”，你会发现自己陷入了一个循环，因为你需要知道什么是需要，之后你可能会尝试使用如“动机”“欲望”“目的”“希望”“渴望”和“恳求”等其他一些词来进行解释。

一般来说，当你尝试使用其他一些心理学词汇来描述这类思维状态时，会陷入一个怪圈，因为这些词都不能描述潜在的机制。但是我们可以把陈述分为以下几个部分：

> 当系统坚持尝试各种不同的技巧，直到当前状态改变为另一种状态时，系统看起来便拥有了目标。

这就使我们走出了心理学领域，进而去问这样的问题：什么类型的机器能够完成这样的事情？以下是这种程序运行的方法之一：

- 目标：首先开始于对某个特定未来情况的描述，目标也可以识别不同情况之间的区别和差异，称之为“特定的其他情况”。
- 智能：此过程指一些能够缩小差异的方法。
- 坚持：如果在此过程中持续使用这种方法，在心理学领域，其目标意在把当前拥有的变成其中“想要”的。

接下来的几章中会说明，物体的这 3 种属性能够解释我们口中“动机”和“目标”的作用，能够回答我们在第 2 章中提出的问题：

- 伴随目标的感觉是怎样的?
- 目标坚定或摇摆不定的原因是什么?
- 是什么使冲动“强大到不可抵抗”?
- 什么使得某些目标保持“活跃”?
- 什么决定了目标的持续时间?

没有机器能够表现出目标、智能和坚持这些特性，直到 1957 年，艾伦·纽厄尔（Allen Newell）、克利福德·肖（Clifford Shaw）和赫伯特·西蒙（Herbert Simon）发明设计了“通用问题求解系统”（General Problem Solver, GPS）计算机程序，下面是对其工作过程的简单描述，我们称之为“差分机”（Difference-Engine，见图 6-8）[13]。

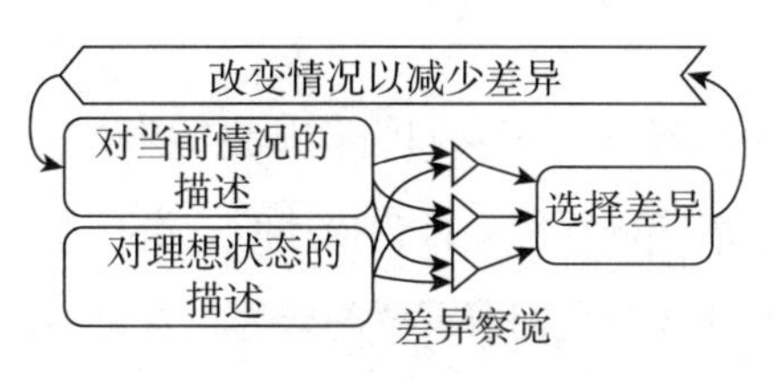

图 6-8　差分机的工作原理

每进行一步，差分机就会对当前和未来情况的描述进行比较，列出两者之间的差异；之后它会关注最为显著的不同点，利用之前设计好的技巧来缩小这些差异。如果这个方法有效，程序会自动缩小到最为显著的区别。然而，一旦其中一个步骤使事情变得糟糕，系统会自动返回，尝试不同的方法。

因此，正如我们在第 2 章中提到的，每个婴儿天生就有保持自己体温的系统，当身体过热时，孩子会出汗、喘息、伸展身体或血管扩张；然而，当孩子感到寒冷时，他则会蜷缩、颤抖消耗热量或提高新陈代谢速度（参见图 2-2）。

起初，我们意识不到这种过程，因为本能反应是在比较低层次的认知水平下进行的，例如，当你感到太过炎热时，身体会自动出汗。然而，当你意识到出汗时，汗水已经流很多了，你会想：“我必须找办法降低这种炎热。”你之前学习到的知识暗示你，还有其他的方法可以使用，如到一个有空调的地方去。如果感到太过寒冷，你可能会穿上外套、打开炉子或开始运动（运动能使你产生高达 10 倍之多的热量）。现在我们可以将“拥有目标”理解为差分机移除了这些差异。

学生：为了拥有目标，人们需要呈现理想的状态吗？仅仅拥有理想的属性表就够了吗？

这只是程度上的不同而已，因为每个人都不能完整地描述情况。我们可以只把“理想情况”描述成简单、大致的轮廓，像一个属性表，或只是一些简单的属性（比如会造成疼痛）。

学生：但是，难道我们不该区分“拥有目标”和积极地“想要实现目标”吗？我认为你的差分机就是一个“欲望机”，目标本身是你所谓“目标”的一个组成部分：对一些未来情况的当前描述。

这位学生的想法是正确的：在我们的日常生活中，“目标”一词有两种不同的意思。当人们改变事情的进程使其符合描述时，潜在目标就被激活；日常生活中使用的语言并没有有效区分我们所需要的差异，这也就是每个专业领域需要发展本行业的“专业术语”的原因。但是，我认为在不同的语境中描述“目标”没有任何问题。

浪漫主义家：差分机的想法解释了“有目标”的意义，但它并没有解释成功的喜悦和没有实现预期愿望的沮丧。

我同意，“目标”的单一含义并不能解释这些纷繁复杂的情感，因为“想要”是一个“手提箱”式词语，任何单一的想法都不能概括其全部。另外，人们做的很多事情根本没有目标，或者没有意识到目标的存在。然而，差分机对“目标”含义的涵盖要比我所见过的其他任何描述都广。

学生：当差分机同时发现几个不同的差异时会发生什么？它是同时还是一个一个地处理这些差异？

“通用问题求解系统”的发明者总结道，当检测到不同的差异时，机器会首先尝试移除最为显著的，因为最显著的差异在环境中会造成较大的变化（首先移除小差异会是一种浪费时间的行为）。为了做到这些，一般问题解决器必须对差异划分优先等级。

学生：如果缩小这些差异导致其他差异更糟糕时该怎么办？如果卡罗尔把其中一块积木移动到阻碍其他积木搭成拱形门的地方该怎么办？

当任何行动使最大的区别变得更大时，人们需要提前寻找其他方法，例如使用第 5 章中的方法。但如果没有制订计划的机制，差分机本身也无法通过短期的牺牲来实现更大的计划。

显然，这种限制使纽厄尔和西蒙开始探究其他领域，比如纽厄尔在 1972 年的研究。**我认为他们本该坚持在基本差分机模式的基础上增加更多的反思层级，因为人们认为系统陷入困境的原因是没有足够多的方法反思自己的行为表现，而这就是人们每次“停下来思考”时使用的方式。**在一篇较少被引用的出色文章中，纽厄尔、肖和西蒙提出了一种与此前完全不同的建立差分机的方式，这种差分机能够进行反思，改善前一个差分机的行为。然而，并没有研究人员（包括他们自己）继续研究下去。

如果就算使用了反思和计划，人们仍没能成功解决问题，该怎么办？这时人们可能会想，这个目标不值得为之付出努力，这种沮丧可以导致“自我意识”去思考哪种目标“真正”值得实现。如果过于频繁地陷入这种层次的思考，人们可能会问这样的问题：“我到底为什么会有目标”或“拥有目标到底有什么意义”。所谓的“存在主义者”根本无法对这样麻烦的问题给出使人信服的回答。

但最明显的答案就是，我们根本没有什么个人选择：我们拥有目标是因为我们大脑发展的需要：没有目标的人灭亡了，是因为他们根本无法参与竞争。[14]

目标与子目标

> **亚里士多德**：此外，我们考虑的不是目的，而是实现目的的手段……我们首先确定一个目的，然后考虑用什么手段和方式来达到它。如果有几种方式，他们考虑的就是哪种方式最有可能实现目的…… 随后我们考虑怎样利用这一方式去达到目的，这一方式又可以通过哪种方式来获得，直到我们完成第一步（我们最后才会发现这点）。[15]

如何让子目标与目标互相联系？子目标又是如何产生的呢？第 2 章讨论了这一系列问题。然而，差分机本身就可以产生子目标，因为每次需要减少的差异都可被变为其目标的另一个子目标。例如，如果琼这时正在波士顿，但她明天想到纽约介绍计划案，那么她将不得不减少以下差异。

- 会议在 300 公里之外召开；
- 她的报告尚未完成；
- 她必须支付交通费用……

虽然距离差异太大，不能步行去开会，但琼却可以开车或乘火车去，且她还知道乘坐飞机的一些“脚本”，如图 6-9 所示。

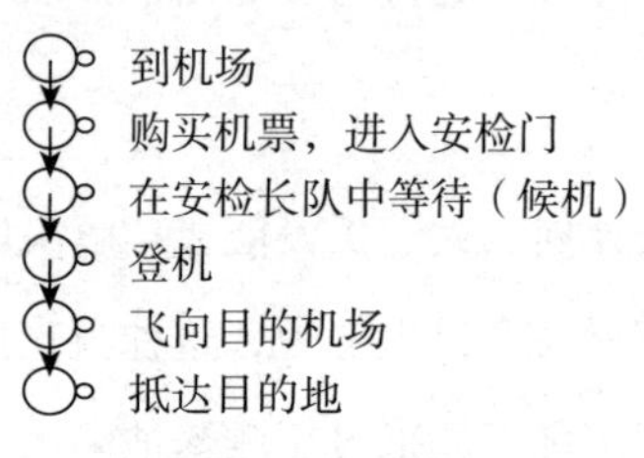

图 6-9　乘坐飞机的脚本

然而，每一段这样的脚本都需要几个步骤。她可以骑自行车、乘出租车或公共汽车到达机场，但她决定自己开车前往，而开车去机场的目标本身所具有的脚本又包含图 6-10 中的子目标。

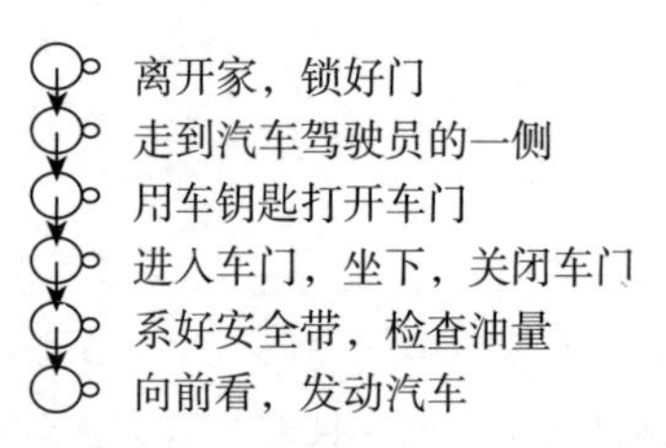

图 6-10　乘汽车脚本中的子目标

琼想到，虽然从家乡到纽约的飞行时长不超过 1 小时，但乘坐飞机会把大量时间花在停车和进行各项检查上，而火车虽然需要 4 小时，但终点站离她的目的地较近，因此从终点站到目的地可以省下很多时间，这段时间可以被用到其他工作上。于是，她改变了主意，转而乘火车。

同样，如果卡罗尔想要用积木搭建塔，她需要将建塔的工作分成几部分，然后利用图 6-11 中的步骤制订计划。

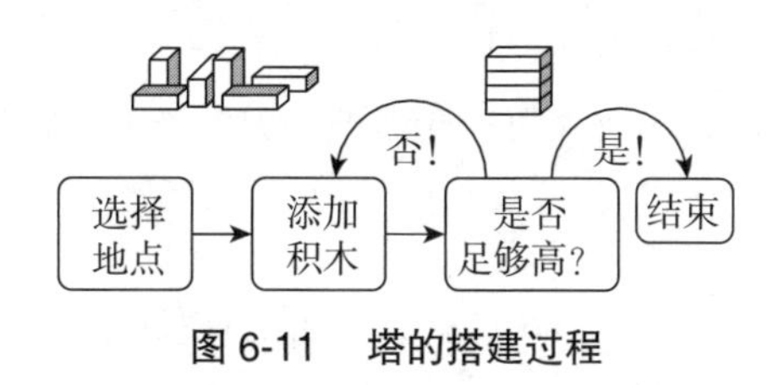

图 6-11　塔的搭建过程

那么，每一个这样的子目标都可被分成几个更多的部分和过程。所以，当我们研发机器来做同样的工作时，其软件也需要几百个不同的部分，例如，"添加积木"就可被分成图 6-12 中子目标的分支网络。

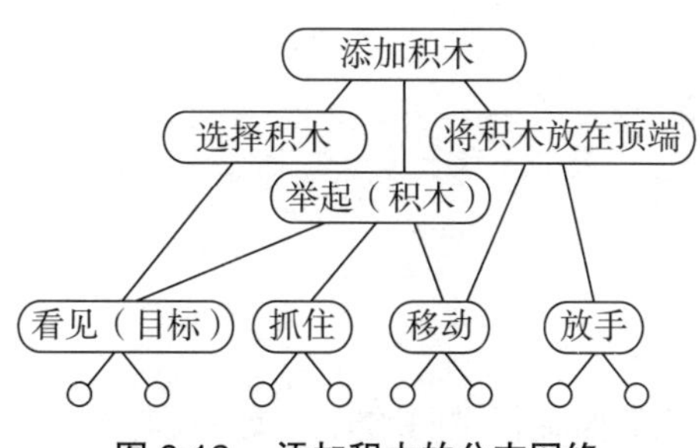

图 6-12　添加积木的分支网络

当然，每个子目标本身就相当复杂了。"选择积木"时必须避免那些已在支撑塔顶的；"看见"必须能够识别不同颜色、尺寸和灯光的积木，甚至能够识别被其他积木部分遮盖的；"抓住"必须让机器的手能够适应要移动的积木的尺寸和形状；"移动"必须指引其双手，避免碰到顶端的积木和孩子们的脸，以这种路径来操纵机械手臂。

我们需要哪些子目标来完成工作，人们又是如何发现这些的呢？**你可以采用反复试验的方法，或是通过大脑进行的模拟实验，或是通过回忆一些过去的经历来发现这些子目标，而所有这些方法中最有用的一个就是使用差分机，因为每一个差异都会成为新的子目标。**

总而言之，我的想法是，**拥有被激活的目标，就相当于运行一个与差分机相**

类似的过程。我认为，人类的大脑中有许多类似的过程在不同的领域以不同的层级同时运行着，从每时每刻都在运行着的反应系统（就像那些维持我们体温的系统）到自我意识的层次，无所不包。在这种意识形态中，我们很少会思考自己想成为什么样的人。[16]

人们什么时候才会真正地使用我们一直讲的技能呢？这些技能如精心设计的计划，将工作划分为更小的部分。事实上，我们所做的大部分事情都可以采用更为简单的方式来完成，因为我们已经知道该做什么了：**当你多次重复做某件事时（如在“练习”新技能时），它会逐渐转变为一个脚本或一连串动作，通常来说，这种转变并不需要较高层次思维活动的参与。**

弗兰克·赖特
Frank Wright
美国最伟大的建筑师之一

专家是一位无须思考就知道结果的人。

结果是，只有当我们面临新型问题时（或者说将其当作陌生问题），我们才需要搜索和规划的技能。但是,“练习”是如何提高技能,产生“专家级”表现的？一种旧时的理论认为，每次使用“大脑轨迹”都会加深一些记忆槽，这导致人们在未来会更容易遵循这些轨迹。而另一种现代版的理论则认为，大脑细胞之间的突触被更多地使用时，会具有更好的传导性，这种观点也具有一定的道理。

但是，第 8 章将提出“练习”提升表现的一些更高级的方法，例如，一些过程可通过只包含通往成功步骤的简单脚本来代替穷举搜索。换言之，人们可学习通过特殊的路径来代替地图式的广泛搜索，而其他过程则可通过仅有的相关特征进行反映，使用反复尝试的方法来代替 If 的复杂规则。然而，这可能会构建新的批评家和内隐束缚，以此来防止各种常见的错误。

无论如何，伴随着熟练程度的提高，人们会感觉自己达到了精通的水平，就好像理解了所有复杂的领域一样，把它作为一个简单的整体来思考，但这可能只是一种幻觉，只是暂时遗忘了自己学习技能时付出的努力，将其变为高效却未加思考的脚本而已，简言之，即通过毫无思考的反应机器代替“求解”过程。这种情况的发生，可能就是许多成功人士无法教会他人模仿自己的原因之一。

差异的“幻想”世界

培根（1620）：有些人的大脑较强于和较适合于察见事物的相异之点，有些的大脑则较强于和较适于察见事物的相似之点。大凡沉稳的和锐利的大脑能够固定其思辨而贯注和紧盯在一些最精微的区别上面；而高昂的和散远的大脑则能见到最精纯的和最普通的相似之点，并把它们合拢在一起。但这两种大脑都容易因过度而发生错误：一则求异而急切误攫等差，一则求似而急切间徒捉空影。

有人给你讲故事时，你会对故事中超乎想象的部分作出强烈的反应，而对单独的每句话却鲜有反应，这同样适用于我们对其他事物的看法。例如，如果你将手放入一碗冰水，就会感到强烈的寒意，但这种感觉很快便烟消云散了，就如同皮肤上稳定的压力骤减的感觉一般。**新的气味、口味或连续声音的刺激也同样如此：起初，这种感觉似乎很强烈，但随后很快便会“消失”了。我们对这种感觉有各种不同的称谓，如顺应、适应、驯化、习惯或仅仅习惯于某些东西。**

学生：尽管如此，这却并不适用于视觉。只要我想看，我就可以（长时间地）看着任何物体，其图像并不会暗淡，实际上，我还能一直看到它更多的特征。

生理学家：实际上，如果你目不转睛地看，图像很快就会暗淡。通常来说，明智的选择是不断地改变你的视网膜图像。[17]

因此，大部分的外部传感器（如视觉、味觉、听觉等）只会对相当快速的条件变化作出反应（然而，我们仍拥有不会衰弱的附加传感器，可对某些特别有害的条件作出持续的反应)。

现在，我们将这种思想(即“主要对变化产生反应的系统”)应用到具有认知层次的塔式大脑上来，这将有助于我们解释某些现象。例如，坐火车旅行时，你会听到钢轨上的车轮声，但是，(如果这种声音很常见的话)很快你就不会再注意到这些声音了。此时，也许你的A脑仍在对声音作出本能反应，但B脑却已停止对声音作出反应了。对景色的视觉同样如此，当火车进入一片森林时，一开始，你会观察这些树木，但是不久后，你就会开始忽略它们。是什么导致这些含义消失了呢?

重复语句的情形也同样如此。对于“兔子”一词，如果某人重复数百次，并在此期间把注意力集中在这个词的含义上，那么这个词的含义将很快消失或者被其他含义所取代。你听流行音乐时，同样的情况也会发生：起初，你会听到很多几乎完全相同的小节，但这段音乐的细节将很快将被忽略，你也不会再注意到它们了，但我们为何对这些重复不感到反感呢?

这是因为我们倾向于在连续不断的较长时间内，根据情况变化来解释这样的“故事”。在大多数音乐中，这种结构是很明确的：一开始，我们将独立的音符集合成长度相同的“小节”，然后，将这些节拍集合成更大的节，直到整段音乐看上去具有故事般的结构。[18] 在视觉和语言中，我也会这样做，通过将更小的事件集合成多层次的大事件、插曲、片段、乐节和情节，通过最少的重复观察音乐结构中最清楚的形式(见图 6-13)。

视觉	音乐	语言
故事	曲目	情节
地点	乐章	章
景色	乐节	段落
物体	主题	句子
地区	乐句	短语
组别	小节	文字
特征	要素	音素

图 6-13　不同领域的相似层次

- “要素探测器”识别休止符、音符和各种其他语音，如和声、速度和音色等。
- “节拍器”将这些归为词块，在音乐上，作曲家通过等长度的小节来使这些音乐形式更易被人们接受，这也有助于我们感受连续的词块之间的区别。
- “乐句和主题探测器”之后代表的是更大的事件和关系如：“主题是先上扬而后下沉，最后以 3 个独立短音符结束。”
- “乐节构建器”将这些音乐形式归入更大规模的几部分中，如：“有 3 种类似的片段形成一个在音乐最高点上升的序列”。[19]

最后，“讲故事的人”在不同的领域内解释类似的作品，诸如描绘穿越空间和时间的旅行，或是个性之间的冲突。音乐的独特魅力在于它如何有效地描绘我们所谓的“抽象情感剧本”。它讲述的故事似乎都是关于我们毫无了解的内容的，但我们能够识别其个性特征，例如，这个曲调是温暖而富有爱意的，而那个是冰冷而麻木的。那么，我们就能对音乐产生共鸣，有“号在袭击着单簧管，而弦乐器正试图让它们冷静下来”这样的感觉，体会到诸如冲突、冒险、惊讶和沮丧的精神状态。

现在，假设大脑中每个较高的层次主要对它下一层次的变化产生反应。如果这样，那么当信号在 A 脑层次上重复时，B 脑便会对此默不做声。而且，如果信号进入 B 脑层次而形成一系列重复，使得 B 脑一直看到相同的图案，那么 C 脑将会视其为“常态”，因此对其以上的层次都会默不做声。更普遍的情况是，我们可以看到被发出的任何重复信号部分“麻痹”在它之上的下一个层次。所以，尽管双脚可以继续敲击出有节奏的节拍，但这些较小事件的大多数细节最终都将被忽视。

我们的大脑为何会以这种方式运行呢？如果某些状况长期存在，且没有什么不利的事情发生，那么就不可能给你带来任何危险。因此，你就可能不会注意到它，也不会投入更多宝贵的资源来关注它。

但是，这也会导致其他反应。一旦一个层次通过来自其下层的重复信号而免受控制，那么这个层次就会开始“向下发送信号”，指导那些较低层次检测其他不同类型的证据。例如，在坐火车时，一开始，也许你听到火车在轨道上发出的声音形成的模式为“咣铛咣铛咣铛咣铛”，即四拍子，随后这个声音便消失了。但后来，你可能会突然切换到“咣铛咣铛咣铛”的模式，即三拍子。是什么改变了你的印象呢？也许只是因为某些较高的层次转而形成了不同假设而已。

同样，当重复信号麻痹大脑中的某些区域时，其释放的其他一些资源会以全新的、不同寻常的方式来思考，这可能是某些类型的冥想能够因祷文和咏唱而蓬勃发展的原因。这也会促进某些音乐变得流行：**通过隔离听众的某些常识“输入”，重复信号就可以靠释放更高层次的系统来追求其自身的想法。**那么，就像第5章所说的那样，可以通过释放某些“仿生刺激物”使较低层次的资源能够模拟虚构的幻想。

为什么我们会喜欢某些音乐

马修·麦考利
Matthew McCauley

音乐让我们经历短暂的情绪状态，通过使我们熟悉情绪状态的过渡，教会我们如何管理自己的情绪，从而在处理这些情绪时显得游刃有余。

音乐（或艺术、修辞学）通过使你产生如从喜悦和快乐到悲伤和痛苦的强烈的情绪，将你的注意力从世俗事务上转移。音乐可以激发你的雄心壮志，激励你采取行动，也可以使你平静下来并放松身心，甚至可以将你带入一种恍惚状态。为此，这些信号必须抑制或增强各种情感资源集。但是，为何这种仿生刺激物对感觉和思维有如此重大的影响呢？

众所周知，某些时间上的模式能够引发特定的思维状态。一个突然间的动作或一声撞击都会引起惊慌和恐惧，渐变的旋律或触碰则会引起欢乐和宁静感。[20]其中一些反应是与生俱来的，例如，父母与婴幼儿之间建立关系。因为那时，任何一方对另一方的某些控制都超越了对方的感觉、思想和行为所能表达的内容。

因此，随着我们长大成人，我们开始学习以同样的方式进行自我控制，可以通过音乐、歌曲来实现，也可以利用其他外在的事物来进行，如药品、娱乐或者环境的改变。同样，我们也会寻求“来自内心”的技术，以影响自己的思维状态，例如，通过“倾听”自己内心深处的音乐（人们抱怨某些曲调一直在脑中打转时，就可能会产生负面影响）。

最终，对我们每个人来说，某些特定的景象和声音会具有更加明确的意义，就如同军号和战鼓具有描绘战争和枪炮的意义一般。然而，对于每一段音乐所表达的意义，我们通常持有不同的观点，尤其是在这些音乐片段让我们回忆起在某些以往的经历中的感受时。这使一些思想家认为音乐所抒发的是自身的感情，不过，这些感受中的大多数却并不直接。

> **斯宾塞·布朗（G. Spencer Brown，1972）**：在音乐创作中，作曲家甚至没有试着去描述他们自己引起的情感集合，而是写下一系列指令。如果听众遵守这些指令，对后者而言，这些指令便可能会再现作曲家的原创经历。

作曲家费利克斯·门德尔松（Felix Mendelssohn）说过：“乐曲传达出的意义是语言无法表达的。这不是因为音乐不够具体，而是因为它太过具体了。”或许门德尔松的脑海中也有类似的感受。然而，如前所述，某些思想家却不以为然。

> **马赛尔·普鲁斯特（1927）**：读者所读的只是自己的内心世界。书籍仅为一类光学设备，作者提供这类光学设备，目的就是让读者发现自己，只有在书籍的帮助下，读者才能发现自己内心世界里的某些东西。

上述所有意义似乎都提出了人们并不心甘情愿回答的问题，如：“为何这么多人非常喜欢音乐，并花费大量时间来聆听它呢？”[21] 我们还可能会问：为何童谣和摇篮曲会出现在这么多社会和文化当中？在《音乐、思维及意义》（*Music,*

Mind and Meaning）一书中，我对此问题提出了一些可能的解释：**或许，我们把整齐的音符和曲调当成了简化的“虚拟”世界，以此用来对差分 - 检测器（Difference-Detectors）进行提炼。然后，我们能够使用这些检测器，将其他领域内更复杂的事浓缩成更为有序的故事类脚本。**

差分网络，让所作所为与所需所求达成和谐

每当想完成某个目标时，你都会回忆一些有助实现某些行为或目标的相关知识，但当你的所作所为与自己的所需所求并不能精确匹配时又该怎么办？那时你会寻找某些虽形态各异，但也没有太大差异的替代物，例如，假设你想坐下来，就会去寻找椅子，但是眼下却没有椅子。然而，如果眼下有条长凳，那么你会认为这也是合适的。是什么让你将长凳而不是书籍或者灯具当作椅子的替代物呢？又是什么让我们选择注意到与椅子相关的物体的呢？电子工程和计算机科学专家帕特里克·温斯顿（Patrick Winston）认为，**人们的这种行为是通过组织某些知识体，并建立我们所谓的“差分网络”（Difference-Networks）来实现的**。例如各种家具之间的关系，如图 6-14 所示。

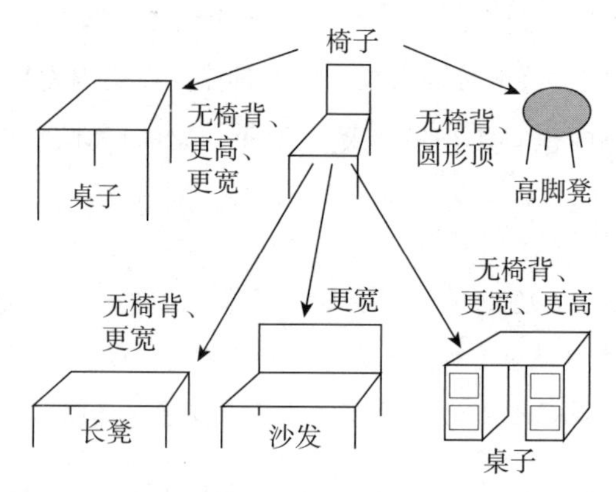

图 6-14　利用“差分网络”解析几种家具间的关系

为使用这种结构，首先，我们必须拥有对其所表征对象的一些描述，因此，椅子的典型概念包含 4 条椅腿、水平椅座和垂直椅背。在此，椅腿必须在地板以

上的合适的高度支撑椅座，而长凳除了更宽和无椅背之外，其余与椅子相似（见图 6-15）。

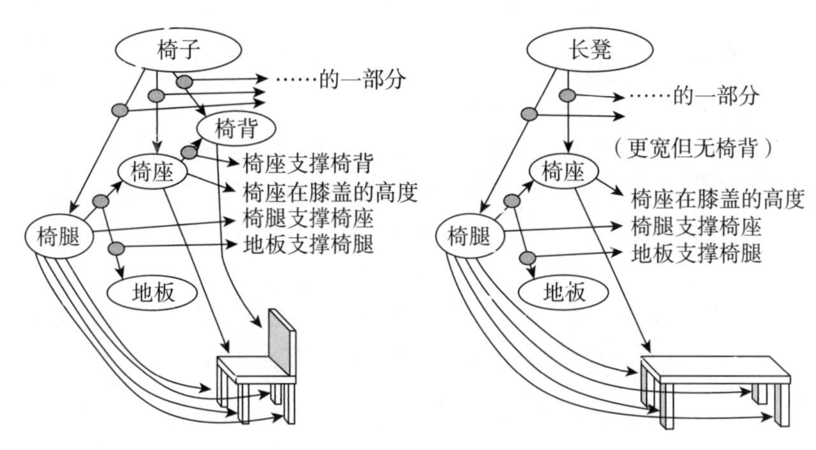

图 6-15　利用“差分网络”解析椅子和长凳的区别

如今，找到与你对椅子的描述相匹配的东西时，你脑中的家具网络会将长凳作为一个类似物，然后，你也可以以长凳太宽且没有椅背为由，选择接受或拒绝这个类似物。

我们如何积累这些有用的差异链接（Difference-Links）集呢？其中一种方式应该是，每当我们发现 A“几乎”伴随着实际运行的 B“运行”时（即我们目前的目标），便用差异链接来表示两者之间的连接，即“除了差异 D 之外，A 近似于 B”。然后，这样的网络同样会收录我们需要用来将我们所有的变为我们所需要的知识的知识，并在现有的知识不能描述时提出可供选择的意见。因此，差分网络有助于我们获得相关的记忆。

最传统的程序设计使用了多层次结构，如把椅子当作家具的一个实例，把桌子仅当作家具的另一个实例。这样的层次架构通常有助我们找到合适的类似物，但是却无法做到足够的区分，我怀疑，虽然这两种技术都得到了运用，但差分网络中的“横向”链接却比我们构建的类比更重要，虽然这些类比是我们思考事物最为有用的方式。

在不确定性中，作出最优决策

《一千零一夜》

这条在底下流淌的河，一定会通过外面重见亮光的地方。于是我设想，如果我有一个木筏子，它也许会载着我，把我带到有人烟的地方。即使我被淹死，那也不过是换个死法而已；但如果事情正好相反，我平安地走出这个要命的地方，那就不仅逃脱了像我同伴那样死亡的厄运，而且还可能有机会再发一次财。[22]

当一个事物优于其他事物时，似乎很容易作出选择，但当发现事物之间难以比较时，你就不得不深思熟虑了。**作出选择的方式之一就是幻想一下你对每种可能结果作出的反应；随后，以某种方式比较这些反应；再者，选择看起来似乎是最好的那个。**

亚里士多德
《论灵魂》
(*On the Soul*)

在动物中，敏感的想象随处可见，但有意识的想象却仅存在于能够计划的人们的心中：因为无论这样还是那样应该发生的想象，都已俨然成为一个正需要计划的任务。

人们“计算”的一个方法是：为每一选择分别打分，然后选择分数最高的那个。

大众：近来，我一直试着在乡村住宅和城里公寓之间作出选择。前者提供宽敞的房间并面向美丽的山景，而后者与我的工作地点不远，还有一位很友好的邻居，但每年成本开支却很高。但是，话说回来，人们如何预估或比较在很多方面不同的情况呢?

如果每个人都能对拥有物的相对价值达成一致,那事情会变得很方便。然而,人人都有不同的目标集,并且通常情况下,这些目标是相互冲突的。你仍然可以尝试着想象,每一种这样的情况都是如何帮助或阻止你实现各种各样的目标的。

大众:这可能会使问题变得更糟,因为以后你可能不得不判定与各种目标价值有关的情感。

本杰明·富兰克林(1772):当困难出现时,它之所以被认为困难,主要是因为当我们把困难置于考虑之列时,所有赞成和反对的因素并不会同时了然于胸。但是,有时候一个因素呈现时,在其他时候,另一个因素也出现了,这时第一个因素就被忽略了。因此,出现了各种可选择的目标或占据上风的偏好,这种不确定性让我们变得十分迷惑。

然而,富兰克林继续提出了取消这些判定的一个方式:

对于该问题,我的解决之道是将一张纸划线并一分为二,一边写着"赞成",一边写着"反对",然后在相应位置根据赞成和反对的意图写下简短的提示,这些意图在不同时刻向我呈现出判定支持或反对的意见。因此,在我将所有这些提示归结在一起形成一个观点时,我会再努力评估它们各自的重要性。当一边各有一个元素相当时,就把这两个元素划掉;如果"赞成"的一个要素与"反对"的两个要素相当,就划掉3个;如果2个"反对"的要素与3个"赞成"的相当,就划掉5个,继续这样下去,直到最后两边平衡为止。

如果在一到两天的更进一步的考虑过后,在"赞成"和"反对"的任何一边都不再出现新的意图,我就可以做决定了。虽然要素的重要性不能和代数数量的精确性等量齐观,但每一个要素都要单独比较权衡而定,当所有要素呈现在面前时,我想我能够很好地作出判断,而不至于仓促决定。事实上,我已从这种等价中发现了更多的优势,据此可称之为"德智代数法"(Moral and Prudential Algebra)。

当然，如果运用以上选择过程得出的结论是这几个选项一样好，那么你就必须转而使用另一门技术。有时，你会若有所思地作出选择，但在其他时候，在思维的其他部分不知道该如何做决定的时候，你可能会说“我使用了自己的‘感觉’”或是“我使用了‘直觉’”，你也可能会宣称自己是“本能地”作出选择的。

保罗·萨伽德（Paul Thagard，加拿大认知科学家、哲学家，2001）：许多人更相信自己的感觉……你可能会对更有趣的主题有更强烈的积极性，而对与自己的事业更加息息相关的主题有着强烈的消极感，也可能正好与之相反。更可能的情况是，你对这两种选择都有积极的感觉，而这种积极的感觉与焦虑相伴，这种焦虑是由自己无法看到更明确可行的选择引起的。最后，直觉决策者会基于情绪反应告知自己的可行选项来作出选择。[23]

然而，使用“情绪”这个词却无助于我们观察发生的事，因为一种感觉是“积极的”还是“消极的”，仍取决于人们的精神活动如何处理富兰克林在信中所写的“所有赞同和反对的原因”。事实上，我们经常有这样的体验——我们在作出决策后不久会发现“感觉不对”，并回头重新思考。

大众：即使在选项同等重要的情况下，我依然能作出选择，你的这种理论如何有针对性地解释人类的“自由选择”呢？

当人们说“我用自己的自由意志做了决定”时，似乎的确如此。与其大致类似的说法是：“某些过程让我停止思考，并让我采取了在那时看起来似乎最好的选择。”换言之，**“自由意志”并非我们用来做决定的过程，而是我们用来停止其他过程的过程！我们可能会从积极的方面来思考它，但是，也许它也是被用来压制“我们是被迫作出决定的”这种感觉的——不是来自外部压力，就是来自内部压力。“我的决定是自由的”这句话的意思其实是“我不想知道是什么导致我作出决定的”。**[24]

相似推理

林肯

> 如果给我 8 个小时来砍倒一棵树的话，我将会花 6 个小时来磨斧头。

解决问题的最佳方式是已经知道问题的其中一个解决方案，这就是常识的用处所在。但如果这个问题你从未见过，那该怎么办？当缺乏解决问题必备的知识时，你又如何继续工作下去呢？答案很明显：你就不得不进行猜测了。但是，怎么才能猜对？通常来说，我们所做的猜测如此顺理成章，我们几乎对猜测的过程毫无察觉，而且，如果某人询问我们是如何猜测的，我们往往会将其归功于直觉、洞察力、创造力或智能等神秘的特质。

一般来说，每当有什么东西吸引自己的注意力时，不管是物体、想法还是问题，你可能都会这样问自己：这是什么东西？它为什么在这里？是否有什么警示作用？但是，通常情况下，我们并不会问这是什么，只会描述这像什么，然后再开始思考以下问题：

- 这类东西与什么相似？
- 我以前见过这些东西吗？
- 这些东西又让我们想起了什么？

类比的想法之所以重要，是因为它有助于我们处理新情况。事实上，类比的想法几乎总是这样的，因为没有任何两种情况会是一样的，这就意味着我们总是在做类比。例如，如果你一直面临的问题提醒自己，这个问题在过去就应该得到解决，那么你可能会运用同样的知识来解决这个问题，其过程如下。

> 我现在正设法解决的问题让我想起了过去解决过的类似问题，但是，

> 过去解决问题的成功方法并不能解决我现在正面临的问题。然而，如果我能够描述出老问题和新问题之间的差别，这些差异便可能有助于改善旧方法，让其继续为我服务。

我们将这个过程称为“相似推理”（reasoning by analogy），而且我认为，这是我们解决问题最有效的方式。通常来说，我们采用类比是因为旧方法很少奏效，而新情况永远都不会一样。因此，取而代之的方法是类比法。但是，为何类比法会如此有效呢？以下是我见过的对这一问题的所有解释中最好的方法。

> **道格拉斯·勒奈（1997）**：类比法之所以会奏效，是因为世间存在常见的因果关系，而常见的原因导致了系统、现象或者其他任何事物之间时间的交叉重叠。作为人类，我们仅能观察到以上交叉重叠及在当今世界的这个层次上发生的事的一小部分……因此，每当我们在这个层次上发现交叉重叠部分时，值得我们注意的是，是否存在额外的交叉重叠属性，即使我们并不理解这些属性背后的原因或因果关系。

因此，以下我们来检验这样一个例子。

一个几何推理程序

人人都听说过计算机运算速率和容量得到了极大提高，却鲜为人知的是，计算机在其基本性能上并没有太大的改变。计算机最初是被用来进行高级运算的，人们通常认为这是所有计算机一直具备的功能，这也是人们将其误称作“计算机”的原因。

然而，不久以后，人们就开始编写程序来处理非数值型事物了，如语言表达、图形图像和各种形式的推理。同样，利用大范围不同的尝试而非跟随严格过程的方法，一些程序被设计为利用反复试验的方法进行搜索，而不是预编程步骤来解决一些问题。一些早期的非数值程序精通于解决某些难题和游戏，而另一些程序则能非常熟练地设计不同类型的设备和电路。[25]

然而，除了这些引人注目的性能之外，很明确的是，这些早期的“专家”问题解决程序中的每一个都只能在某些有限的领域内进行操作和使用。许多观察者认为，计算机应用领域的狭隘是出于其自身的限制。他们认为，计算机仅能解决“定义准确的问题”，而不能处理模糊不清的问题，或者说不能使用使人们拥有多种多样思维的那些类比。

对物体之间进行类比是发现它们之间相似性的一种方法，但我们是何时又如何认为这两种东西是相似的呢？假设它们具有某些共性，但也具有某些差别，那么它们表面的相似程度将会取决于人们忽略了哪些差异。但是，人们当前的意图和目标却决定了每个差异的重要性，例如，某件物体的实际用途决定了人们对物体的形状、尺寸、重量或成本的关注度。因此，人们的当前目标必将决定其所使用的种类，但在差分机这种想法诞生之前，很少有人相信机器能够拥有目标和理想。

> **大众**：但如果你这种关于人们运用类比的方法来决定其思考过程的理论是正确的，那么机器能做到吗？人们总是说，机器只能做符合逻辑的事或解决被精确定义的问题，也就是说机器是不能处理模糊类比的。

为反驳以上观点，托马斯·埃文斯（Thomas Evans，1963）曾经编写过这样的程序，它在许多人认为模糊、不确定的情况下运行得出奇的好。具体而言，该程序可以在广泛的“智能测试”下回答人们对于“几何推理”的所有问题。例如，有人展示图 6-16 中的图形，并让程序回答问题：“如果 A 对应 B，那么 C 对应哪个？”多数年长者都会选择图 3，这和埃文斯的程序选择的图一模一样，程序在这种测试中的得分和典型的 16 岁孩子的得分也基本一致。

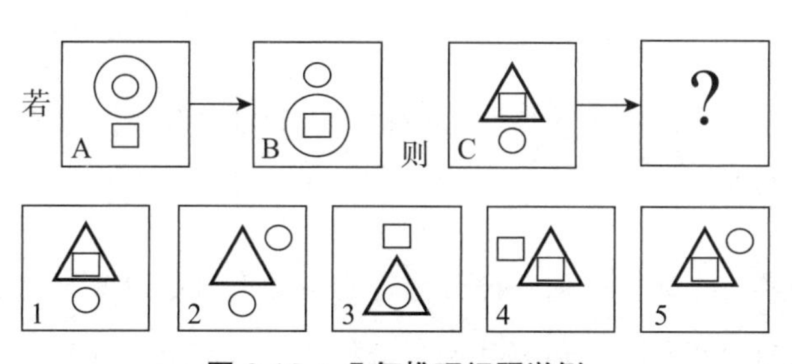

图 6-16　几何推理问题举例

当年，许多思想家都很难想象任何一台计算机都能够解决这类问题的那一天会到来，因为他们认为答案的选择必须来自某些“直观”感觉，而这种感觉是不能以逻辑规则的形式来表现的。然而，埃文斯却发现了一种方法，将这种感觉转化为一个不再神秘的问题。在此，我们就不详细描述其他程序了，我们将只展示程序如何运用与人们在这种情况下产生的行为相类似的方法解决问题。因为，如果问人们为何会选择图 3，他们通常会给出以下答案：

> 你可以通过下移图 A 中的大圆形来得到图 B，同样道理，你也可以通过下移图 C 中的大三角形来得到图 3。

上述回答希望读者能够明白，这两句话都是在描述事物的共性，即使图 3 中并没有大圆形。然而，更善于表达的人也可能会这样说：

> 你可以通过下移图 A 中最大的图形来得到图 B，同样道理，你也可以通过下移图 C 中最大的图形来得到图 3。

现在这两句话就一样了，而且，这也表明在上述描述的基础上，人们可以使用 3 个步骤来实现这个描述。首先，为顶行的每一个图形虚构描述，例如可以这样描述：

- 图 A 展示了高大、高小和低小的 3 个物体；
- 图 B 展示了低大、高小和低小的 3 个物体；
- 图 C 展示了高大、高小和低小的 3 个物体。

其次，为图 A 可能如何改变图 B 虚构一个解释，例如，可以简单解释为：将“高大”变为“低大”。

最后，使用这个解释来改变图 C 的描述。其结果为：图 C 展示了低大、高小和低小的 3 个物体。

比起其他答案，如果任何一种可行答案与关于图 C 改变方式的预测更为匹配的话，那么这个可行答案就是我们要选择的。事实上，只有图 3 与图 C 相匹配，这也同样是大多数人们的选择。（如果有两个或者更多图形与图 C 相匹配的话，那么埃文斯的程序就会利用相似图像的不同描述，对图形不断进行反复匹配。）这个程序对余下情况的匹配也像典型十几岁的孩子所选择的那样。

当然，每当需要做决定时，与我们关系最紧密的差异将取决于自己的目标。如果卡罗尔只想搭建一个拱门，那么图 6-17 的中所有形式似乎并不太令人满意；但是，如果她打算在拱门上放更多物体，那么最右边的搭建方式将不太合适。

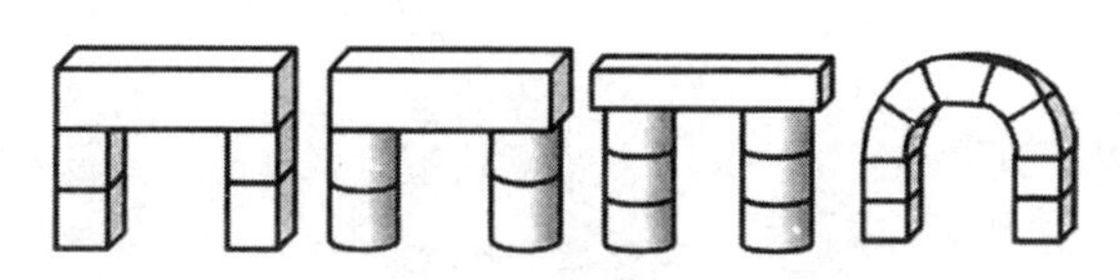

图 6-17　4 种拱形门，哪种更好

尽管在日常生活中，这些特别的“相似原理”问题并不普遍，但埃文斯的程序却展示了改变我们描述的价值所在，除非我们能够找到描述事物的不同方法，让它们看起来不再如此相似。而这种价值经常促使我们通过一种事物来理解关于其他事物的知识。而且，**发现看待事物的新方式是我们最强大的常识性过程之一。**

> **乔治·波利亚（George Pólya，著名数学家、数学教育家，1954）**：我们可以学习使用基本的精神操作，如归纳、特化和类比法。不管是在初等数学、高等数学还是在任何学科上，如果没有这些运算，特别是类比法，那么这些学科都将毫无发展。

注意，若要创造并使用类比，你必须同时致力于 3 种不同层次的描述：对原始对象的描述；对原始对象与类比对象关系的描述；对这些关系之间差异的描述。当然，正如第 5 章所示，所有这些描述并不太过具体（或者这些描述不能使用其他例子），而且所有这些描述也并不太过抽象（或者这些描述不能代表其相关的差异）。[26]

正面经验和负面经验的博弈

拿破仑

当你的敌人犯错误的时候，千万不要去打扰他。

伊戈尔·斯特拉文斯基
Igor Stravinsky

作为一名作曲家，我穷尽一生，通过所犯的错误以及不断对未发生错误进行假想来学习，而不是炫耀灵感和知识。

在第 1 章的开头部分我们就已指出，许多被我们看作“正面的”情感，部分是在删改了负面事物后产生的。因此，对于当前活跃的精神活动，某些特定的情况可能看似“令人愉快”，但是，对于当前被抑制的其他精神活动就不那么让人愉快了。

例如，在抚养孩子的过程中，孩子的饮食、卫生、衣着、教育、居所以及对孩子的爱护都需要父母持续多年的辛劳付出。是什么样的诱因使得父母放弃如此多的目标，变得如此无私和以孩子为中心呢？当然，我们视母爱为正面的，但如果人们没有进化出一些方式来抑制如此多令人失望的方面，那么人们将不会有子孙后代。以下是我们隐瞒事情令人不快的方面的几个例子。

幽默：尽管开玩笑是基于负面的事实，但幽默通常被视为正面的。就此意义而言，玩笑总是谈及人们不应该做的事情，因为这些事是被社会禁止的或是荒诞可笑的。

果断：我们经常谈及“选择”，好像它是故意的行为似的。然而，事实上，此“行为”可能只不过是你在某一时刻停止比较替代品的某些过程罢了。而且在默认情况下，你只是采纳了选择列表中最顶端的一个选择。在此情况下，人们更可能会谈到使用了“自由意志”。但是，观察者也可能会仅仅将其视作一种接纳（甚至是一种吹嘘），这样一来，人们并不清楚精神活动将会产生什么样的结果。

美：我们往往将美视为正面的。但是，当人们说某个东西很美，而且你问是什么让他们这么喜欢这个东西时，他们可能表现得像受到了攻击一样，仍然坚持说：“我就是喜欢它。”这或许表明，某些正在工作的过程正阻止其注意到这个东西的缺陷或瑕疵。

快乐：当我们认为自己正在选择自己最喜欢的选项时，这样的选择实际上可能来自于一些压制其他竞争者的过程。每一个入迷者都会对其他事物无欲无求。如果果真如此，那么我们感觉越快乐，就会有越多影响其他精神活动的负面情感被隐藏！在这种情况下，“我正享受这种感觉”可能意味着“我想要保持目前的状态，因此，我将努力抑制所有可能改变它的情感”。

有时，利用促使另一个过程与当前过程进行竞争的方法，我们同样可以使当前的过程变得无效，而不用直接抵制当前的过程。例如，第 8 章展示了人们如何通过幻想一个干扰状态来抵抗睡眠，人们也可以简单地重复仿生刺激物，直到这个过程不再有任何反应为止，就像狼来了的古老传说一样。

教师：我曾学到，学习过程主要是通过运用快乐来“强化”导向成功的连接而运作的，而失败却威慑并阻止了我们成功。因此，教师应该多给学生奖励或鼓励，使（其教的）每节课都变得生动有趣。

每种学习体验都应该是“正面的”，这一想法在很大程度上基于以鸽子和老鼠为主要研究对象的研究结果。后来，许多教育工作者将这种结果推广到人类学习中，并总结道：最好是用非常小的步骤来教授每一门学科，通常这种做法，学生更易获得成功。然而，为理解复杂的情况，人们同样需要学习事物是如何出错的，以此来避免最常见的错误。

教师：当然，我们可以开发教学方法来教育人们如何采用愉快和积极的方法来避免错误。我们可以对那些通过复杂任务对错误进行检测和反应，对具有持续性和独创性的人们进行褒奖。智能本身不能被强化的根本原因是什么?

在第9章中，我认为答案既是肯定的，又是否定的。因为所涉及的答案似乎就是一种悖论：完成一项艰巨的任务是"快乐的"，但是在此过程中也总是包含着间歇发作的严重痛苦和不适。因此，对于学生学习这些知识，我在第9章中认为，这些学生需要学习隐忍痛苦的方法，甚至喜欢这些发作的痛苦。同样，从另一方面说，只尝试奖励成功可能并非一个很好的策略，其中一些原因如下：

- **强化可能导致死板：**如果系统已在工作，额外的"强化"会导致某些内部连接比其所需更加强烈，那么这可能会使系统更难适应新的情况。
- **强化可能带来不良副作用：**如果某个资源运作良好，其他过程就会依赖它，那么对这个资源的任何改变都很可能会破坏其他过程的表现（因为计划之外的改变通常会使系统变得更糟）。
- **派珀特定理（Papert's Principle）[27]：**在精神发展的过程中，某些最关键的步骤并非简单地建立在获取新技能的基础上，而是建立在发展更好、高层次的资源以帮助我们选择使用已存在的技能的基础上。

当然，我并不是说正强化不好，而是说我们通常从失败中学到的东西比从成功中学到的要多，尤其在我们不仅要学习避免失败的方法，还要学习失败发生的方式和原因时。换言之，**当人们是去调查而不仅是去庆祝时，所学到的知识会更多。**

持怀疑态度的老师可能想知道，本节所述的想法是否已被相关的动物试验证明，答案是否定的。因为我们讨论的大多数过程可能仅发生在反思的层次，而这个层次是其他动物不具备的。

学生：我不明白为何学习过程包含了反思。为何我们不能从失败的次数中学习，或是直接通过打断我们使用的连接来学习。这样做的话，在我们犯了严重的错误之后，大脑往往就不会再犯此类错误了。

去除连接的做法有时会很有效，但这也将我们暴露在不同的风险中：每当你对一个系统的连接作出改变，可能同样会对依附于这些连接的其他资源造成损害。如果你不明白系统是如何工作的，那么你可能会因为盲目地纠正明显的错误而将自己推进更糟糕的境地。

程序员：每一次尝试改进程序都可能导致新的错误。新程序通常包含大部分以往的代码，其原因在于无人知道这些程序是如何运行的，这样，他们就会害怕改变以往的代码。因此，如果某个程序出错，需要你去修改，那么最好的方式是安装一个位于本地的小“补丁”，并希望程序的其余部分依然可以运行下去。

一般来说，人们通常是采用一步步的试验来提高自己的技能的，但是最终，这些改变并不会再产生任何帮助，因为你已达到局部峰值，想更进一步提高技能可能需要承受某些不适和失望。以下是这种情况的一个简单例子。

查尔斯在坦桑尼亚。虽然站在地平面以上，但他总想到达尽可能高的地方。因此，他所走的每一步都朝着最快上升（steepest ascent）的方向前进，最终，他可能到达一座小山峰，也许他会幸运地到达乞力马扎罗山的最高峰，但他的策略将永远不会到达珠穆朗玛峰的顶点，因为每一条这样的路线都包括某些向下的脚步。

当然，在我们试图提高自己的思维能力时，这也同样适用。我们暂且通过作出许多愉快的小变化来使用“最快上升”的方法，但是随后，为获得更大的进步，我们至少要被迫忍受某些苦恼。**因此，虽然快乐能帮助我们更轻松地学习，但当我们需要通过较大程度的思维方式改变来学习时，我们必须学会“享受”一些困难。**据此，第 9 章将提出，太过愉快的教育方式可能会妨碍孩子们在学习时翻越脑海中的概念山脉。

本章讨论了常识性知识的主体，即人类在文明世界中相处下去会涉及的许多问题，如我们所说的常识性问题，目标是什么以及它们是如何实现的，我们平常是如何通过类比来推理，以及我们如何猜测哪一项知识可能与决策方式相关联。关于如何避免犯错，我同样强调了“负面经验”扮演的角色。

然而，仅知道这些是不够的，我们同样还必须应用这些知识。因此，接下来的一章将会讨论我们在许多常识性思考中用到的过程。

THE EMOTION MACHINE

COMMONSENSE THINKING,

ARTIFICIAL

INTELLIGENCE,

AND

THE FUTURE

OF

THE HUMAN MIND

07

思维

我们几乎从未认识到常识性思考所创造的奇迹。人人都有不同的思维方式。在众多的兴趣爱好当中，是什么选择了我们下一步将要思考的内容？每一种兴趣又会持续多久？批评家又是如何选择所使用的思维方式的？事实上，工作被隐藏在“脑后”，仍在继续运行。

哪一种特性最能明确地将我们与类人动物区分开来？当然，人类最突出的特性应该是我们善于创造新的思维方式。

浪漫主义者：依你看，我们与动物最大的区别在于是否拥有思维，然而，或许我们的意识体验的丰富性更为特别，其丰富性在于我们活着的感觉，心无旁骛地去看夕阳、聆听鸟儿叫声的喜悦，或是发自内心地唱一首歌、跳一支舞的快乐。

决定论者：人们使用“不由自主地”一词使他们觉得自己是无拘无束的。但是，也许这种满足感仅仅是大脑的某个部分用来利用我们，来完成其想要我们做的事的一个把戏而已。

我认为，我们永远也不会停止思考。因为在不同时期，“思维”这个词涉及大范围的复杂过程，而我们对这些过程中的很多却没有意识。

大众：如果说我们的常识性思考是如此复杂，为何在我们看来却如此的简单？如果思维的机制这么复杂，那我们又怎么会对此毫无察觉呢？

从婴儿期起我们就已拥有这些能力，而这种认为思维简单的错觉之所以会出现，是因为我们忘记了这个事实。在孩提时期，我们学会了如何捡起木块，将其排成排、堆成垛。然后，随着每一项新技能的成熟，我们在顶端建立更多的资源，就像我们学会计划和搭建更复杂的拱门和塔一样。因此，在早些时候，我们每一个人都建立了名为“思维”的才能之塔。

但如今，作为成年人，我们觉得自己能够推理和思考，因为我们在很久以前就已学会这些技能，因此根本记不得自己掌握这些技能的过程。虽然我们为发展更成熟的思维方式历经千辛万苦，但是无论这些思维方式遗留下了什么样的记忆，在某种程度上都是难以触及的。是什么将我们变为“婴儿失忆症”的受害者？我认为，这并非因为我们“忘记了”那么简单，反倒恰恰是因为我们开发了更新、更好的方式来代表身体和精神活动，而且一些方法变得非常有效，从而取代了以往的方法。现如今，如果过去的记忆依旧存在，我们也很难再理解它们了。

无论如何，我们很少会问“思维是什么”“思维如何运作”等问题，因为它们很容易理解。尤其是，我们喜欢庆祝科学、艺术和人文科学中的伟大成就，但我们几乎从未认识到常识性思考创造的奇迹。事实上，我几乎经常将思维视为被动，就好像我们的想法刚刚“向我们闪现”一样，而并不是我们创造的。**我们会说“一个念头刚刚进入我的脑海”，而不是“我刚才心生一个有价值的新想法”，同样，我们很少对要选择哪一个思考主题感到奇怪。**

我屋里有一扇木制的门，它经受了小狗珍妮长达10余年之久的抓挠。虽然珍妮已经死了，但其抓痕依然如故。尽管每天我都会好几次经过此门，但每年却只有几次我会注意到这些抓痕。

人们每时每刻都会遇到很多事物或事情，但只有少部分能“引起你的注意”，使你提出这样的问题：“这是什么物体，它为什么在这儿？”或者：“是谁引起或导致此事发生的？”因此，**在大部分时间里，想法似乎都是在平滑、稳定的思想之流中流淌的，对于如何从上一步进行到下一步，你几乎从未思考过。**

可是，在其他一些时候，你的思维似乎是漫无目的或毫无方向感的胡思乱想：起初你总是想着某些社会事务；然后，你会考虑一些过去的事情；之后，你被阵阵饥饿感包围，或被超期付款的念头笼罩，或被修理滴水的水龙头这个突如其来的念头困扰，或被查尔斯倾诉对琼强烈的感情这件事包围，每件事都会提醒你其他的事，直到一个大脑批评家打断你的思绪，说“不能让你的思维任意游走”或者“你须更有条理地组织思维”。

然而，本章将主要关注当思维针对某些明确的目标但之后又遇到了障碍时，将会发生什么。当你自言自语说“我们无法把所有东西装进这个箱子，再说，这也会使箱子过重而无法提起”时，这样的精神活动很可能打断当前大多数过程，从而使你停下来思考：“看起来这像是要花不小的工夫，但我并不想为此花费太多时间。”于是，你的努力可能会从打理箱子的目标迅速转向不同思考主题的较高层次仅应的选择。

本章将主要聚焦于“人人都有很多不同的思考方式”这一想法。但是，或许我们首先会问：为何我们拥有这么多种思维方式？其中一个答案是：我们的祖先从数百种不同环境的变化中进化而来，每一种环境都需要应对各种新情况的方法。然而，我们从未发现一个能够应对所有不同环境的简单、统一的体系，因而，为避免各种最常见的错误，我们的大脑经过亿万年的发展，最终形成了很多不同的应对方法。

我们之所以会形成许多不同思维方式，还有另一个原因：**如果人们的思维仅被单一的方式左右，那么将陷入成为偏执狂的风险。当然，在人类发展的历史长河中，这样的事情屡见不鲜，但是，这些人的基因通常无法被遗传下去，因为继承者缺乏通用性。**诚然，正如第 6 章中指出的那样，尽管我们经常将进化描述为选择有利变化的过程，但大多数进化却也包含着抛弃不良影响的变化。其结果是，大多数物种进化到了在已知的安全区与未知的危险区之间某些狭窄区域的边缘。

精神病专家：这个安全区确实可能是狭窄的。在大多数情况下，大部分思维方式运行良好，但有时也会陷入根本无法运行的各种各样的状态。那么，我们就认定他们为精神病患者。

生理学家：当然，大多数这样的疾病是有医学原因的，如外伤、内分泌失调或者损害我们神经突触的疾病。

程序员：或许，我们不应假设所有这些疾病都是非思维原因造成的。当软件病毒感染计算机并更改了程序所依赖的某些数据时，硬件可能毫发无损，但系统的性能却可能被彻底改变。

同样道理，具有破坏性的想法或主意的改变，或者某人的批评家或思维方式的改变，都能够控制人们的许多资源和时间，让我们感觉自己似乎正在凝视一种迥异的思维方式。

社会学家：当一个党派或教派的政策采用宣传其思想和信仰的方法来招募新成员时，或许对社会组织而言，这种思维方式也同样如此。

不管怎样，我们形成的能够提供新思维方式的机制促使我们的学习方法得以进化，而且能为我们可以学习某种策略处理新情况或新问题提供解答。

是什么选择了我们思考的主题

在众多的兴趣爱好当中，是什么选择了我们下一步将要思考的内容？每一种兴趣又会持续多久？我们首先来考虑一下日常生活中经常发生的典型事件。

琼要写一份课题报告，但却毫无进展。因此，她感到万分沮丧，于是，她把（有关报告的）这些想法丢在一旁，开始在房间里毫无目的地漫步。当走过一堆杂乱无章的书籍时，她停下来将书整理好，但就在此时，她“获得”了一个全新的想法，因此，她回到办公桌前打字，以记下这个想法。但当她开始打字时却发现键盘上的T键卡住了，虽然她知道怎么修理键盘，但她担心在修好键盘后自己可能会忘记这个想法，于是改用手写的方式来记下它。

是什么使琼注意到了那一堆书？其想法又为何就在此刻而不是其他时候“发生”？让我们更进一步地探究这类事件。

琼（的报告）毫无进展。某些思维批评家必定已经注意到了这些，并建议她“休息一下”。

感到沮丧后，她把（有关报告的）这些想法丢在一旁。再后来，琼是如何回到先前的状态的呢？本章将会谈及她是如何产生这些想法，并在后来找回自己以前想法的一些情境的。

琼毫无目的地漫步。与此类似，大多数动物都具有保护自己“领土”或巢穴的本能。琼总会经过放着一堆书的地方，但就在她走到那堆书旁的一刻，她主要被旨在保持室内整洁的批评家掌控。

当走过一堆杂乱无章的书时，她停下来将书整理好。为何琼并没有停下来阅读这些书，而是仅仅将书籍整理好？这是因为，此刻她将这些书籍描绘成不整洁的物体，而不是知识的载体。

但后来，她“获得”了一个全新的想法。人们说“我突然想起什么”时，就显示了我们对自己如何产生想法这一过程的认知是多么有限。

琼回到办公桌前打字，以记下这个想法。在这里，琼正在使用自我模型来表征与短时记忆质量相关的知识。她知道，当“获得”新想法后，她就不能靠大脑来记忆它了，因此，她需要让自己的大脑管家来做一个更持久的记录。

也许，在没有太多决策意识的情况下，我们的大部分时间主要被用来应对外部事件。然而，较高层次的思维活动过多地依赖于我们的希望、恐惧和较大规模的计划。并且，这也针对我们如何度过自己的心理时间提出了更多的问题：

- 我们大计划的日程安排表是怎样的？
- 是什么提醒了我们，自己许诺要去做的是什么？
- 对于相冲突的目标，我们将如何选择？
- 是什么决定了我们应该在何时放弃，还是坚持？

只要一切都很顺利，这些问题就几乎不会出现，且思想也会在一个稳定、流畅的思想流中涌动。**每一个小小的障碍只会给你的思维方式带来很小的变化，且如果你能从根本上“注意到”这一点，它们就仅会作为短暂的情感或想法出现。**

但是，当更严重的障碍持续并阻碍你取得进步时，各种批评家会干预思考，直到你的思维方式作出更大的改变。

批评家－选择器模型，思维跳跃之源

波尔·安德森
Poul Anderson
美国科幻界元老级作家

面对复杂的问题，用正确的方法去思考时，它就不会那么复杂了。

我们经常从一个问题跳到另一个问题上，而我们自己却没有发现这一点，主要是因为当某些问题出现时，我们才开始思考问题本身。因此，只有当我们意识到问题解决的“困难性”，在没有取得任何重要进展的情况下，才会意识到自己已经在这个问题上消耗了一些时间。甚至以后，如果这个问题看起来并不重要，你也可能会抛弃这些思路，转向某些其他主题。

然而，如果你拥有重要的目标，那么就应该注意到，陷入困境往往非常有用。此外，如果还能识别出自己被哪些特定的障碍、屏障、绝境或困难所阻碍，那么陷入困境将对你更有用。因为如果你能对自己面临的特定类型的问题作出判断，那么你也就可以运用知识，转换到更加合适的思维方式上去。这表明，思维模型是基于对“认知障碍”的反应，我们称其为“批评家 - 选择器”模型（参见图 1-9）。

图 1-9 中的每个批评家都能识别某种“认知障碍”。批评家掌握了你正面临此类问题的足够证据时，它们随后便会激活选择器，用以开启其学到的资源集，而这些资源集可能会成为某种思维方式，在这种情况下提供帮助（参见图 3-2）。

最简单的批评家 - 选择器模型比一般的 If → Do 规则集范围稍广，像下面这样：

- 如果对问题似曾相识，则使用类比推理的方法；
- 如果对问题感到陌生，则改变问题的描述方式；
- 如果问题看似很难，则将其分成几部分；
- 如果觉得问题仍旧很难，则用一个更简单的问题来代替它；
- 如果以上做法都不奏效，则向别人寻求帮助。

学生：我不需要嵌入这些选择器。为何不设计每个批评家直接打开资源集来解决所有被识别的问题？

我认为，如果我们的祖先不能通过融合较小部分的集合来发展并产生新选择器，那么让他们发明有用、崭新的思维方式是极其困难的。因此，尽管此学生的观点有其内在的正确性，但我仍怀疑人类大脑将逐渐包含更多而不是更少的此类机制。例如，每个批评家都可以推荐使用不仅一个，而是几个不同的选择器（见图 7-1）。

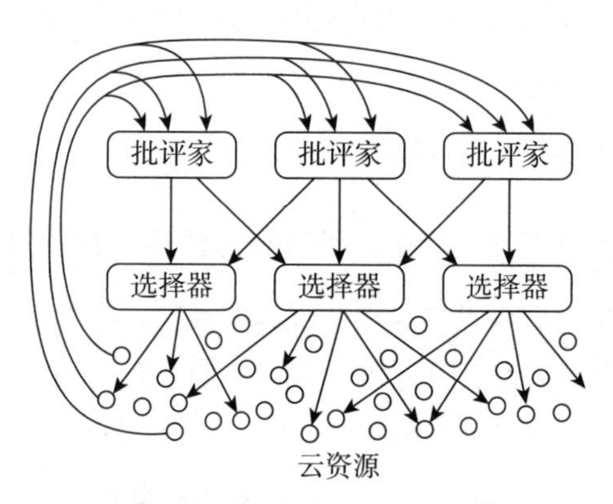

图 7-1　批评家与选择器的互动

在任何情况下，我们的祖先起初都是没有选择器的，这种假设看似合理，但当我们开始面对日益复杂的问题时，创造新的高效率运行的批评家也变得更困难了。而且当某人已经拥有自己能适应并能重组较旧部分的库存时，他总能更容易地创造出崭新的实用结构（例如，莱特兄弟通过使用摩托车配件制造出了人类第一架飞机）。**一般而言，除非人们能够描述较小部分的功能的发挥过程，否则，思考这些过程的运作方式，以及在此后为其构造有用的变化都会变得很难。**

例如，第 8 章将会描述一种被称为“K 线”（也称知识线）的结构，通过融合较旧的部分，我们的大脑可以使用 K 线来构造新的意象和精神活动。

当然，当某人激活两个或更多的批评家和选择器时，很可能会引发某些冲突，因为两种不同的资源很可能会试图同时关闭和打开第三种。为处理这样的问题，我们可以使用如下不同的策略来设计系统：

- 选择具有最高优先级的资源；
- 选择最易被强烈激活的资源；
- 选择给出最明确建议的资源；
- 让所有这些资源在某些“市场”上展开竞争。

然而，虽然竞争策略可能足以满足相对简单的大脑的需求，但我认为这样的策略将继续在较大范围内运行，除非通过使用解决特定冲突的额外知识来监督它。例如，人们可能会采用以下更具思考性的策略：

- 如果太多的批评家被激活，那么要更详细地描述问题；
- 如果太少的批评家被激活，那么要更抽象地描述问题；
- 如果重要的资源产生冲突，那么要试着发现问题的起因；
- 如果出现了一系列失败，那么要切换到不同的批评家集合。

事实上，**在获知某些选择具有严重的缺陷后，对最近发生的事情拥有良好记忆的大脑可能会在以后认识到这个事实。然后，大脑可能会继续尝试寻找新方法，以此来改善那些犯过错误的批评家。**

- 在选择这种方法之后，我发现自己还知道一种更好的方法；
- 我现在明白，自己所采取的行为具有不可逆转的副作用；
- 我过去一直将某个东西视为障碍，但现在却发现了其价值；

• 该方法实际上并未奏效，但在使用过程中我却学到了很多知识。

然而，为了识别这类事件，我们需要更多运行在更高层级上的“反思”批评家，而且这也表明，思维模式将包含各种层级的选择器和批评家（见图 7-2）。[1]

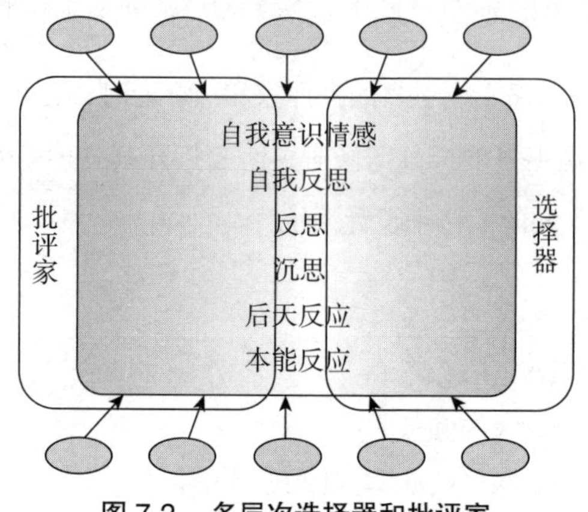

图 7-2　多层次选择器和批评家

情感化思维

戴夫·巴里
Dave Barry

嗜好和精神疾病之间有一条明确的分界线。

大多数时候，思维是波澜不惊的，但是当你遇到障碍且常用方法不起作用时，你可能就会采取看似不合理的精神策略。例如，当你想放弃自己的任务时，就会用想象中的奖励或失败场景的威胁来“贿赂”自己，以使自己重燃斗志，或者你也可以通过幻想来使自己难堪，比如想象如果自己的表现与自身的最高价值相冲突，你（或你的印刻者）会有怎样的感觉，因为即使是极其短暂的焦躁、危险或绝望之情都能成为打破令人绝望的困境的利器。

每一种这类“情感化的”思维方式都会形成处理事物的不同方式——要么让自己从事物中看到新观点，要么提起勇气或拥有坚强的品质。如果这种思维方式引起了大规模级联，且这种改变持续足够长的时间，那么你（或你的朋友）就会将这种变化视为情感状态的变化。

这种思维状态会持续多长时间？一些状态只会持续眨眼的工夫，但是迷恋却会持续数日或数周。然而，当“性情”持续数周或数年时，我们就会认为这些“性情”是人个性的一部分，并称其为“独特性”或者“特质”。

例如，当解决某个问题时，只要问题的答案足够好，一些人仍倾向于接受具有某些缺陷的方案，你可能会将这些人描述为“现实主义的”“实用主义的”或者“注重实际的”。其他人倾向于坚持认为任何潜在的缺陷必须得以修正，当然，你可能会称其为“一丝不苟的”。只有在这些人让你感觉到不舒适时，你才会称其为“强迫性的”。这些性情也包括：

- 谨慎的 vs. 鲁莽的；
- 敌对的 vs. 友善的；
- 空想的 vs. 实践的；
- 疏忽的 vs. 警觉的；
- 隐居的 vs. 好交际的；
- 勇敢的 vs. 怯懦的。

在日常的常识性思考中，人们经常下意识地在这些态度之间来回转换。然而在我们遇到更大的麻烦时，批评家会作出很大改变，以启动我们所描述的情感状态方面的大规模级联。

精神病专家：如果过多批评家处于活跃状态，会发生什么情况？情感会瞬息万变。而且，如果这些批评家停止工作，你将陷入单一的工作状态。

在安东尼奥·达马西奥（Antonio Damasio）所写的《笛卡儿的错误》（*Descartes' Error*）一书中，我们可以看到这样一个例子：

> 一个叫埃利奥特的病人曾在肿瘤切除手术过程中失去了额叶部分。经过治疗，他仍然看似很聪明，但他的朋友和雇主却都已察觉到，他“再也不是以前的他了”。例如，如果别人让他将一些文件分类，他可能会花上一整天时间来仔细阅读其中的每一个文件，或者用同样长时间来决定是否按照名称、主题、尺寸、日期和重量来对这些文件进行分类。

> **达马西奥（1995）**：有人会说，埃利奥特在执行任务的特别步骤中之所以畏缩不前，事实上是因为这项任务被执行得太过于精细了，这是以破坏整体目标为代价的……是的，他的身体机能依旧如故，且大部分精神能力也是完整无缺的。但是，他做选择的能力却出了问题，无法提前数小时作出有效计划，更别说能够提前数月或数年为自己的未来做规划了。

埃利奥特大脑的受损部分包括某些（与杏仁核）连接的部分。人们普遍认为，这些连接涉及我们控制情感的方式。

> **达马西奥（1995）**：乍一看来，埃利奥特与常人并没有太大的区别……然而，他的一些情感丢失了……他无法抑制内部情感共鸣的表达，或者平息自己内心的恐慌，他简直没有任何恐慌可以平息……在和他长达数个小时的闲聊中，我没有看到他有任何情感上的表达，在我不断的重复提问中，他也没有任何悲伤、焦躁以及挫折感。

以上这些分析导致达马西奥提出了这样的结论：“情绪和情感的减少可能在埃利奥特的决策失败中起了作用。”然而，我却不以为然：应该是埃利奥特对这种决策的无能为力减少了情绪和情感的波动范围。因为，或许埃利奥特大脑中损坏的主要是批评家（或是其输出连接），这些批评家原本引起了被我们视为情感状态的过程，现在却丢失了某些宝贵的级联，因而使这些情感再一次得以展现，因为他不再用这些批评家来选择使用哪种情感状态了。

这些系统是如何组织的，仍然给我们留下了许多问题。因此，现在本章将试图描述我们的某些思维方式，以及我们经常用来判断所面对问题的类型的某些批评家。

人类的 19 大思维方式

内奥米·贾德
Naomi Judd

想让别人认为你很卓越时，可以先设想一下自己能做的最糟糕的事情，然后反其道而行之就可以了。

不论对于人工智能还是心理学，寻找某些系统的方法对我们克服不同类型障碍的方式进行划分，都需要一个核心目标。但因为非常好的方案并未出现，我们只能列举思维方式的一些例子，并从以下两个极端的例子开始。

- **知道解决方式**。解决问题的最好方式就是已知问题的一个解决方法。然而，我们可能检索不到这些知识，通常情况下，我们甚至不知道自己是否已经掌握了它。
- **广泛搜索**。当人们没有更好的选择时，可能会尝试搜索所有可能的动作链，但是，这种方法通常不实用，因为这样的搜索是以指数级速度扩张的。

然而，我们都知道在这两种方案之间有许许多多其他思维方式，而其他每一种思维方式都会使搜索变得更为可行。

- **类比推理**。当某个问题使你想起曾经解决的其他问题时，如果你有好的方法来说明过去和现在的问题最大的相似性是什么，那么你就可能将过去成功的案例应用到现在的情况上。
- **分解攻克法**。如果你无法解决某个问题，那么就将此问题分解成更小的部分，例如，我们所能识别的每一个差异都提出了需要解决的子问题。

- **改述法**。寻求能够突出更多相关信息的不同描述。我们经常这样使用这种方法：先通过口头描述，然后以某些不同的方式来“理解”它。
- **规划法**。考虑一下你想要实现的子目标集，并检测各子目标之间是如何影响的，然后再考虑这些限制，提出一个实现这些子目标集的有效顺序。

我们都知道能够首先解决不同问题的其他一些技术：

- **简化法**。通常来说，对于复杂问题，好的解决方法应该首先解决忽略问题某些特性的简化版问题。然后，任何一个此类解决方案都可以作为解决原问题的一系列垫脚石。
- **升华法**。如果因问题细节繁多而陷入僵局，就更广义地描述这种情况吧。但如果描述过于含糊不清，那就切换到一个更加具体的描述上。
- **转移主题法**。无论你现在正在研究什么，如果自己变得过于沮丧，那就先放弃当前的工作，转移到其他不同的任务上。

以下是一些更发人深省的思维方式：

- **理想化思维法**。幻想你拥有无限的时间以及想要得到的所有资源。如果你仍想象不到这个问题的解决之法，那么就该重新描述这个问题。
- **自我反思法**。想想是什么使这个问题变得难以解决，或者是什么让你更易犯错而不是进一步追究这个问题，这样就可以提出某些更有效的技巧，或者相反，想出度过这段时间的更好方法。
- **模仿法**。对自己的想法信心不足时，你可以想象某些人的想法更胜一筹，并试着去做这个人所做的一切。就我本人而言，我经常模仿我的印刻者和老师。

我也会使用许多其他思维方式：

- **逻辑矛盾法**。尝试证明自己面对的问题是无法解决的，然后找出论证中的缺陷所在。
- **逻辑推理法**。我们经常试着去做一连串的演绎推理，然而，当我们的假设被证明毫无根据的时候，就会导致错误的结论。[2]

- **外部表示法**。如果你发现大脑正在丧失对细节的记忆，可以通过做记录、记笔记或绘制简图来维持。
- **想象**。人们通过已构建的思维模型模拟可行的行为。如果人们能够预测出“假设之后所发生的事情”，那么就可以避免承担实际的风险。

当然，如果你并非独自一人，可以试着拓展自己的社会资源：

- **求救**。你可以采取某些行为方式来获得同伴的同情。
- **寻求帮助**。如果地位足够高，你就可以采取说服或命令某些人的方式来帮助自己，你甚至可以接受别人的有偿帮助。

因此，人人都有多种思维方式，下一节我们将会讨论批评家是如何选择所使用的思维方式的。然而，每个人总有“最后的选择”，即干脆放弃并退出。

- **放弃**。发现自己深深地陷入困境时，你可能会关闭正在使用的所有资源，然后放松、躺下、退出并停止使用它们，那么“大脑的其他资源”就会作出其他选择，或认为你根本不必继续进行。

6 大批评家，选择最合适的思维方式

山姆·戈德文
Sam Goldwyn

不必理会那些批评家，连睬都不要睬他们。

虽然我们总是开发一些新的思维方式，但如何决定使用哪一种？思维的批评家 - 选择器模型假设认为，批评家有助于我们识别面临的各种困境和前景，然后向我们推荐能够处理这些情况的选择器。**批评家是我们最宝贵的资源之一，而且**

每个人都会以不同的方式来使用这些批评家。而且在一定程度上，这些批评家可能是人们具有个性的部分原因。

但是，批评家是如何将所有的绝境、障碍和困难按目录进行分类，从而使某些问题难以得到解决的？对人类和机器两者而言，对我们经常面临的各种问题进行系统的分类是一个重要的目标。然而，我们仍没有有章可循的方法。[3]因此，在这里，我们仅试着列出人们经常使用的某些类型的批评家。

与生俱来的反应力和内置报警器。许多类型的外部事件都可以激活探测器，从而使我们作出快速反应。例如，当物体快速靠近你，或者灯光太过耀眼，或者你触碰到烫的东西时，你都会作出快速反应。我们也拥有一些与生俱来的方式，可以探测发生在表皮下的某些情况，例如化学物质引起血液浓度的异常和为纠正这些情况而作出反应的内置连接，而我们却并不需要考虑它们。

然而，一些难以预料的触觉、视觉或味觉，以及饥饿、疲劳或痛苦的感觉总是会影响我们的思维流，之所以如此是因为它们能够让我们远离自己的幻想的紧急情况，我们也因此才能顺利度过婴儿期。有时候，我们能够忍住喷嚏或瘙痒，但却很难忽视孩子的哭声、一直响个不停的电话以及拒绝排解性欲的机会，同样，当你试着屏住呼吸时，一样无法抵挡即将来临的窒息感。

后天反应批评家。身处高强度的噪音之中时，婴儿会立刻开始哭泣，但稍大一些后，他就会学着对这样的环境作出反应，去往更安静的地方。最终，我们将学会使用沉思的思维方式来处理障碍物。

沉思批评家。首次尝试解决问题就惨遭失败时，我们经常思考在这次尝试中出现的问题，并从中寻找替代的解决方法。下面是我们用来处理这些问题的一些技巧：

- 行动没有达到预期效果。（寻找更好的预测方式）
- 我做了一些会产生不良影响的事情。（尝试取消以前的一些选择）

- 一个目标的实现会使其他目标变得更难。（尝试向反方向努力）
- 我需要更多的信息。（搜索其他关系）

[**鼓励者**] 以上方法效果很好，以后遇到类似问题时，我会更频繁地使用此方法。

反思批评家。试着使用反复试验的方法来解决问题时，你要把批评家当作“诊断专家”，要么用其证明自己正在取得进展，要么提出替代方案：

- 我作出了许多努力，仍旧一无所获。（选择另一种思维方式）
- 我多次重复做同一件事情。（一定是其他一些过程卡住了）
- 子目标虽已实现，却不能实现其目标。（采用另一种方式来划分这个问题）
- 得出这个结论需要提供更多的证据。（提出一种更好的实验方法）

[**鼓励者**] 以上方法效果很好，我会将这个方法应用到其他领域。

自我反思批评家。当你无法控制所需的资源，或者不能一次实现过多目标时，那么自我反思可能就开始了：

- 我一直太过优柔寡断了。（尝试用另一种方法来解决同样的问题）
- 我错失良机了。（切换到不同的批评家集合）
- 我屈服于太多的干扰。（试着加强自控力的锻炼）
- 我缺乏所需的足够知识。（找一本好书充实自己或重返学校）

[**鼓励者**] 以上方法效果很好，我会更擅长自我批评。

自我意识批评家。一些评估甚至会影响某人当前的自我印象，而且也会影响自身的总体状况：

- 我的所有目标似乎都毫无意义。（忧郁）
- 对自己的所作所为，我似乎迷失了方向。（迷惑）
- 我能够实现自己喜欢的任何目标。（狂热）
- 如果此次工作失败，我可能就会丢了饭碗。（焦虑）

• 朋友们可能不会同意这种想法。(局促不安)

[**鼓励者**] *以上方法效果很好，我将会让自己变得更加专业!*

在第 3 章中我们就已经提出，“批评家”一词通常是贬义的，因为它常常只被用在指出别人身上缺点的语境中。的确如此，在没有使用如“抑制”“阻止”或“终止”这些贬义词的情况下，描述纠正性警告、外显抑制和内隐束缚将变得异常困难。然而，“贬义”和“褒义”这种词本身毫无意义可言，因为认识到问题的错误往往是走向成功的关键一步。这就是我在以上每技巧的结尾都加上了“鼓励者”这个词的原因所在，这也为“正面批评家”腾出了空间，以此给你目前正使用的策略分配更多的优先权、时间和资源。此外，第 9 章认为，在实现目标的过程当中，有时可能需要忍受一些不适，无论这涉及哪些痛苦，你可能都需要一些“鼓励者”使自己坚持计划。

我们如何学习新的选择器和批评家

富兰克林·琼斯
Franklin Jones

诚实的批评令人难以接受，特别是来自亲人、朋友、熟人或陌生人的。

当你首次面临众多难题时，会花费许多时间来寻找问题的解决方法，但在这之后却发现，应对其他类似问题时将变得更加轻松自如。这是你从以往经验中学习的缘故，但是你实际上学到了什么？又是如何学的呢？

或许，学习解决问题的最简单方法仅仅是添加新的 If → Do 规则，即“每当面临类似问题时，就应用我最近使用的方法”。然而，如果解决问题花费的时间过长，那么就应该问：“什么能让我更快地解决这个问题？”因为如果已花费太多时间来寻找这个答案，那么人们就应该批之前用来寻找这个答案的方法。因此，第 8 章认为，每当这些问题变得“难以解决”时，我们就应该尝试为成功解决问题分配足够多的学习单元。而这并不是说要向解决过程的最后动作分配学习单元，而是只向能够在实际上帮助我们寻找问题答案的一部分思维分配学习单元。

换言之，**我们有时可以通过创造有助于降低搜索量的较高层次的选择器和批评家，改善自身的思维方式。然而，为了分配这种学习单元，我们需要使用较高反思层次的思维方式，而并非迄今为止在大多数传统“学习理论”中提出的思维。**

我们是如何组织批评家集合的？是如何产生并改变它们的？某些批评家表现不佳时，会责备其他批评家吗？某些特定思维更具效率，是因为其批评家得到了更好的组织吗？

我们又是如何组织思维方式集合的？是如何产生并改变它们的？当某些思维方式性能不良时，某些思维方式能够进行识别吗？特定思维“更加智能”是因为其思维方式得到了更好的应用吗？

接下来的章节将会说明，时至今日，我们对上述问题仍无合理的答案，而且在心理学的发展过程中，这些问题应该被视为核心内容。

先有情感，还是先有行为

许多思想家认为，情感状态与我们的身体紧密相连，而且这导致我们如此频繁地认为幸福、悲伤、快乐或煎熬来自人们的语言表达、手势或步态。的确，一些心理学家甚至认为，这些肢体活动不仅“表达”了我们的情感，还在实际上引发了这些情感。

> **威廉·詹姆斯（1890）**：我们自然而然地认为，情绪就是被某些真实的心理感知激发的精神效应，而后者的心智状态引起了行为表现。相反，我却认为，行为变化是紧跟着刺激事实的认知的，且当这些行为发生时，我们同样变

化的情感即为情绪。

例如，詹姆斯认为，当感觉到对手正在侮辱你时，你会握紧拳头并准备攻击，而愤怒直接源自身体行为，然而这对我而言却是毫无意义的，因为他所谓握紧拳头的“刺激事实”不可能最先产生，而是在大脑察觉到自己被侮辱之后才产生的。然而詹姆斯认为，这两者中的思想不可能对自身有如此强烈的影响。

威廉·詹姆斯（1890）：如果我们想象出强烈的情感，尝试从中抽象出其全部的身体表现，任何“思维素材”都不能包含情感，只剩下智能认知的冷淡中立状态……（我无法想象）如果没有以下身体表现，任何害怕的情感都不会被表示出来：加速的心跳、急促的呼吸、颤抖的嘴唇、无力的四肢、全身的鸡皮疙瘩、翻江倒海的内脏……同样的道理，没有如下身体表现时，人们也无法想象出愤怒的情感是怎样的：胸口翻腾、面目通红、鼻腔扩张、咬牙切齿的憎恨和强有力的冲动，肢体和肌肉异常平静、呼吸平稳、脸庞宁静的状态是无法表现愤怒的。

然而，我却认为，在身体对这些行为作出反应之前，大脑中所有这些反应就已激起了“强有力的冲动”。

学生：但为何身体会对这些行为作出反应?

詹姆斯描述的“愤怒表情”（包括咬牙切齿和面目通红），在原始时期可能曾帮助人们击退或恐吓了那些令人感到愤怒的人或动物。确实，人们精神状态的任何外在表现都能影响其他人的思维方式。我们使用最常用的情绪类词汇时就提出了“我们想表达什么”这一问题。这些词汇指的是产生外部信号的精神条件级别，这些外部信号能够使与之打交道的人们预测我们的行为。因此，就我们祖先而言，这些肢体行为是交流如愤怒、恐惧、悲伤、厌恶、惊讶、好奇和快乐等“原始”情感的有用方式。

学生：也许，这同样是因为当大脑还比较简单时，我们最常见的情绪在很久以前就已进化了。而我们的目标和感觉运动系统之间的层次日益减少。

身体和面部也可以作为简单的存储器，这些形体表情通过将信号送回大脑来帮助其维持这些意识状态，除此之外，其他意识状态可能很快便消失了。因为如果没有这样“从思维到身体的”反馈回路，威廉·詹姆斯所描述的“冷淡和中立的”思维状态可能难以持续足够长的时间，也难以发展成为更大规模的级联。换言之，**愤怒的外在表现可能不仅是为了吓走敌人，还要确保让恐吓状态停留足够长的时间，以此来作出某些可能挽救自己生命的行动。**

例如，当意识到自己忘记锁门或者关烤箱，或者认为自己做了错事时，即使在四下无人的情况下，你的脸上也会显露出恐惧的表情。你需要自己的身体保持灵活，因此，大脑将这种随时可以应用的资源作为可靠的外部存储设备来发掘是有道理的。

年轻时，我们发现自己难以隐藏内心的情感，但最终，至少在某种程度上，我们学会控制了大部分表情，旁人并不总能看出我们的内心反应。

学生：如果这些症状并不是我们情感的重要组成部分，那么我们又是如何区分情感和其他思维方式的？

我们赋予情感状态许多称谓，然而，对其他大多数思维方式，我们却根本没有给予其常用的称谓，也许是因为我们并没有足够的方法来对其进行分类。以下是一种古老但仍然很有用的观点，它对我们倾向于描述为“情感化”的精神状态进行了区分。

亚里士多德：情感是所有改变着人们、影响着人们的判断并与快和痛苦相伴的感觉的集合。

在对情感进行区分的现代观点中，某些心理学家谈到了“效价”（Valence），它指的是人们对某些事情或情况广泛持有的吸引或排斥的态度。同样，人们普遍认为情感和思想是互补的，就像物体的颜色和形状可以分别改变一样。因此，我们可以认为每一个对象（或想法）具有各种“平淡的”或“中立的”方面，不管怎么样，这些方面同样被附加特征“着色”，而这些附加特征是看似有吸引力的、令人兴奋的和如愿以偿的，而不是令人恶心的、枯燥乏味的和令人厌恶的。

在更普遍的情况下,我们的语言和思想中充斥着矛盾,如“积极的 vs. 消极的”和“理性的 vs. 感性的”。在日常生活中，这些成对的区别是非常有用的，因此很难想象如何扬弃它们，它们和我们对“日日夜夜太阳东升西落”的认知一样深入人心，尽管我们知道这是地球自转所导致的。

需要特别指出的是，夸大身体对情感的作用可能会导致严重的误解。钢琴家的才能存在于他们的手指上吗？艺术家具有天才的眼睛吗？不。没有任何证据表明身体的这些部位拥有思维，正像我们从斯蒂芬·霍金（Stephen Hawking）和克里斯托弗·里夫（Christopher Reeve）的生命历程中看到的那样，只是大脑在驾驭这些身体部分罢了。

庞加莱无意识过程的 4 大阶段

马修·阿诺德
Matthew Arnold

我们无法在希望时点亮心中的火种，
精神岿然不动，
我们的灵魂在谜团中安居：
然而数小时思索意欲达成的任务，
却能在一段混沌后完成。

有时候，就像琼致力于自己的进度报告一样，你会花上几个小时或几天时间来解决一个问题。

琼考虑自己的报告已经好几天了，但还是没有想出足够好的计划，因此她感到万分沮丧，于是把（有关开题报告的）这些想法丢在一旁……但就在此时，一个想法“涌现”出来。

但是，她真的将（有关报告的）这些想法丢在一旁了吗？或者说这些想法仍在大脑的其他部分继续进行吗？下面来听一听伟大的数学家讲述的一些类似的经历。

亨利·庞加莱（1913）：每天我坐在书桌前工作 1~2 个小时，尝试大量的组合却一无所获。

许多人遇到这些事时可能会感到沮丧，但庞加莱却更倾向于坚持下去：

一个晚上，和平时的习惯不同，我喝了黑咖啡，没有睡觉。大量思绪汹涌，我感到它们相互碰撞直至契合，也就是说，慢慢地稳定下来……我只需要把结果写下来即可，前后花了不过几个小时。

随后，他描述了另一个他认为似乎并非源于深入思考的事情：

旅途上的经历让我暂且忘记了数学运算。到达古特昂司后，我们上了一辆公共马车前往另外的某处。突然，在我刚登上马车阶梯的刹那，一个想法降临了，之前没有任何想法为之做准备……因为一上马车我就参与了另一场已经开始的谈话，但我对自己的想法确信无疑。

这表明，工作被隐藏在“脑后”仍在继续运行。直到突然之间，好像“灵光乍现”似的，一个好的解决方法突然“涌现”。

然而，有一个问题（障碍）迟迟得不到解决，并且结果很可能影响全局。因此我的努力一开始似乎效果很好，但却只是引入了更加困难的问题……（几天过后）我正沿街走着，难题的解突然出现在我的面前……我掌握了所有元素，只需重新组合它们即可。

在对问题进行求解的论文中，庞加莱总结道：寻找问题的答案时，他典型的行为分布于以下 4 个阶段中。

- 准备阶段（Preparation）：为处理特定类型的问题准备资源（问题的提出）；
- 酝酿阶段（Incubation）：产生许多潜在的方案（问题的求解）；
- 豁朗阶段（Revelation）：识别一个可行解（问题的突破）；
- 验证阶段（Evaluation）：证明此解的可行性（问题成果的证明和检验）。

准备阶段和验证阶段看似包括各种高层次的过程，此过程是被我们描述为“高度反思”的阶段，然而酝酿阶段和豁朗阶段通常是在无意识的情况下进行的。大约在20世纪之初，弗洛伊德和庞加莱最早形成了关于“无意识”目标和过程的想法。庞加莱提出了关于这些目标和过程更为清楚的描述（但仅为数学描述），以下是关于解决困难问题各阶段的一些重要的想法。

准备阶段

为特定问题做准备，人们首先要为其他目标“解放思想”，例如，通过踱步或找一个较安静的地方工作来忘记烦恼。同样，人们能够通过更多的深思以“聚精会神”，就像在说“是时候坐下来，开始做计划了”，或者“我必须集中注意力，以解决这个问题”。同时，因为人们并不能一次解决所有难题，所以可能不得不将一个问题分解为更小的部分，好让自己能够决定问题的哪一部分才是最重要的。

当然，这并不能解决问题，相反，就像庞加莱所言，“一开始，我的所有努力似乎只是为了将难题更好地展现给自己”。然而，这却有助于我们取得进步，因为就像在你将这些问题的部分放在一起之前必须识别这个难题的各部分构成一样，**在开始解决一个问题之前，你应该找到合适的方式来表征这种情况，并且，如果你无法理解这些部分之间的关系，就会把太多时间浪费在这些部分之间毫无意义的组合上。**就像诗人兼评论家马修·阿诺德所言：

> **马修·阿诺德（1865）：**创造力与要素、物质相伴相生，如果创造力没有这些要素和物质，将如何为使用做准备？如果这样的话，创造力必定会一直等待下去，直到具备这些要素和物质为止。

换言之，漫无目的地反复进行试验通常并不能满足需要，你应该通过施加限制来促进值得一试的合理的事物产生。

酝酿阶段

一旦“无意识思维”准备就绪，就可以考虑进行大量的组合，并寻找方法来集合这些部分以满足相关需要。庞加莱想，我们是进行大海捞针式搜索，还是进行一些更明智的搜索？

> **亨利·庞加莱（1913）**：如果发明者没有灵光乍现地产生这个效果不佳的组合……那么他是通过潜意识的自我产生的微妙直觉判断出哪些（仅仅一些）组合是有用的，因此只采用了它们吗？还是同样产生了很多其他组合，而由于其无用性而停留在无意识中？

换言之，庞加莱其实是在问如何选择我们的想法。我们是选择开发海量的组合，还是继续选择少部分组合的细节？不论选择哪一种想法，**我们在酝酿想法时都需要关闭足够多的常用批评家，以此来确保系统不会拒绝太多的假设**。然而，对于大脑是如何执行这样的搜索的，我们几乎一无所知，为何某些人更擅长搜索，我们仍然无从知晓。

> **亚伦·斯洛曼（1992）**：在科学界，最重要的发现不是关于新理论或定律的，而是关于优秀的新理论或定律所能形成新范围的可能性的。

豁朗阶段

酝酿阶段何时才会结束？庞加莱认为，除非形成了“让其要素得以和谐组合，以让思维不费吹灰之力就可以感知整体和理解细节的某些结构”，否则，酝酿阶段仍会继续，但是，潜意识过程是如何知道自己是何时发现一个广阔前景的？

> **亨利·庞加莱（1913）**：潜意识并不是自动产生的，它能够鉴别，它手法老

练、技巧精湛。它知道如何挑选、发掘。“发掘”的意思是它知道如何超越意识层面的自我，因为它能完成意识不能完成的事情。

庞加莱推测，能够发掘有前景的模式的能力似乎涉及这些要素的对称性和一致性。

亨利·庞加莱（1913）：在解决问题的方法中，到底是什么赋予了我们高雅之感？这就是众多组成部分的和谐、对称和完美平衡，正是这些部分形成了秩序和统一，从而允许我们同时清楚地认识和了解了总体与部分细节。

关于这些“巧妙的”探测器是如何运作的，庞加莱并没有说太多。因此，关于如何识别这些成功的标志，我们需要更多想法。一些备选的探测器可以通过简单的匹配技巧来进行筛选。同样，作为准备阶段的一部分，我们选择某些专有的批评家，以此来识别我们解决问题的进展，并通过酝酿阶段来保持活跃状态。

验证阶段

我们经常听到要相信我们的“直觉”是合理的这种建议。这里的“直觉”是指，我们虽获得了想法，但并不知道获取方式，但是，庞加莱继续强调，人们不能总相信这些“启示”阶段。

亨利·庞加莱（1913）：我已经说过，绝对的确信常常伴随着鼓励……但是，这种情感常常欺骗我们，因为它不够具体和生动，所以我们需要寻找站得住脚的证明来找出这种情感。我尤其注意到了这样的事实：想法总是在早上或傍晚时的自我催眠状态下才会到来。

换言之，无意识思维可能会犯下愚蠢的错误。事实上，庞加莱后来也继续论述道，通常情况下，无意识思维不能解决细节问题，因此，当酝酿阶段提出一个解决方案时，验证阶段可能会觉得这个方案存在错误。然而，如果这种方案是部分错误的，你可能不需要重新开始，只需通过采用更谨慎的思考方式即可，你也可以在不改变其余局部解决方案的情况下改正出错的部分。

尽管我们也会使用其他技术，但我认为庞加莱的方案似乎合情合理。然而许多思想家仍坚持认为，创造性思维的过程不能用任何方法解释，因为他们认为这种强大的、新颖的视角起源于纯粹的机械过程，也因此需要不可思议的附加才能。此外，许多理论家质疑这种无意识过程是否存在，工程师保罗·帕赛克（Paul Plsek）就归纳了一些反对意见。

> **保罗·帕赛克（1996）**：一些专家摈弃了“创造性可以被描述为模型中一连串的步骤”这种观点。例如，维纳克（Vinacke，1952）坚信，在艺术中的创造性思维并不遵循一个模型，格式塔（Gestalt）哲学家马克斯·韦特海默（Max Wertheimer，1945）曾断言，创造性思维……并不适用于一个模型各个阶段所暗含的细分。但是，虽然这种观点得到了强烈的支持，但支持者仅为一小部分人……与这些突出角色相反的是，某些模型提供了潜意识过程。珀金斯（Perkins，1981）认为，潜意识精神活动埋藏在所有思维深处，因此它在创造性思维中并没有发挥什么特别的作用。

在庞加莱之后，雅克·哈达玛（Jacques Hadamard）、米勒（Miller）、亚瑟·凯斯特勒（Arthur Koestler）以及艾伦·纽厄尔和赫伯特·西蒙也相继提出了类似的模型，而纽厄尔和西蒙建立的模型则更侧重于计算机方面。也许，对产生想法途径研究最广泛的是帕特里克·冈克尔（Patrick Gunkel）。在任何这样的模型当中，任何一个新提出的想法都是通过激活合适的批评家来进行评估的，如果评估结果仍然存在某些瑕疵，那么就是对所有明显的不足应用类似的循环。依我来看，无论如何，**我们所谓的“创造力”不仅仅是产生全新思维的能力，因为对我们有用的新想法必须能够将我们已有的知识和技能相匹配。因此，新想法与我们已熟悉的想法相差无几。**

协作

我们通常把思维当作发生在单一头脑中的个体行为。然而，某些人却擅长创造新想法，而其他人更擅长改善这些想法，当这些人进行协作时，奇妙的事情就此发生。据说，艾略特（T. S. Eliot）的诗在很大程度上得益于埃兹拉·庞德（Ezra Pound）的编辑。而为埃德温·吉尔伯特（Edwin Gilbert）的剧本谱曲时，亚瑟·苏利文（Arthur Sullivan）的音乐才最具有灵感。在康拉德·洛伦茨（Konrad Lorenz）和尼古拉斯·廷伯根有关诺贝尔奖的自传中，我们也可以看到协作的另一个例子。

尼古拉斯·廷伯根（1973年在诺贝尔奖颁奖典礼上的演讲）：从一开始，"学生"和"大师"之间就是相互影响的。康拉德非凡的远见和热情与我的批判意识、全面思考的嗜好以及通过实验来检验直觉的不可遏制的欲望互相补充、相得益彰，我的这种天赋受到了他孩子气般的钦佩。

康拉德·洛伦茨（1973年在诺贝尔奖颁奖典礼上的演讲）：我们的观点惊人地一致，但我很快意识到，在分析能力和设计样品与详述实验过程的能力方面，他远超过我……我们在哪方面是第一无从知晓，但是，在很大程度上，先天释放机制（innate releasing mechanisms）的概念是廷伯根的贡献。

对很多人来说，思维和学习在很大程度上是社会行为，且本书中许多想法来自学生和朋友们的讨论。某些关系是富有成效的，因为融合了各种才能，然而，同样存在拥有相似技巧的合作伙伴也许最重要的是，哪一个伙伴拥有能阻止彼此陷入困境的有效诀窍。

我们会"两极"思考吗

庞加莱所描述的过程涉及搜索和测试的周期，解决问题可能会历经数小时、数天甚至数年的时间。然而，常识性思考的时间仅会持续数秒甚至更短，或许，这过程也是从大量的想法开始，然后选择某些有发展空间的想法，之后再详细描述每个想法的不足之处。

因此，假设在产生了一些想法的短暂的"微狂躁"阶段过后，常识性思维的典型瞬间便开始了。然后，这些思维可以在短期的"微抑郁"阶段迅速地查找漏洞。如果所有过程发生得都足够迅速，让反思系统都意识不到它，那么每个“微循环”似乎将不再是常识性思维的典型时刻，且思维的全部过程似乎可能进入了一个稳定、平滑和波澜不惊的流动状态。[4]

一种思维方式的质量部分取决于每一阶段所花的时间，例如，当某种思维方式倾向于“怀疑”时，这种思维方式可能会缩短酝酿阶段，进而在验证阶段停留更长的时间。但是，如果这些阶段所持续时间的控制方式出现任何严重的错误，那么（就像在第 3 章中提到的那样）某些阶段可能会持续很长时间，以至于可能出现“既躁狂又抑郁”式的紊乱症状。

认知语境下的批评家选择

无论你想做什么，外界诱惑总是会分散你的注意力。虽然大多数这些令人分心的事情可以被忽略，但当这种诱惑来自任务自身的干扰时，就不能被忽略了。因为其中一个子目标必须首先得以实现，或者你必须处理一些其他紧急情况，于是，你必须将当前工作放在一边，转向其他思维方式，而这些思维方式可能需要使用其他资源和知识体系。

但是，在问题得到解决之后，你是如何回到初始工作状态而不用从头开始的？为了实现这一点，你需要重现先前思维状态的某些方面，这些思维状态可能包括以下几个组成部分：

- 先前的目标和优先考虑的事情；
- 你对这些目标的表征；
- 你所约定的知识体系；
- 活跃的资源集；
- 它包含的选择器和批评家。

这就意味着，思维模型需要存储各种情境知识的空间，否则，任何“思绪”都将被中断所干扰。较简单的大脑只能维持单一的存储器，然而，向前迈出更远或与精心设计的子目标树相协作的思维必须能够在各种语境集中快速地切换，因为每一步或每一个子目标都需要表征自己当前状态的不同方式。因此，随着人类思维变得日益复杂，我们需要进化出更多的机器，以使所有这些过程能够与不同的语境保持一致。

按流行的民族心理学（folk-psychology）视角来看，我们将简单幻想出的东西都存储在我们的“短时记忆”当中，好像我们能够将这些想象中的东西放入盒子并在需要时将其取出一样。然而，这种幻想太过简单了，因为每个人大脑中的不同部分都包含不同形式的记忆，而这些记忆通常被冠以这样的名称：感觉记忆、情景记忆、自传记忆、语义记忆、陈述性记忆及程序性记忆。第 8 章中将会讨论以这些记忆类型进行存储的一些可能形式，但就目前来看，我们对人类大脑实际上使用的结构仍然知之甚少。因此，本书将忽略这些细节，而仅仅将所有这些记录想象为存储在被我们称为“语境盒”（context box）的各个部分里（见图 7-3）。[5]

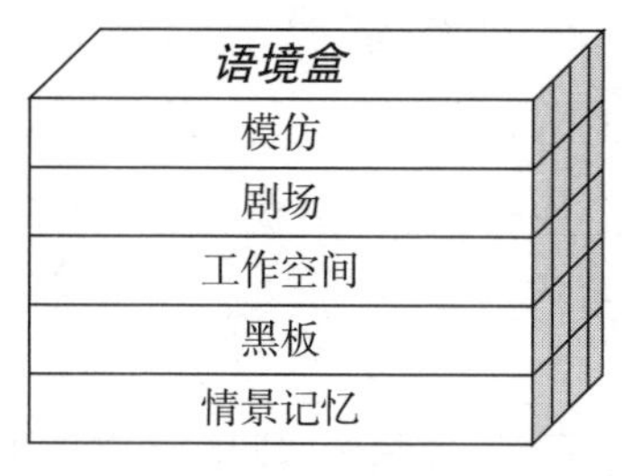

图 7-3　语境盒

如果你问琼，她正在想什么，她可能会提到她正在整理的话题。更进一步地提问后，你可能会发现，她正持有对这些改变的若干不同的描述，这些改变是她正在计划描述的。为了让自己能够在这些改变之间作出选择，她必须能够存储和取回其所描述的各种结构：

- 她当前子目标树的集合；

- 最近外部事件的一些记录；
- 最近精神活动的一些描述；
- 她目前活跃的知识片段；
- 过去常用来预测的一些模仿。

这也就意味着，琼“整理”的语境盒也必须与任务的各个方面一致（见图7-4）。

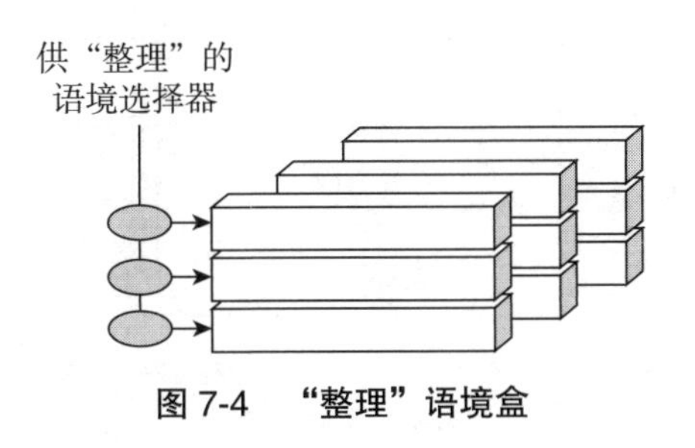

图 7-4 “整理”语境盒

当然，琼也会将其他话题和主题长时间地“铭记于心”。因此，不管是在不同的层次还是在不同的思维领域，她都将需要记录一些这样的情境（见图 7-5）。

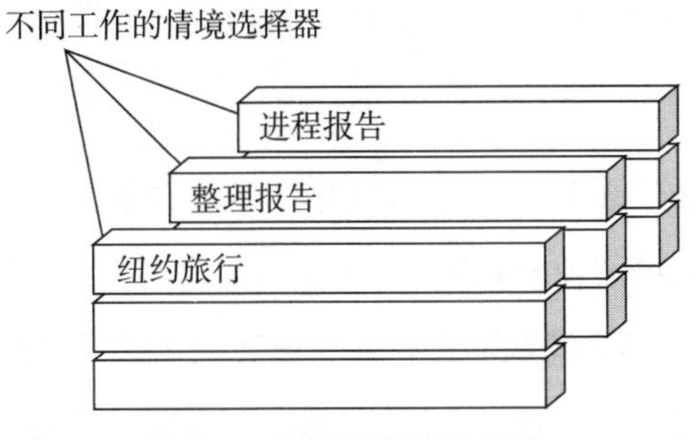

图 7-5 不同的情境选择器

为何我们需要这么复杂的系统来记录思维语境？对我们而言，被任何短暂的中断打扰似乎是再自然不过的事情了，例如，某人问了一个问题或者捡起自己刚刚掉下的小工具。通常来讲，我们可以不需要在一切重新开始的情况下回到自己先前的状态。当我们中断自己当前的行为或思想而着手去做另一个任务的子目标，或者简单地用其他某些不同的方式思考时，情况也大抵相同。

当这种分散注意力的行为既细微又短暂时，几乎不会导致任何麻烦，因为这些行为并没有改变我们大部分的活跃资源。然而，较大范围的改变就会引起较多的破坏，并导致时间浪费和陷入混乱。因此，**在进化较多思维方式的同时，我们也形成了快速返回先前语境中的机制**。图 7-6 试图融合所有这些思想，以此来展示在一个系统中，对于各种不同的层次和领域，会有许多类似的结构。

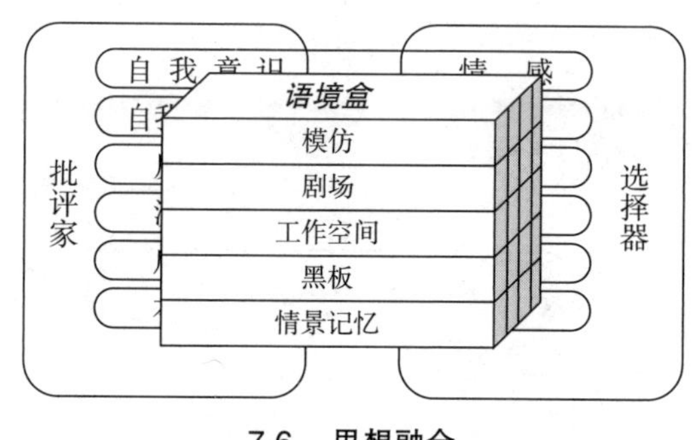

7-6 思想融合

在日常生活中，以上所有功能都会自然而然地发生，以至于我们根本就意识不到它正在发生，且我们对这些困惑的大部分回答是：我们刚才使用了“短时记忆”。然而，对于这些功能是如何工作的，任何优秀的理论都必须同样能够回答如下问题。

最近的记录持续了多久，我们又是如何为新记录腾出空间的？以上问题的答案并不唯一，因为大脑的各个部分必以有所不同的方式运行着。**一些记忆是永久性的，而另一些记忆却会很快消失，除非这些记忆碰巧得到了“刷新”。同样，如果记忆存储的地方受到了限制，那么一些记忆就将被抹去，因为一些新记忆可能不得不替换掉某些已被存储的记忆**。事实上，使得当今计算机变得如此之快的原因之一是，每次创建数据或检索已存储的数据时，数据会先被存储在一个被称为“高速缓存器”（Cache）的设备中，此设备是特别设计用来快速地访问数据的。随后，尽管某些高速缓存器已可以被扩展为更大、更持久的记忆盒，但每当高速缓存器已满时，其旧记录仍会被清除。

如何让一些记忆变得更为持久？有证据表明，将短时记忆转换为长时记忆需要花费数小时或数天的时间。以往的理论假设认为，频繁地重复会让原始记录更加持久。然而，我认为更可能的情况是：**新记忆被暂时保存在像计算机的高速缓存器一样的资源当中，随着时间的推移，我们大脑的其他区域中将创建更持久的记录（详见第 8 章）**。

在任何情况下，某些记忆似乎都会伴随人的一生。然而，这可能只是一种错觉，因为这些记忆需要不断地“刷新”才可能是这样。因此，在唤起童年的记忆时，你通常也会有“我以前记起过这件事”的感觉。这会使你很难分辨自己找回的记忆是来自原始记忆还是仅仅是原始记忆的一些副本。更糟糕的是，现在有充足的证据表明，当现在的记忆被刷新时，原始的记录可能会发生改变。[6]

我们如何恢复旧时的记忆？众所周知，记忆通常不能重现。我们试图回忆起一些重要的细节时，却发现这些记忆消失不见了，或者说我们至少无法立刻恢复这些记忆。更确切地说，如果这些记忆消失得无影无踪，更进一步的搜索将是徒劳的。尽管如此，我们仍经常想方设法寻找一些我们能够使用的线索来重现更多的记忆。以下是关于记忆重现的一个非常古老的理论：

> **奥古斯丁（397）**：但是记忆本身丢失了什么东西，譬如我们往往于忘怀之后尽力追忆，这时，该去哪里追寻？……是否这个事物并未整体丢失，只是保留一部分而要找寻另一部分？是否记忆认为无法经常将其全部回想起来，而是残缺不全，因此要寻觅缺失的部分？我们看见或想到一个熟悉的人而记不起他的姓名时，就属于这种情况。这时想到其他姓名，我们都不会将其与这个人联系起来，我们一概加以排斥，因为在过去的思想中，我们从未把这些姓名和那人联系起来，直到出现的那个姓名和我们过去对那人的认识完全相符为止。

换言之，一旦你想方设法将这些记忆碎片串起来，就可能会重现一段更好的回忆。

奥古斯丁（397）：……这些概念的获知，是把记忆中收藏的零乱的部分通过思考加以收集，它们曾在某些地方隐藏着、散布着，被人忽视。如今我们的大脑已对它们有所认识，因此它们很容易呈现在大脑中。[7]

奥古斯丁不久便转向其他方面的担忧，并悲伤地问："未来谁能够解决这个问题？"以此结束了关于记忆的讨论。在关于记忆工作机制的理论取得更进一步的发展时，已经是1 000多年后了。

你一次能够思考多少个想法

你一次能感受到多少种情感？能够同时集中注意力于多少种不同的对象或想法上？在语境盒中，你一次能够激活多少种语境？你能够意识到多少精神活动？你意识的程度又有多深？

对这些问题的回答取决于"有意识的"和"注意力"这两个词的内涵。我们通常认为"注意力"一词是褒义词，并高度重视那些能够"专注"于某些特别的事，且不易被其他事干扰而分心的人。然而，我们也可以将"注意力"视为贬义词，因为不是所有的资源都可以一次性起作用，因此，我们能够同时想到的事情的范围总会有一个上限。尽管如此，我们至少能够通过自我训练来克服一些内置限制。

无论如何，在我们高层次的思维活动当中，在开始变得混乱之前，我们仅能持有一些不同的"思绪"。然而，在较低的反应层次，我们进行了许许多多不同的活动。想象一下，你手里拿着一杯酒，与你的朋友边走边聊：[8]

- 抓住杯子的资源让你保持握住杯子这个动作；
- 平衡系统让你防止酒溅出；
- 视觉系统使你识别路上的东西；
- 运动系统引导你避开路上的障碍。

当人们聊天时，以上所有这些都会发生，尽管为防止酒杯中的酒溅出必须运行数十个过程，而且移动身体需要用到数以百计的其他系统，但所有这些活动似乎都不需要太多的思考。然而，当你在房间里漫步时，这些过程却很少会“进入脑海”，大概是因为它们的工作分属不同的领域（或大脑的不同部分）罢了，而这些不同领域的资源并不会与你最积极的“思考”这个主题相冲突。

语言和演讲也大抵如此。对于如何正常地选择应答朋友的话，选择表达哪一种想法，你的思维过程是如何将词句组织成顺畅的语言的，你很少有哪怕最微弱的意识。所有这些看似如此的简单和自然，这让你不会想知道语境盒是如何记录自己所说过的每一言每一语的，而关于你向何人谈及过这些事情，情况也同样如此。

是什么限制了人们能够快速开关语境的数量的？一个非常简单的理论认为，**每个语境盒都有限定的尺寸，所以存储信息的空间是有限的。**一个较合理的猜想认为，我们每一个得到良好发展的领域都需要其自身的语境盒。那么，在所有这些领域里的过程都可以独立工作，只要它们之间不会争夺相同的资源，就不会彼此发生冲突。

例如，你一边走路一边聊天是很容易的事情，因为这两个行为使用了不同的资源集。然而，若让你边说边写（或边听边读）就变得异常困难了，因为这两个任务会争夺相同的语言资源。我认为，**当你思考自己正在思考什么时，这种冲突会变得更为激烈，因为每一个这样的行为将会改变语境盒中的内容，而这个语境盒却试图记录你正在思考的内容。**

在较高的反思层次中，我们的陈述跨越了许多时间和空间区域，可以从思考“我握着这个杯子”到“我是一名数学家”，或者到“我是一个地球人”。当然，人们可能会同时想到这些陈述的感觉，但是我认为，这些陈述在不断变化，且对于这些陈述所有的感觉部分来自我们在第 4 章讲的内在性错觉，因为我们相当快速地访问了各种语境盒的内容。

是什么控制了过程的持久性

埃德蒙·伯克（Edmund Burke，爱尔兰政治家、作家，1790）：和我们搏斗的人锻炼了我们的勇气，磨砺了我们的技能。敌手即是助手。这种与困难的友好冲突迫使我们更进一步地熟悉自己的目标，并迫使我们考虑它们之间的一切关系，这将让我们变得不再肤浅。

无论此时此刻你正在做什么，你可能都另有选择，而且，无论你正在思考什么，你的其他思考都正在与之竞争。因此，我们每个人都有如下想法和情感：

我已经在这个问题上耗费太多时间，以至于忘记了自己的初衷。除此之外，这个问题也已经变得复杂起来，这让我无法简单地记录了，或许，我们应该放弃这个问题，转而去做一些其他的事情。

无计可施时，我们会坚持多久？是什么决定我们何时放弃，以及失去我们所花的任何投资？对于如何保持我们的物质、精力、金钱和友谊的问题，我们总会加以关注，而且所有这些关注似乎都表明，我们拥有的一些批评家会发现，每一个特别的元素会在何时进入供不应求的状态，然后提出保护或补充它的一些方式。这些批评家会引导我们思考："我没有太多的精力一次做太多的事情"，或者"我没有足够的金钱一次购买这些东西"，又或者"我不想失去与查尔斯之间的友谊"。

节省时间最简单的方法就是抛弃那些消耗你太多时间的目标。但是，放弃目标经常与你的理想相冲突，比如当这些理想是你答应去做的某些工作时，你可能想要压制这些思想，甚至会视这些理想为障碍。然而，与高层次价值观相逆会导致级联的产生，你会将这些级联识别为紧张、内疚、苦恼、害怕以及羞愧和难堪。因此，做这样的决定会使你变得"情绪化"。

大众：但是，某些受过良好训练的人似乎能够对这些情绪化的情感弃之不顾，而只做一些看似"理性化的"任务。为何其他一些人却觉得只做理性化的工作是非常困难的事？

在我看来，任何关于存在单一理性化思维方式的说法都是不现实的。如果人们总是对各种目标进行比较，然后决定哪一种目标该被搁置或者推迟，那么除非他能坚持某个目标足够久，否则，人们对于任何特定的目标永远不会取得进展。这就意味着，**每种思维方式至少都需要一些能力来防止其他过程停止这个目标。在某种程度上，可以通过控制批评家活跃与否来实现这一点**。在第 3 章中，我们已经讨论过我们不能一直保护批评家的一些原因，且这里涉及了更多的问题：

- **如果活跃的批评家集合并不发生变化将会怎样？**那么，你将会不断地重复同样的方法，因为在每一次改变你思维方式的尝试过后，这些批评家将再一次使你转换过来，你可能也会陷入“脑子里只想着一件事”的状态。
- **如果一些批评家一直保持打开状态将会怎样？**某些批评家想必总会保持活跃状态，以使我们对严重危害作出反应，但是，如果这些批评家没有得到仔细挑选的话，可能会导致强迫行为，强迫你将大把的时间只花在一些特别的主题上。
- **如果关闭了所有的批评家将会怎样？**那么，所有问题似乎都得到了解决，因为你不再询问这些批评家了，而且所有问题似乎都已经消失了，因为一切几乎都是完美无缺的。

在这种“神秘体验”期间，一切几乎是完美无缺的，但是，当足够多的批评家重新打开时，这些意想不到的体验通常会黯然消散。

- **如果一次激活太多的批评家将会怎样？**那么，你就会一直注意这些需要改正的缺陷，并花大把时间来补救它们，以至于你将永远无法完成任何重要的事情，并且朋友可能认为你处于消沉的状态。
- **如果关闭了太多的批评家将会怎样？**如果你能忽略大多数警告和关注，这将有助于你“集中注意力”，但这同样会导致你忽略许多错误和缺陷。然而，激活的批评家越少，你试图追求的目标就越少，这也会让你变得太过迟钝。
- **如果频繁地开、关批评家将会怎样？**如果太多目标自由地竞争资源而无任何管理，你的思维将变得一片混乱。

那么，是什么决定了哪种批评家应该被激活？有时我们需要集中注意力，但有时我们也必须对紧急情况作出反应。所有这些证据表明，**对我们来说，仅拥有一个集中式的系统是危险的，因为这样的系统会牢牢地控制着哪一个批评家应该得到激活。**

一般来说，低层次的选择只会产生较简单的影响，就像其中一个积木批评家坚持的那样："确保胳膊不会碰到积木！"这将改变你的短期策略，但并不会改变你的整个策略，且即使犯了错误，你仍可以与之建立联系并继续完成自己的初始目标。

然而，较高层次的失败会导致策略较大范围的改变，例如，通过唤醒自我反思的想法来沉思未来将是什么样子，或者沉思你的社会关系将会如何，就像在说"我没有足够的自律"，或者说"我的朋友失去了对我应有的尊重"，或者说"我缺乏解决这类问题的才能，也许我应该换另一个不同的工作了"一样。这些过程会引起大规模级联——情绪化。

人类心理学的核心问题

查尔斯·舒尔茨
Charles Schulz
著名漫画家

没有任何问题会可怕到难以解决的地步。

近些年来，很多心理学研究主要关注人们整体的行为表现，而很少关注每个个体以何种方式思考。换言之，至少在我看来，这些研究变得太过着重统计了。我认为，这样的研究方式很令人失望，因为从心理学史的角度思考将受益更多，例如，从让·皮亚杰历经多年只观察了 3 个孩子的思维发展方式，或者弗洛伊德耗时多年只检查了相当较少病人的思维的经历中，我们能学到很多。

统计心理学家：但是，当研究的样本太少时，你得出的结论可能就无法推而广之。这会让你处于这样的风险当中——你得出的结论仅适用于少部分特殊的群体。

我所担心的是，与之相反的风险（即你所得出的结论仅适用于整个群体）才是更糟糕的情况，因为这种统计式的研究可能会错过关于每个人如何工作的好结果，因而会忽视虽小但尤为重要的细节。例如，当心理学家问："被动地观看暴力电影会使人们在日常生活中变得更好斗吗？"一些统计学家通过研究发现，这两者之间的联系非常弱。

然而，如果人们在此基础上继续假设"联系弱意味着弱影响"，那么就可能会导致错误的结论，因为当两个或者两个以上相异的强影响正好相互抵消时，也会造成联系弱的结果。[9] 而麻烦的是，这类信息可能会在统计研究中消失，除非这些统计研究能够更进一步探究不同的个体是如何使用不同的方式来思考非常接近的情况的。

在我看来，尽管统计方法在早期的动物实验中硕果累累，但对于仅有人类能思考的层次而言却很少会提出好的新思路。我也因此强调对人们所能识别的问题类型、对思维方式进行分类的重要性，以及我们如何了解哪些思维方式能够帮助我们处理这些不同的问题类型。以下是一些低层次的问题类型：

- 道路中的一些障碍；
- 我的目标并未实现其超级目标；
- 我没有获得自己所需的知识；
- 我的一个预言没有发生；
- 我的两个子目标似乎是矛盾的；
- 我不能让此方法奏效。

许多问题类型发生在更高、更具思考性的层次。

- 这个问题太难了。（将其分成更小的部分）
- 我做不到。（转换为不同的描述）
- 我无法控制所需的资源。（停下来思考并重新组织资源）
- 这种情况一直在不断重复。（转而使用不同的方法）
- 我想不出任何有价值的目标。（变得消沉）
- 我不知道自己正在做什么。（找出困惑的原因）

同样，每当我们在不同的思维方式之间作出选择时，我们的选择也会在以下语境之间进行：

- 具有不同优先权的子目标集；
- 时间分配和付出的努力；
- 表征不同情况的特殊方式；
- 监督每个问题进展的方法；
- 做预测的特殊方式；
- 发现相似情况的类比方法。

以上所有这些问题类型表明，如果我们想要更好地理解人类思维的更高层次，就应该让在人工智能领域和心理学领域的研究者们对人们面临的问题类型、用来处理问题的思维方式和用来管理思维资源的较高层次的组织进行描述和分类，以赋予对其进行描述和分类的探索方式更大的优先权。关于这些主题的优秀理论的缺乏，导致我们的书架上充斥着为人们的自助方式提供建议的图书。对我来说，这表明需要对此类问题进行更多的研究，来对我们常识性思考的运作方式进行更多的探索。

- 我们的思维批评家能够识别问题类型的规律是什么？
- 我们的思维选择器所忙于的主要思维方式是什么？
- 我们的大脑是如何组织管理所有这些过程的？

以下是威廉·詹姆斯对他试着思考时将会发生什么事的描述。

威廉·詹姆斯（1890）：我发觉我的思想中有不间断的促进和阻碍、制止和释放的活动，有“跟着欲望走”的倾向以及以其他方式运作的偏好……迎接或对抗，占有或放弃，争取或反对，同意或不同意。

第 8 章将会讨论使人类思维变得更为智能的一些特性，并且，对于所有这些能力是如何联合起来形成我们所谓的“思维”的，第 9 章将会提出一些观点。

THE EMOTION MACHINE

COMMONSENSE THINKING,

ARTIFICIAL

INTELLIGENCE,

AND

THE FUTURE

OF

THE HUMAN MIND

08

智能

每个物种的个体智力都会从愚笨逐渐发展到优秀，即使最高级的人类思维也本应从这个过程发展而来。我们可以通过多种视角来观察事物，我们拥有快速进行视角转换的方法、拥有高效学习的特殊方式、拥有获得相关知识的有效方式并可以不断扩大思维方式的范围、拥有表征事物的多种方式。正是这种多样性造就了人类思维的多功能。

> **笛卡儿（1637）**：尽管机器在某些方面的能力和人类一样好，甚至更强，但是它们在其他方面的能力却落后于人类。从其落后的方面来看，我们发现，机器并不是以知识而只是以其部位的排列方式来完成任务的。

人类习惯依靠机器来完成工作，这是因为机器变得日益强大和快速，但在第一台计算机出现之前，人们很难想象机器能同时完成多项工作，或许这就是笛卡儿进而推测计算机永远也不能像人类一样智能的原因。

> **笛卡儿（1637）**：因为推理是普遍的工具，适用于每一个场合，所以机器的部件也需要具体的排列方式才能在每个特定的场合发挥作用。因而，想要使得单一机器像推理一样促使我们行动，机器必须拥有足够多的排列方式，才能应对生活中出现的各种各样的情况，而这几乎是不可能的。

早期，人类和其他动物的能力之间似乎有着不可逾越的鸿沟，因此，在《人类的演化》一书中，达尔文观察到："许多作者坚持认为，人类和其他低等动物之间不可逾越的差别是人类具有思维能力。"但达尔文也同时指出这种差别只在程度上略有不同。

> **达尔文（1871）**：我认为，人类和其他高等动物，尤其是灵长类动物，都拥有相同的知觉、直觉和感觉，相似的激情、爱恋和情感，甚至更复杂的情感如嫉妒、怀疑、模仿、感恩和宽容……他们在以下方面的能力也极为一致：模仿、专注、沉思、选择、记忆、想象、综合想法和理性思考的能力，尽管只是程度不同罢了。

达尔文后来观察到，**"每个物种的个体智力都会从愚笨逐渐进化到优秀"**，即

使最高级的人类思维也本应从这个过程发展而来，因为在这一点上并没有任何难以逾越的障碍。

> **达尔文（1871）：** 这种进化至少是可能实现的，而不应该被否定，因为我们可以从孩子们身上看到这些能力的发展历程；与之相似，我们也可以发现从思维迟钝到思维巨人之间完美的渐变历程。

然而，我们仍然想要细致地了解动物思维转换到人类思维过程中的先后顺序。事实上，仍然有人坚持认为这些变化太过复杂，不能被小而有用的变体所发现。但持有怀疑态度的人根本就不了解以下这个惊人却简单的事实：

> 想极大地提高计算机的能力，只需几个简单而结构性的变化即可，直到 1936 年，当图灵发明了制造“通用”计算机的方法时，人们才发现这个事实。“通用”计算机，换句话说，就是一台能够独立完成其他所有计算机可能完成的工作的计算机。

具体地说，图灵向我们展示了如何制造出可以描述其他机器行为的机器，之后机器会把描述当作指令，完成一些其他机器能够完成的任务。[1] 同样道理，我们也可以让这台机器记忆其他机器的指令，通过在指令之间来回转换，同一台机器会逐渐学会如何完成其他机器需要完成的任务。

也就是说，图灵向我们展示了一台“通用机”如何使用多种不同的思维方式。如今，所有的现代计算机都在使用这个方法来存储对其他机器的描述（事实上，这也是所谓的“计算机程序”）。它正是能让我们使用同一台计算机来安排约会、编辑文本或向朋友们发送消息的原因。另外，一旦这些指令被存储在计算机内，我们便可以编写出让其他程序发生变化的程序，计算机从而可以使用这些程序来扩展自己的能力，这说明笛卡儿观察到的局限性并不是机器本身固有的，而是由人类制造或编程的落后方式所导致的。**现代机器出现之前，以前的机器只能胜任一种任务，然而人类却不同，因为其一旦陷入困境，便会想出其他解决问题的方法。**

但许多思想家坚持认为，机器永远不能完成一些壮举，如建构理论和编写交响乐，他们也经常会把这样的壮举归功于费解的“才能”或“天赋”。但一旦我们认识到人类智能来源于多种思维方式这个事实，这些能力将不再如此神秘。实际上，本书的前几章已讨论了人类思维提供这些选择的方法：

- 第 1 章，我们天生便拥有各种各样的资源；
- 第 2 章，我们向印刻者和朋友们学习；
- 第 3 章，我们会摒弃不应该做的事情；
- 第 4 章，我们可以反思自己的想法；
- 第 5 章，我们可以预测行动的结果；
- 第 6 章，我们会使用大量的常识性知识；
- 第 7 章，我们可以在不同的思维方式中转换。

然而，本章将讨论一些使人类思维变得如此多功能的其他特征：

- 我们可以通过多种视角来观察事物；
- 我们拥有快速进行视角转换的方法；
- 我们拥有高效学习的特殊方式；
- 我们拥有获得相关知识的有效方式；
- 我们可以不断扩大思维方式的范围；
- 我们拥有表征事物的多种方式；
- 我们拥有组织这些表征的有效方式。

在本书伊始我们提到，要把自己想象成机器是非常困难的，因为我们过去了解的机器根本不能理解事物本身的意义。一些哲学家认为，这一定是因为机器只是物质，但意义却存在于物质领域之外的观念世界中。但第 1 章的结论表明，我们如此狭隘地规定这些意义，限制了机器的发展，以至于人类自身也无法表征意义的多样性：

> 如果仅以一种方式去“理解”事物，你可能根本无法理解它，因为假如这种方式是错误的，你便陷入了理解的死胡同。但如果以几种方式表征

事物，那么当其中一种方式出错时，你便可以转而使用其他方式，也可以在脑海中搜索不同的思维方式，直到找到一种可以解决问题的方式为止！

为了了解这种多样性如何造就了人类思维多功能的现状，我们首先要讨论一下人们用来估测与事物之间距离的多种方法。

预估距离

亚历山大·波普
《人论》

人为什么没有显微镜般观察入微的眼睛？
理由很简单：人不是苍蝇。
光学到底有什么用？
我可以观察螨虫，但却不能理解苍穹。

口渴时，你会去找喝的；如果注意到附近有杯子，你会伸手去拿；但是如果杯子离自己距离较远，则需要你走过去拿。但你是如何知道自己会拿到什么东西的呢？天真的人会认为这根本没有任何难度，因为“当你看到一个物体时，你也就看到了物体的位置”。但琼在第 4 章中看到疾驰而来的汽车或在第 6 章中拿起书本时，是如何预估汽车或书本与她本人之间的距离的？

在远古时代，人类需要猜测捕食者与他们自身之间的距离，如今，我们仅需要判断自己是否有足够的时间穿过街道，但尽管如此，这个简单的判断却决定了我们的生死。幸运的是，每个人都有很多种方式来预测自身与事物间的距离。

例如，你知道杯子有人类的手掌般大小，因此，如果杯子占据的空间和伸开的手掌一样大，则你可以从任何位置拿到杯子。与之相似，你可以判断自己离某把椅子的距离，因为你已经知道了椅子的大小。

然而，即使你不知道物体的大小，仍然可以预估自己与物体的距离。例如，如果假设两个物体大小相似，那么较小的物体看起来就离得更远一些。如果其中的一个物体是小模型或玩具，这个推论则可能是错误的；而且任何时候只要两个物体重叠，无论物体表面上看起来有多大，前面的一个物体必定离你较近（见图 8-1）。

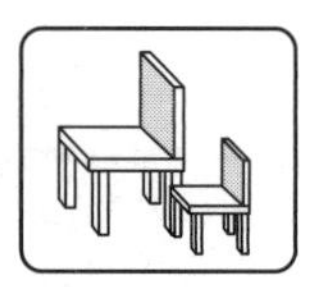

图 8-1　物体的前后关系

你也可以从物体表面部分的亮暗程度以及其角度和所处场景，获得一些空间上的信息（见图 8-2）。然而，这些线索有时也会起误导作用，图 8-3 中两个积木的图像是完全一样的，但其所在的场景暗示它们有不同的体积。

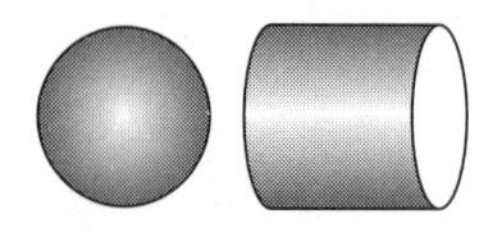

图 8-2　亮暗的区别

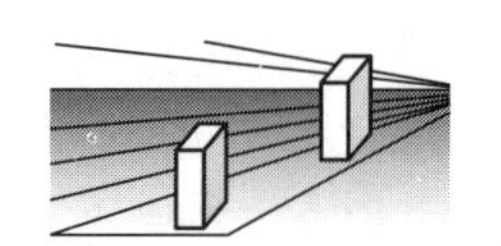

图 8-3　体积不同的积木

假设两个物体在同一平面上，较高的那个物体离得较远（见图 8-4），同样，细粒度纹理的物体看起来远一些，模糊的物体看起来也会远一些（见图 8-5）。

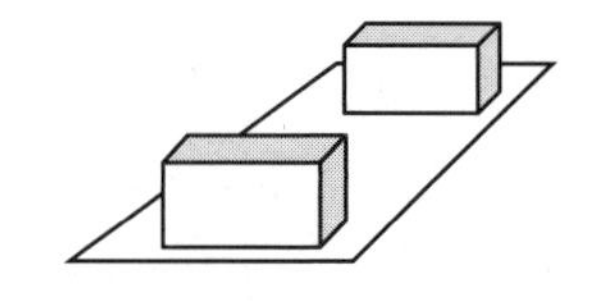

图 8-4　同一平面上两个物体的对比

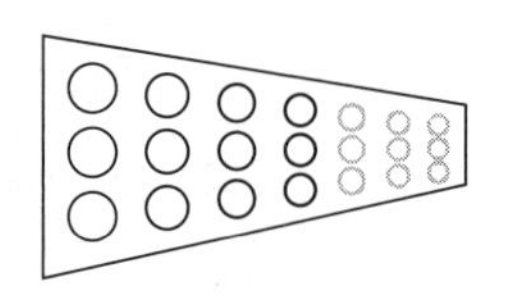

图 8-5　清晰与模糊的对比

你也可以通过以下方式来判断物体的距离：物体离你双眼的方向的不同（见图 8-6）或图像之间的细微差别（见图 8-7）。

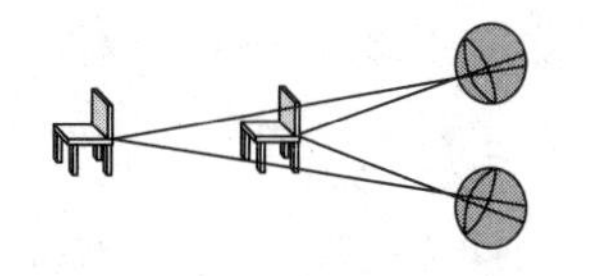

图 8-6　物体到人双眼的不同方向

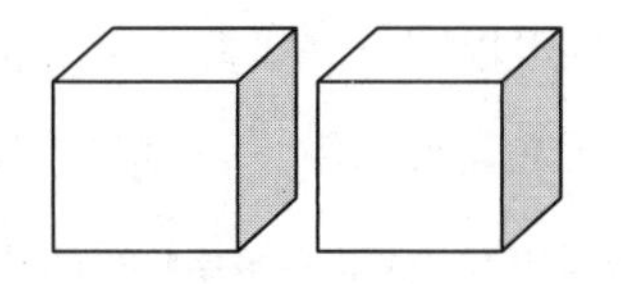

图 8-7　图像间的细微差别

另外，如果是移动中的物体，离你较近的那个物体看起来速度较快（见图 8-8）。你也可以通过改变眼睛的焦点预测物体的范围（见图 8-9）。

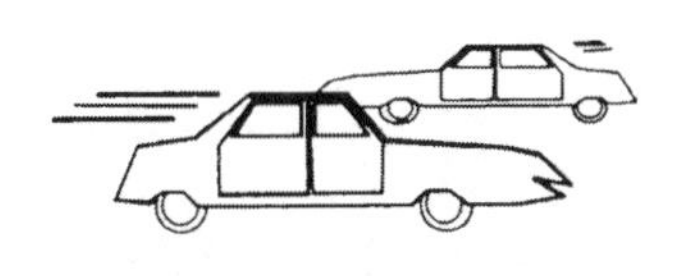

图 8-8　速度与距离

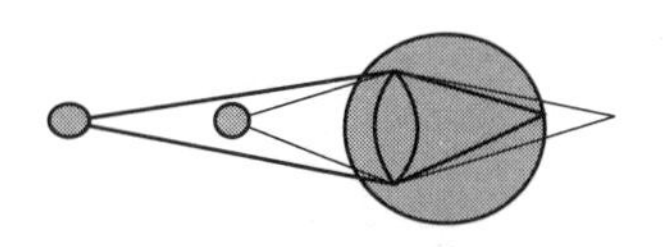

图 8-9　变焦

最后，除了这些视觉感知的方法之外，在完全不借助视力的情况下，人们也可以判断物体的位置，这是因为你以前见过的物体，其位置仍然会存储在你的记忆当中！

学生：对两三种方法就能解决的问题，我们为何还需要这么多不同的方法？

每时每刻，我们都会评估不同物体的距离，我们很少从椅子上跌倒或撞上门窗，但是，每一种预估距离的方式也会有这样或那样的缺点。聚焦只对附近的物体起作用，还有很多人根本不具备聚焦的能力。肉眼观察也只对较远的物体起作用，但相当多的人却无法使用双眼来比较图像。平面不太平坦时，一些方法可能会出现错误，纹理和模糊度也经常不可用。知识也只适用于熟悉的物体，但物体的形状也千差万别，尽管如此，我们也很少会犯严重的错误，正因为我们拥有许许多多的技巧。

然而，每一种方法都有利弊，那么我们如何知道哪种方式更可靠？以下的几节将主要讨论这一中心思想：人类如何在不同的思维方式之间迅速地来回转换。

学生：为什么我们需要这种转换？为什么不能同时使用所有的方式？

人们可以同时完成多件事，这个事实本身总会有很多局限性。你可以同时触摸、倾听和观察物体，因为在这些过程中你使用了大脑的不同部位。但我们很少有人能够用双手同时画出不同的物体，或许是因为这个过程中使用的资源只能一次完成一个任务。

平行类比

众所周知，知道实现同一目标的多种方法大有用处，但在不同方式之间的转换却降低了我们的速度，除非我们知道该如何加快转换过程。本节将讨论一些能够使我们的大脑立刻在不同选择之间进行转换的机制。

例如，当你读到第 6 章中“查尔斯送书给琼”时，你会将“书”解读为不同意义上的书，例如，把书当成物质实体、人的所有物或知识的载体。但当你在这些范围内转换时，同样的句子将有三种不同的解释，如琼从空间位置转变成礼物的接受者，再度转换成阅读那本书的人。另外，你在这些意义之间转换得如此迅速，根本意识不到这种转换过程。[2]

在第 6 章中，我们使用术语“平行类比”描述机制，它把不同意义之间的相似特征与大型化结构的某些部件联系了起来（参见图 6-4）。同样，你可以把汽车想象成交通工具、复杂的机械或宝贵的财产；可以把城市想象成人们的居住地、社会服务的网络或一个需要水、食物和能源的客体。第 9 章将提出，一旦想到自我，你会平行类比到精神层面上的自己。

我认为我们在使用相同的技巧来理解视觉场景。例如，一旦走进房间，你会看到对面的墙壁，背对着房门的你此时也看不到房门（见图 8-10）。

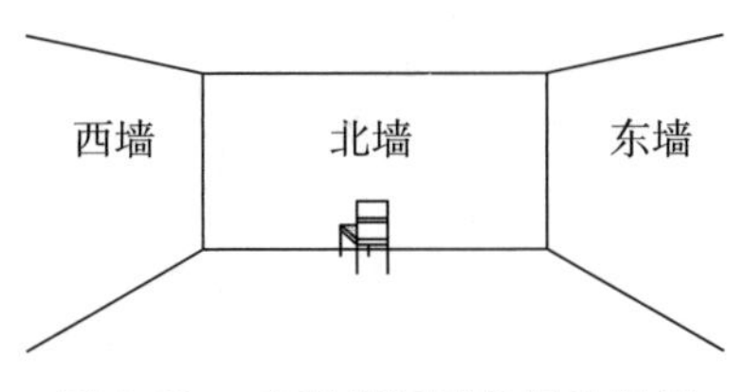

图 8-10　走进房间时的视觉场景

现在，走向西面的墙壁（即你左面的墙壁），转过身来，面对着右面的墙壁，则你会面朝东（见图 8-11）。

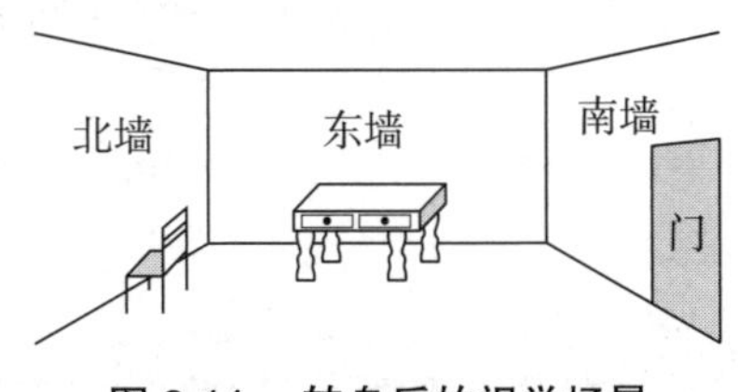

图 8-11　转身后的视觉场景

现在的情况是，南墙进入视野，西墙将转到你身后。尽管西墙已经看不见了，但毫无疑问，你知道它仍然存在。你为什么不认为南墙刚刚出现，或西墙已经消失了？这必然是因为你认为自己一直以来就身处一个箱子一样的房间里，因此你知道的和预想中一样：房间的四面墙壁一直存在。

想一想，你每移动一个地方，看到的每一个物体都在眼睛中的视网膜上投射了不同的形状，但这些物体却看起来并没有任何变化！例如，尽管北墙的视觉形状已经发生变化，但你仍然可以看出它是矩形的。是什么使得这些物体的意义保持不变？[3] 同样，你现在看到的椅子也已经反转过来，但你通常根本不会注意到这些，这是因为你的大脑知道是你自己而不是椅子在移动。你也可以看到进来时的门，但你对这所有的一切都不会感到惊讶。

你转过身来面对南墙时会怎样？北墙和椅子会消失，西墙将重新映入眼帘，人们能预想到这一切（见图 8-12）。

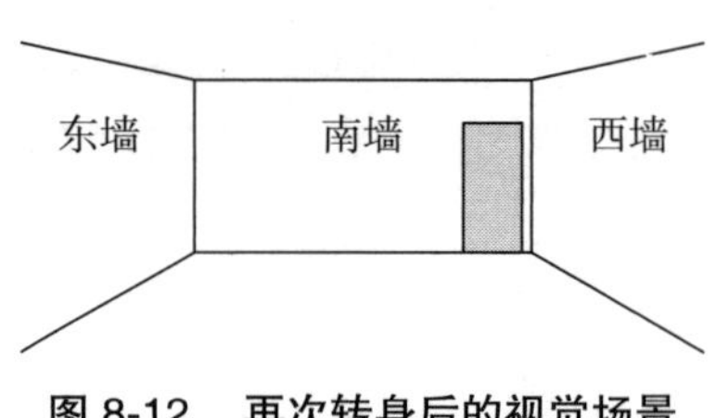

图 8-12　再次转身后的视觉场景

你常常作出这样的推测，也根本不知道大脑是如何处理不断变化的平面的，那么你如何得知哪些物体仍然存在？哪些物体不断改变着自身的形状？哪些物体在不断移动着？你又如何知道自己仍然身处在相同的房间里？

> **学生**：或许这些问题根本就不会产生，因为我们经常看到这些物体。如果它们突然改变，我们也会察觉。

事实上，我们的眼睛总是在飞速地移动，因此，我们的视觉并不是连续的。[4] 这些证据似乎表明，甚至在走进房间之前，不知何故，你已经知道自己可能看到很多物体。

> **明斯基（1986）**：秘诀就是视觉和记忆的相互交织。当与你新交的朋友面对面交流时，你似乎能立刻认出他来，但这并不是由于你所看到的东西，而是由于你的视觉"提醒"你，你才想起的。一旦看到朋友出现，心中的很多假设便被唤醒，人们基本上都是这样的。与此同时，某些表面特征会让你想起之前见过的某个人。下意识中，你会发现这个陌生人和他们很像，不仅仅是外表相像，内在的一些特征也像。这些表面的相似性特征影响了我们的推测，从而影响了我们的判断和决定，这也是任何程度的自制力都不能改变的事实。

如果人们在每次移动后都需要重新认识看见的物体，那么会发生什么？你将需要重新评估每个物体，并寻找新的证据来证明。如果这样，你的视力将会变得非常弱，几乎和盲人一样，但显而易见的是，事实并非如此。

> **明斯基（1974）**：进入一个房间时，我们似乎能立刻观察到房间内所有的

> 场景，但实际上，观察、理解所有的细节以及确认它们是否符合我们的期望和期待需要花很长时间。我们的第一印象往往需要被重新修正，而问题是，这些视觉线索如何快速地形成一致的观点？又如何解释令人目眩的视觉速度？

答案是，**我们不需要不断“看见”所有事物，因为我们在大脑中建构了视觉的虚拟世界**。来听一听我最喜欢的神经学家的观点。

> **威廉·卡尔文（1966）**：你通常观察到的看似稳定的场景实际上是你所建构的一个精神模型。眼睛事实上在快速地四处浏览，在视网膜上产生一个像新手拍摄的视频一样的抖动的图像，许多你认为自己看到了的东西其实只是记忆的填充而已。

我们可以非常顺利地构建这些思维模型，因此没有必要知道大脑是如何构建以及使用这些思维模型的。然而，我们需要一个理论来解释为何在我们的身体移动的同时，周围的物体仍保持不动。你第一次看到那间房间里的三面墙壁时，可能会产生类似图 8-13 中所示的这个网状结构来呈现它们。

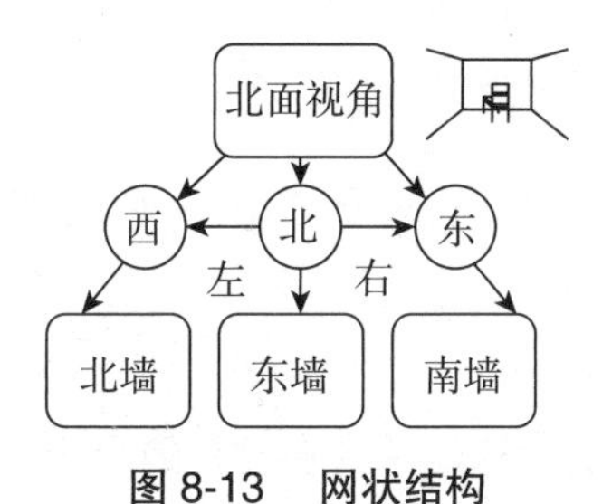

图 8-13　网状结构

然而这种呈现是不完全的，因为即使在走进房间之前，你仍然期待房间有四面墙壁，而且已经知道如何呈现箱子式四面墙壁的房间了。因此，你“默认”房间的棱角、角落、天花板和地板都是一个较大的、非移动架构的一部分，且这些部分并不取决于当前的视觉角度。**换句话说，我们感知到的“现实”建立在思维模型的基础之上，这些模型通常不会改变自己的形状或消失，尽管它们的表面在不断变化**。我们主要对自己所期待的物体作出反应，也倾向于呈现看到的物体，尽管这些物体在我们移动的时候并没有发生任何变化（见图 8-14）。[5]

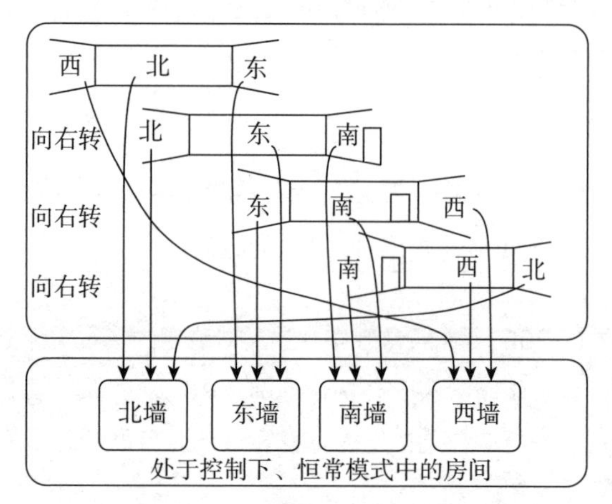

图 8-14　不同视角观察到的场景

如果你使用之前提到的大型化框架，则可以一边漫步一边记下对稳定框架中物体部位的描述。例如，如果你记得椅子靠近北墙，且门是南墙的一部分，那么这些物体将有一个固定的“精神位置”，与你所在的地点和观察的时间无关；甚至在你看不到这些物体时，它们的位置也是固定的（而如果一些物体被移动过而你又不知道，则可能会造成意外）。

因为视力会把不同领域内的特征与大型化框架中相似的角色联系起来，所以从不同角度观察时，我们周围的地点看似仍然保持不变。

我们很少会有新的想法，却通常会在已有的想法上修修补补，或把新想法和原有想法的一部分结合起来。这是因为你还没有获得任何新想法之前，很可能就已经回想起了相似的物体或事件，因此，你就可以复制或更改你已经拥有的结构，这尤为重要，因为如果你想要构建一个全新的精神结构，同样也需要构建新的方法，好重新获得这个结构，或构建使用这个结构所需的技能。然而，如果这个旧有物体或事件属于平行类比，那么你需要重新添加新的概念，它才能继承所有获得或应用旧有想法的技巧。

例如，你可以把椅子想象成物理实体，它包括椅背、椅座和椅腿。在这个物理实体中，椅腿支撑椅座，椅腿和椅座共同支撑椅背。你也可以把椅子想象成使人们舒服的工具。因此，椅座的设计是为了支撑人的重量，椅背是用来支撑人的背部，而椅腿则是为了把人固定在既定的高度，从而达到放松的效果（见图 8-15）。

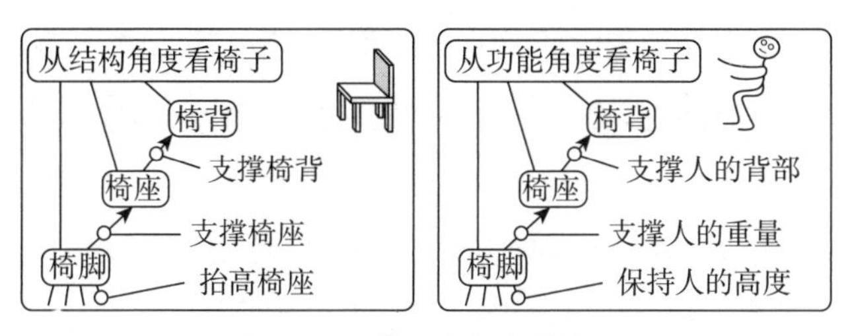

图 8-15　从不同角度看椅子

你同样可以把椅子看成个人财产、一件艺术品或木工活，每个不同的环境都会使你以不同的方式来描述椅子。当你对椅子的描述没有任何意义时，批评家可以告诉你转换到一个不同的精神领域去；如果你已经把相似的特征和平行类比联系起来，那么这个转换则会快速地进行。

学生：我们如何作出这样的平行类比？建构和保持这些平行类比的难度如何？作出平行类比的才能是与生俱来的还是后天习得的？我们如何学习利用它们？我们应该把它们放在大脑中的什么位置？

我认为我们不需要“学习”这些技能，因为大脑的构造已经演化出了这样的结构，它能够很容易地让我们把学习过的知识碎片和已掌握的知识联系起来，从而也能够从其他视角看到此领域或相同事物中相似的结构。我们可以如此自如地作出这样一系列的动作，看起来根本不需要任何推理；然而本章后文将提出，智能学习需要的机制要比想象中多得多，而且这些机制大多与心理学的旧有理论有关。

学生：难道这些联系不会使你把看到的误解为自己想到的其他事吗？如果这样，你总会搞不清什么是什么。

是的，我们不断犯这类“错误”，但矛盾的是，这样的“错误”却会使我们不致混淆，因为你把椅子当成全新的物体，椅子就不会对你有任何的意义。然而，如果每一把新椅子都会使你想起相似的物体，那么你就能看出椅子的许多用处。

通过使用平行类比的方法来表征知识的做法有很多优点。**平行类比是一种有效方式，通过不断改变知识的环境或领域而进入类比的“槽”，最终使用相同的结构完成几个不同的目的。**我们已经知道平行类比可以如何使我们快速地在相同物体的不同意义之间转换，以及每个这样的想法是如何帮助我们克服其他想法中的缺陷的。一般说来，这是表征许多种不同隐喻和类比的直接方法。总结了这些后，我认为我们的大脑是以平行类比的方式来表征常识性知识的。①

> 如果我们的记忆大部分由平行类比组成，则我们的大多数想法将变得模棱两可。但这是个优点而非缺点，因为人类大部分智能都来源于对产生这种现象的类比的使用。

高效率学习的奥秘

很久以前，哲学家大卫·休谟就提出了一个问题：我们为什么能学习？

> **大卫·休谟（1748）**：所有基于经验的推理，正如推理的原理，认为未来会和过去相似，同样的力量会和可感知的品质联合。如果对自然进程有任何的怀疑，过去或许就不会统治未来，所有经验将毫无用处，无法提供任何的参照或总结。

换句话说，学习本身只发生在适当统一的环境中。然而，我们仍然需要了解

① 我在1974年的著作中提出了“平行类比”的概念，并在1986年的著作中介绍了更多细节。我不知道是否有这样的实验来验证大脑中是否存在这样的结构。如果不同的领域在大脑的不同区域都有体现，那么寻找这样的结构就会变得困难，因为不同的知识框架槽中需要长期的神经联系。

学习机制如何运行，尤其需要了解人类的学习机制，因为任何其他生物都不会和人类一样拥有相似的学习能力。另外与其他动物相比,人类可以以惊人的速度学习，因此我们主要关注这一问题：人类如何通过观察简单的例子实现高效率的学习。[6]

> 杰克看见一条狗在玩游戏，因此他想教自己的宠物来玩这个游戏，但杰克的狗需要学成百上千次才能学会，而杰克只看一次就会了。为什么杰克能够如此快速地学会这个游戏，尽管他只看到一次?

人们有时也需要长时间地练习，但我们需要解释人们能从单个经验中高效学习的现象。一个理论认为，杰克其实也经历了很多次重复，但他却通过使用头脑中“动物训练师”的方式完成了学习过程，也使用“动物训练师”来训练大脑中其他资源，正如他亲自训练宠物时那样。

为了完成这次学习，杰克使用了类似于差分机的程序，首先，他开始描述自己短时记忆中的游戏；其次，杰克的“精神动物训练师”会在其他地点更永久地存储这种描述，通过重复改变新的复制方法，直到训练师分辨不出短时记忆和长时记忆之间的区别时为止。我们可以改变图 6-8 描述的过程，要把这些转变为复制机，我们仅需要改变其第 2 个描述，直到长时记忆中出现的结构和短时记忆中的结构一样（见图 8-16）。[7]

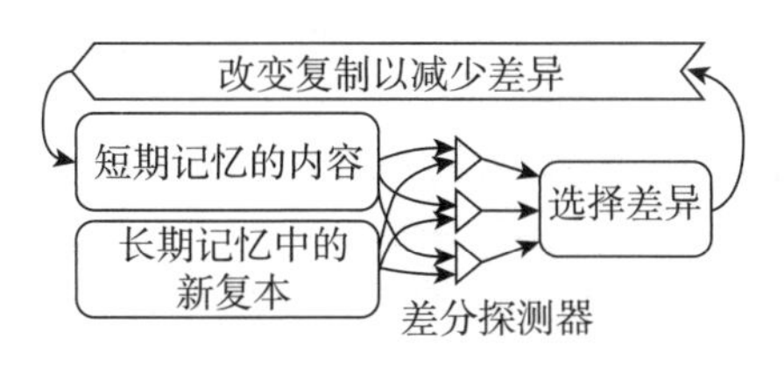

图 8-16 “精神动物训练师”

如果杰克对游戏的描述很具体，那么这个改变复制的循环将需要更多重复。[8] 因此，**关于如何制造新的长期记忆，“动物训练师”理论表明，人类在这方面的确和其他动物很像，也需要加倍重复**。然而，我们很少意识到这些，大概是因为大脑运行的过程，以及反思性思维根本就“看”不到。

学生：也可以在存储短期记忆的位置将其变为更加持久的记忆，从而记住事物。为什么我们不使用这种方法？为什么我们需要把它们复制到大脑中的其他位置上？

这是经济学上的问题：短时记忆是有限的，因为它们占用了昂贵的资源。例如，大多数人可以记忆 5~6 种物品，但当有多于 10 种物品时，我们就需要将其写下来。或许这种能力上的限制是因为我们每个快速获取的“记忆盒”都包含很多专业化的机制，而大脑只包含其中的几个。因此，每次我们使短期记忆的联系更为长久时，就将失去一个珍贵的短时记忆盒！

巧合的是，现代计算机也以同样的方式发展：在发展的每一阶段，高速运转的记忆单位都要比缓慢的方式付出更大代价。因此，计算机设计者们发明了“高速缓存器”，即使用昂贵的、高速运转的设备存储重复使用的信息。每个现代化的计算机都有几个这样的高速缓存器，并且每个这样的高速缓存器的工作速度各不相同，速度越快，体积越小。或许这种设备也存在于我们人类的大脑中。

这就解释了众所周知的事实：**我们所学习的任何事情都首先被暂时存储起来，之后需要一个小时左右的时间把其转化为长期记忆。**[9] 所以，头上的重击会导致人们丧失记忆能力，记不住之前发生的事情以及事件本身。这种“转变到长期记忆”的过程有时需要一整天或更长的时间，并且需要充足的睡眠来保证。

长期记忆的形成需要如此多的时间和过程，有以下几个方面的原因。

- **检索：**人们制造一段记忆记录后，如果没有提供任何重新获得记忆的方法，那么存储记忆的行为是没有任何意义的。这意味着每一条记录都必须和一些链接相接，才能在相关的时候激活记忆记录。（例如，把每一条新记忆和旧有的其他记忆平行类比联系起来。）
- **信用赋能：**如果记忆的记录只能运用到一种情况上，那么这条记忆在未来将不会有太大作用。下文将主要讨论一些我们扩展记忆记录相关的技巧。
- **长期记忆的“不动产”问题：**“动物训练师”如何在大脑中为将要进行的

复制寻找空间？它又是如何在寻找适当的大脑细胞组织的同时不扰乱希望留存的联系和记录的？为新的记忆寻找地点必须涉及复杂的局限和要求，这也就是为什么制造记忆记录需要花如此多的时间。

- **复制复杂描述：**想出记录简单标志或实物的方法比较简单，但我还未见到过任何使人信服的方案，能够让大脑快速地复制有着复杂联系的结构。因此，本节提出了一系列差分机似的方案。（我曾在 1986 年提出，相似的方案必须用在口头交流中。）

人类学习的知识如何发挥作用

日常生活中，“学习”一词非常有用，但仔细观察时，你会发现学习包含大脑改变自身的很多种方式。为了了解思维是如何发展的，我们需要知道人们如何学习使用不同的技能，如建楼塔、系鞋带，如何理解新词语的意思和如何猜测朋友们的想法。如果我们试图描述学习的所有方法，那么会发现自己需要学习很多技巧，其中包括：

- 添加 If → Do → Then 规则；
- 改变低层次联系；
- 形成新的子目标或目标；
- 选择更好的搜索技巧；
- 改变高水平的描述；
- 形成新的外显抑制和内隐束缚；
- 生成新的选择器和批评家；
- 联系原有的知识碎片；
- 形成新的平行类比的种类；
- 形成新的模型或虚拟世界。

在孩童时代，我们不仅学习具体的事物，也获得了新的思维方式，但婴儿无法自己独立、全面地发展并拥有成人的智能。因此，我们最为重要的技能是如何学习，不仅通过自我的经验学习，也通过别人的教导学习。

信用赋能

> 对于乐观者，杯里还有半杯水。
> 对于悲观者，杯里只剩下半杯水。
> 对于工程师，杯子比所需要的大了一倍。

本书第 2 章，我们首先看到卡罗尔学习使用勺子转移液体，但随后，我们知道了她在多次实验中获得成功的那次尝试：

> 她的学习应该包括那天穿的鞋子、天气（多云还是晴天）或事件发生的地点吗？她的哪一部分思想应该被记录在记忆中？如果在使用叉子时笑容满面，而使用勺子时却眉头紧锁又会如何？是什么让她不去学习不相关的规则，如“皱眉会让你在向杯中倒满液体时更轻松”？[10]

早期关于动物学习的观点都是基于这样一种方案建立的：每一次的成功都会换来小小的奖励，从而使得动物的大脑中这种奖励和“正强化学习”相联系，而每一次失望都会造成相应的弱化学习行为。在简单的案例中，这种方案能让大脑识别出正确的特征；然而，在更复杂的情况中，这种方法就不太适合寻找相关特征了，那么我们就需要进行更深入的思考。

其他有关学习运作机制的理论认为，这种行为包含对 If → Do 规则的制造和存储。这就是杰克的狗需要进行如此多次重复的原因之一：或许，每次狗试图玩那个游戏时，一些 If 会为一些 Do 作出一些改变，但它却记录了仅获得报偿的改变和变化。

简单地添加全新的 If → Do 规则就能让人进行简单的学习，但这可能也需要你作出一些关键决定。如果 If 规则太过宽泛，那么任何的 If → Do 规则都可能无法发挥任何作用（因为规则的应用太过随意）；如果 If 规定太多的细节，之后它可能就永不适用，因为任何两种情况都不会完全一样。这种情况同样适用于规则的 Do。因此，**每一个 If 和 Do 都必须足够抽象，从而能够适用于“相似”的情况，且**

无法适用于不甚相同的情况，否则，杰克的狗对其每一个姿势或所处的地点都可能需要一个完全不同的规则。所有这些都意味着，原有的“正强化”方案可能用来解释某些动物的学习方式，但却不能帮助解释动物是如何学习更为复杂的事物。

这就使我们回到了最初的问题上：人们如何在进行快速学习的同时不需要太多重复？之前，我们知道自己实际上可以进行多次重复，但这却是后来在大脑中进行的，但现在，我们从另一种视角讨论如何使用高层次的过程来决定从事件中学习的内容。当我们想要了解成功的因素并反思近来的想法时，以下是“信用赋能”所可能涉及的一些过程：[11]

- 对情景的描述方法将影响未来的相似情况；
- 学习有助于思考的部分，忘记不相关的部分；
- 把知识碎片联系起来，因此可以在需要的时候获得这些知识。

越是作出有利的决定，就越可能从经验中获利。信用赋能的质量是被人们称作“智能”的众多特征中的一个方面。**只记录解决问题的方法仅仅有助于我们解决相似的问题，而如果我们可以记录自己是如何发现这些解决方法的，就有助于处理更为广泛的情况。**

例如，像玩西洋棋或围棋一样，如果你碰巧赢了一局，只记录自己走过的棋谱，是学不到任何有用信息的，这是因为你很难遇到相似的情况。然而，如果你知道哪些高层次决定有助于自己获得成功，你会做得更好，正如艾伦·纽厄尔 50 多年前观察到的那样。

> **艾伦·纽厄尔（1955）**：整个游戏的“胜利、失败和平局”是否能够给予我们很多启示，这是值得怀疑的，（因此，为了更有效率）游戏的每一局都必须给予我们更多的信息……如果实现了一个目标，而且子目标没有被禁止的话，它必定会得到强化……创造的每个方法都能提供一些消息，从而暗示方法规则的成功或失败；每个对手的行动都会暗示我们成功或失败的可能。

因此，当你最终实现目标时，应该为高层次方法进行信用赋能，你可以使用

这些高层次方法把目标划分为子目标，而不仅仅是存储解决问题的答案，要用这些经验来改善自己的策略。

学生：但随后，可能你也想记住产生这些策略的方法，因此你就开始了一个永无止境的过程。

人们到底需要花多长时间思考取得成功的经验，至今仍因人而异。有时，成功的实现需要被推迟几分钟、几个小时甚至几天（正如第 7 章中讲到的那样）。这表明我们的一些信用赋能涉及遍布其他大脑部位的广泛区域。

例如，我们有时拥有这样的“启示”，如“我知道这个问题的解决方法”或“我突然知道为什么那样可以了”。但是，正如我们在第 7 章中提到的那样，有些问题正是在一些特殊的时刻解决的，因为我们根本意识不到问题解决之前进行了哪些无意识工作。如果这样，这可能就像批评家们说的，“这已经花了太多时间，是时候停下来了，采用之前想到的方法策略，效果可能会更好”。[12]

我们常常不假思索地进行信用赋能，但有时，一个人在完成比较困难的工作之后经常会这样对自己说：“我真傻，浪费了好多时间，其实我一直知道该怎么做这件事。”为了弥补这一缺陷，他们可能会重新建构一个新的批评家，或改变已有的批评家，因为后者无法提醒他们获得特定的知识碎片。

然而，这样的自我反思经常不能发挥作用，因为人们会发现，寻找解决方法要比解决问题本身更困难；尤其是在我们不清楚思维的运行方式时。换句话说，我们比较欠缺“内省”能力，如果不是这样，我们也根本不需要任何心理学家了。所以，若想了解人们如何学习，我们需要对以下问题进行更多的探究：婴儿能够进行怎样的信用赋能？儿童如何发展更精湛的技巧，这种过程持续多长时间？我们可以在何种程度上学习控制它们？第 9 章也会讨论快乐的情感与如何制造出信用赋能的相关性。

学习迁移到其他领域。每个老师都知道，当孩子为了通过考试而学习，却从不使用学习方法解决其他问题时，挫折感便产生了。是什么使某些学生擅长把知识灵活运用到其他不同领域，而其他学生似乎在每一领域都需要重新学习相同的知识？

我们可能会轻易地说一些孩子更“聪明”，但这却不能解释他们是如何利用自己的经历作出更有意义的归纳的。部分原因是：一些孩子擅长创造和使用平行类比，但也可能因为这些较为“聪明”的孩子能更有效率地学习，因为他们学会了（可能是无意识地）反思自己学习过程的能力，因此能够找到方法改善自己的学习过程，例如，这种反思有利于发现他们应该学习哪种类型的知识。

显而易见，学习方法的好坏很大程度上取决于如何进行更好的信用赋能。这意味着做不到这一点的人很可能有一些缺陷，从而不能很好地把所学知识运用到新的情况中，这也就是心理学家所说的“学习迁移”（Transfer of Learning）。[13]

要想从经验中收获更多，记忆太多细节并不明智，只需要记忆与目标相关的方面即可。另外，如果我们把成功归因于以下几点：导致成功或失败的最后行为甚至是最后行动的策略，或之前所做的选择，对我们对成功策略的选择的影响或许我们学习的知识会更加深刻。人类进行信用赋能的能力是我们超越动物的最重要的方面。

创造力和天才

莱纳斯·鲍林
Linus Pauling
量子化学和结构生物学的先驱之一

获得好想法的最好方式就是想出很多想法。

我们钦佩爱因斯坦、莎士比亚和贝多芬这些天才，而且很多人坚持认为，他们的成功是无法解释的“天赋”使然。如果这样，机器将永远无法完成这些事情，因为（至少当前比较流行的观点认为）没有任何一台机器能够如此神秘。

然而，当人们有幸亲眼看到那些堪称“伟大”的人物时，却并没有发现使其成就卓越、非同寻常的特质。与此相反，（至少在我看来）我们发现的任何的不平凡都是由其他平凡的特质组成的：

- 他们精通自己的领域。（但就其本身而言，我们称之为专长）
- 他们非常自信。（因此，能够更好地承受同行的讥讽）
- 其他人放弃时，他们能够坚持。（但是，其他人可能称之为固执）
- 他们拥有更多思维方式。（因此需要更好的转换方式）
- 他们习惯以新奇的思维来思考事物。（其他人也这样做，只是不那么频繁而已）
- 他们能够更好地进行自我控制。（因此，不会将时间浪费在不相关的事情上）
- 他们排斥流行的神话和信仰。（尤其是关于无法成功的想法）
- 他们往往勤于思考。（不会在徒然的想法上浪费精力）
- 他们擅长解释自己所做的事。（因此，他们完成的工作极少被人忽视）
- 他们往往能够进行更好的信用赋能。（因此可以以较少的经历获得较多的学习成果）

每个人或多或少都有这样的天分，但很少有人能把这些天分发挥到极致。

大众：这些特征有助于解释普通人如何解决日常的困难，但费曼、弗洛伊德和阿西莫夫等伟大的思想家也的确拥有非同寻常之处。

天才来自独有的天赋或特质，统计数据的结论却与之相悖：

> 假设有20种使人超乎常人的特质，且每一个人都有平等的机会获得其中的一个，我们中却只有一人能够在百万人之中脱颖而出。

然而，即使以上论证是正确的，也不能解释某些人能够同时拥有这些特质的原因。例如，或许为了获得这些品质，人们应该首先掌握一些好的学习方法。无论如何，大量的证据表明，我们的内在特质在很大程度上是靠基因遗传的，但我却认为，偶然的精神层面的赞美机遇的影响更加重要。例如，大多数儿童都有很多方法把自己的玩具积木堆成柱子或排；并且如果得到旁观者的赞扬，孩子们会继续改善自己的技能，其中的一些孩子会继续寻找全新的思维方式。然而，当没有旁观者能察觉到这些精神活动时，某些孩子可能会学会自我赞扬的方法。这表明，当孩子完成了不起的事情时，外人根本看不到其成功的原因，因而倾向于把孩子们这种全新的能力用一些毫无用处的术语来描述，如天资、天赋、天分和天赐。

心理学家哈罗德·麦科迪（Harold McCurdy）表示，特定的“幸运的意外”可以让孩子显露出独特的天分，也就是说有比普通人更优秀的双亲。

哈罗德·麦科迪（1960）：我们调查了20位天才的自传资料后发现，典型的发展模式包括以下几个重要的方面：第一，父母亲和其他成人对孩子的高度关注，表现在加强其接受的教育以及对其充分爱护；第二，与其他孩子隔绝，尤其是家族以外的；第三，丰富的幻想能力（比如创造力），能够对之前条件作出反应……而公立学校的大众化教育把以上3点因素的价值影响降到了最低。

据说，出色的思想家一定拥有高效的方式，能够帮助他们组织和应用自己学习的知识。如果这样，天才的发展应部分归功于“思维管理”的技能。或许，一旦理解了这些，我们将更多地教授儿童发展更强大的精神层面的技巧，而不是教给他们各种具体技能。

大众：我们真的希望自己理解这些事情吗？在我看来，人们想象和创造的方式具有某种程度的魔力。

许多现象在我们找到其最终根源之前都具有某种魔力。在这种情况下，我们仍然对常识性思考的运行方式知之甚少，因此认为“常规的”和“有具体创造力的”想法之间具有本质上的不同仍为时过早。那么我们为什么会坚持相信英雄们总具有神秘天赋这种神话？或许我们对这种想法感兴趣的原因在于，如果这些成功人士完美的技能与生俱来，我们就不会对自己的缺陷和不完美感到羞愧，也不会赞扬这些艺术家和思想家所取得的伟大成就。

本节主要解释为什么一些人拥有更好的想法，但是，如果我们对问题稍作改变，问“是什么使一个人比另一个智能？”以下这个过程可能会限制人们的多向发展：

> **投资原则**：如果你知道解决同一种问题的两种方法，通常会使用自己最熟悉的那种。随着时间的流逝，这个方法会变得格外有影响力，因此人们会专门使用这种方法，即使有人告诉你另一种方法更好。

因此，有时学习新思维方式的主要障碍在于，人们需要忍受不熟练或表现不好所带来的不适。所以，“创造力的秘诀”之一就是养成一种能够享受这种不适的习惯。我们在第 9 章讨论“冒险”话题时会详细讨论这个问题。

说到“创造力”，为计算机设计程序，使其产生前所未有的、不计其数的物体是一件轻而易举的事。**但使所谓“有创造力”的思想家脱颖而出的不是其想出了多少种想法，也不是这些概念有多新颖，而是他们如何选择新的想法，从而继续思考和发展**。这表明，这些艺术家有方法来压制（或根本就避免产生）太过新颖的想法。

> **亚伦·斯洛曼（1992）**：科学世界中最重要的发现不是新规律或新理论，而是可能性，正是在这种可能性里形成了新规律和新理论，从而加深了我们对世界“形式”的认识，而与世界“内容”或“局限”相悖的规律。

记忆与表征结构

> **威廉·詹姆斯（1890）**：没有任何性能是只属于某一物体的。同样的性能可

能在某一场合被看作一个物体的本质，但也会变成其他物体的非必要特征。

每个人都可以想象事物，我们可以听到大脑里的字词或短语；我们勾勒出并不存在的环境，并借助这些形象来预测未来行动可能带来的影响。人类的大部分智能来源于对物体、事件或概念的精神表征的处理能力。

但表征（representation）具体指什么？在我看来，表征指存在于大脑内的任何结构，它可以用来回答问题。只有当表征和所谈论的物体相似时，这些答案才有意义。

我们有时会使用具体的物理实体来表征事物，如使用图片或地图来寻找城市里的道路。然而，回答过去发生的事情时，我们必须使用所谓的“记忆”，但“记忆”指什么？每一条记忆都是对过去发生事件的记录或追踪，当然，你不能追踪事件本身，至多能记录与那个事件相关的物体、想法、关系以及事件对你当时精神状态的影响，例如，当你听到“查尔斯送给琼一本书时”，可能以一种类似脚本程序的一系列 If → Do → Then 规则来描述这个场景（见图 8-17）。

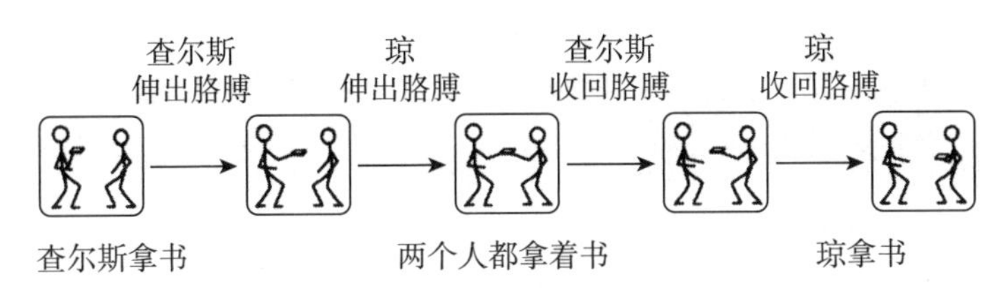

图 8-17　查尔斯给琼书时的 If → Do → Then 规则

然而，你也想知道那本书是个礼物还是个借出物，查尔斯是否想讨好琼，场景中的两个人着装如何以及他们的谈话意义如何。因此，我们对任何特殊事件都会作出几个典型的表征。例如，这些记录可能包含以下内容：

- 对事件的口头描述；
- 对场景的视觉刺激；
- 涉及人物的一些模型；

- 人物情感的模拟；
- 相似场景的平行类比；
- 对未来可能事件的预测。

为什么大脑能够以多种不同的方式来表征同一事件呢？如果涉及想法的每一领域都留下了其他记录或痕迹，它们将会让你用各种各样的方式思考同一个事件，例如，通过使用口头推理或操纵精神图式，或幻想参与者的手势和面部表情。

如今，我们对大脑如何作出这样的记忆、如何获得以及“重放”记忆所知甚少。尽管我们对大脑细胞的行为运行方式知之甚多，但对细胞如何组成更大结构来表征对过去事件的记忆却一无所知。反思也不能帮助我们了解这些过程的细节，通常情况下，我们可以说的最多只是我们“记得”某些发生在自己身上的事情。所以，下面将主要描述几个结构，它们可能会被大脑用来表达存储在记忆中的知识。让我们继续思考这些结构在大脑中排列的方式。

表征知识的多种方式

我们与动物的区别在哪里？最重要的不同就是其他动物都不会问这样的问题！人类似乎有着独一无二的能力，能把想法当成事物看待，换句话说，就是使之“概念化”（conceptualize）。

然而，为了创造并使用新的概念，我们必须使用存储在大脑网里的结构形式来表达这些新的想法，因为任何细小的知识碎片都没有任何意义，除非这些细小的知识碎片是大型化框架中的一部分，且大型化框架与大脑知识网中的其他部位相联系。然而，这些联系的呈现方式无关紧要，相同的计算机可以用金属丝和开关组成，甚至可以用滑轮、积木或绳子组成，重要的是相关部分改变时，其他每一部分如何作出改变以回应这些变化。

换句话说，**知识并不是由悬浮在精神世界里的单独实体“想法”构成的，它们也需要相互关联。**把想法和观念想象成“抽象概念”，以图式的符号形式或以句子和篇章形式来表征想法，这通常都是有益的。然而，想要思想或概念具有实际的效果，例如使用双手移动积木、使声带发声或想出另一个想法，就必须有一些物理结构来联系大脑内部的不同表达。

本节回顾了研究者们经常用来表征计算机内部知识的一些当代观念，以及一些还没有被验证的观念和想法。由于篇幅的限制，我们并没有讨论太多细节，《心智社会》一书详细地讨论了本节中的话题。[14]

把事件描述成故事或脚本

或许我们用来表征事件的最熟悉的方式就是把它当作一个及时描述系列事件的故事或脚本，也就是说，以故事或叙述的方式。我们在分析"查尔斯送书"的场景以及卡罗尔计划建造拱形门时，都已经使用到了这种脚本（见图 8-18）。

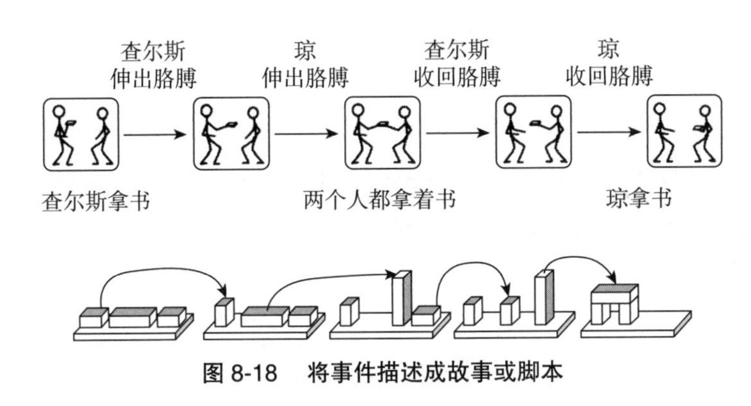

图 8-18　将事件描述成故事或脚本

并不是所有的过程都顺次排列，大多数计算机程序主要由像这样的系列行动组成，但在某些时候，这种顺序可能会被分支的 If 情况打断，因此脚本可能朝向不同的方向，这取决于特定的当前条件。尽管如此，过程一旦完成，人们便可以通过列举其选择的路径简化或总结过程，如"我在尝试使用玩具积木制造拱形门，我发现必须首先建造支架，然后搭上顶盖"，这其中省略了许多在学习搭建积木时所走过的弯路。

用语义网络描述结构

故事或脚本中的每一个名目都有可能代指其他更复杂的结构，例如，为了理解“琼”或“书”的意思，读者必须首先拥有表征这两个术语的结构。一旦我们需要描述更多的细节，比如物体部分之间的关系，使用类似图 8-19 描述的结构便能够更好地表征人物或书本。[15]

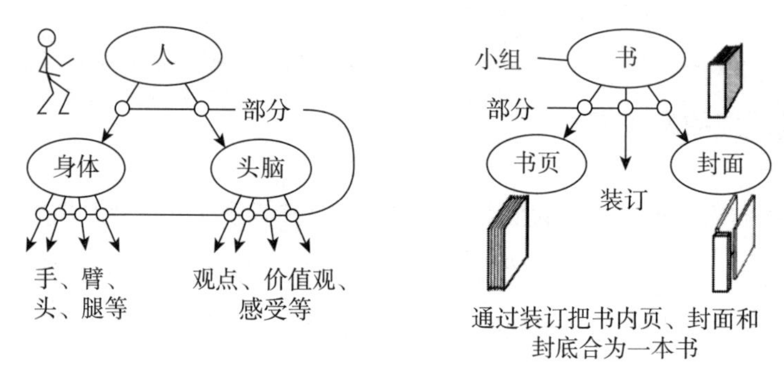

图 8-19　语义网络

每个所谓的“语义网络”都是符号的集合，与其他标记的联系相连。它们拥有丰富的表征形式，因为每个联系本身代指很多表征类型，图 8-20 中的语义网络就描述了 3 块拱形门积木的众多部位之间的联系。

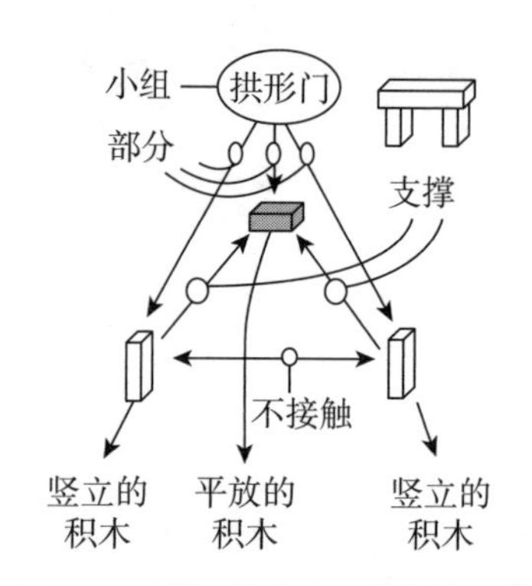

图 8-20　拱形门积木中的语义网络

每一个部分、支撑和不接触的联系反过来代指其他结构、资源和过程，人们可以利用这些理解语义网络对其他事情的表征，例如，代表“支撑”的联系可以用来预测这种情况：如果我们移除下面支撑的积木，最上面的积木就会掉下来。

用传送框架表征多个行动

为了表达行动的效果，使用一对语义网络来表达已经发生变化的行动是非常方便的。在第 5 章中，我们知道如何通过改变一个名称或高层次表征的关系来替代拱顶，而不是改变成千上万的点来形成图片似的图像（参见图 5-33）。

我们使用术语“传送框架”（Trans-Frame）来命名这对表征，它呈现的是行动完成之前和之后的条件。我们可以通过将一些传送框架相连，从而形成故事或叙述，来表达一系列行动的效果。图 8-17 所示的“查尔斯送给琼一本书”这一行动就包含 5 个这样的“传送框架”。

图 8-21 是“查尔斯送给琼一本书”这个事件的另一个版本，只有 3 个表达，每个框架却展示了更多的细节。

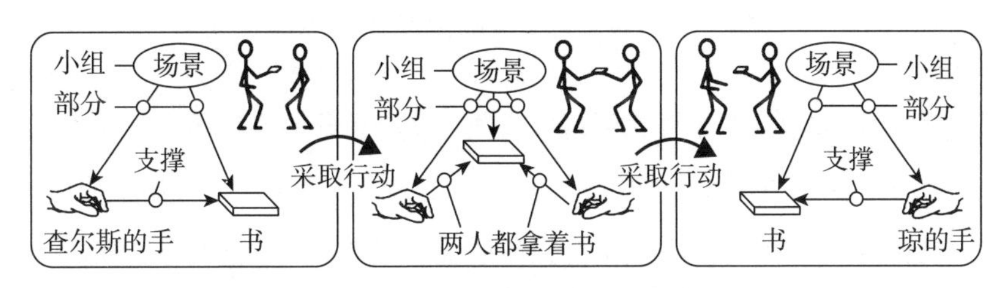

图 8-21　另一版本的 3 种表达

用框架表示常识

在 1974 年和 1986 年的两本书中，我描述了框架和传送框架的概念，因此，在这里我将不再重复其细节。然而，关于其使用方法，有几个重要的知识点要重申一下。传送框架能够通过描述行动之前或之后的条件来表达行动的效果，但它也可以囊括常识的信息，如下面这些知识。

- 谁执行了行动？为何执行？行动对其他事情造成了何种影响？
- 行动从哪里、何时开始？
- 行动是否有意的？它有什么目的？
- 使用了什么方法或工具？
- 克服了什么困难？它的副作用是什么？
- 行动涉及了什么资源？接下来会发生什么？

例如，图 8-22 是一个传送框架，描述了琼从波士顿到纽约的旅程，其中可能有许多像下面所描述的额外的“槽”。

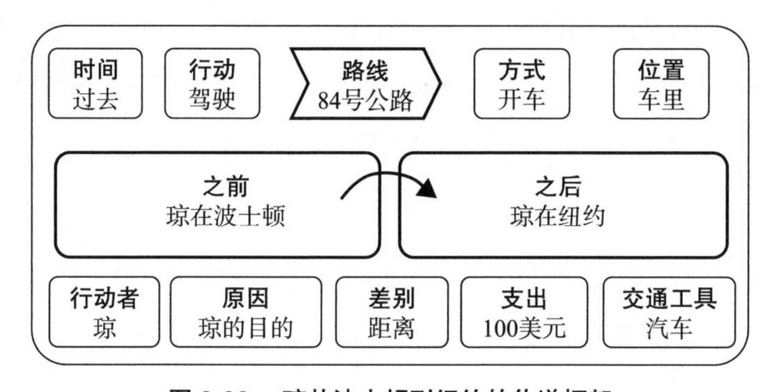

图 8-22　琼从波士顿到纽约的传送框架

这个传送框架包括两个语义网络，描述行动旅程开始之前和之后的条件，但它也包括了表达信息的槽，告知琼何时、以什么方式以及为什么开始了那场旅行。这些槽也包括普通问题的简单答案，换句话说，**传送框架的槽通过“默认”方式涵盖了大量被我们称作常识的知识。**

例如，当某人说“苹果”时，你似乎立刻就会知道苹果是长在树上的，又圆又红，人类的手掌大小，有着特殊的纹理、味道和口感，听到苹果这个词后，根本不需要反应就会知道这些常识。第 6 章和第 7 章提出了是什么使得我们的大脑如此迅速地获得其需要的常识性知识的问题。部分原因是，每个传送框架中的槽已被最为普通和典型的信息填满，而且你可以通过这些信息判断自己是否需要额外的信息。

如图 8-23，你会“默认”苹果是红的，但如果你知道某个苹果是绿色的，可能会在颜色槽里用“绿色”替代“红色”。换句话说，**一个典型框架描述的模式是，“默认假设”（default assumptions）通常是正确的，但一旦遇到特殊的例外情况，必须确保能够轻易作出改变。**[16]

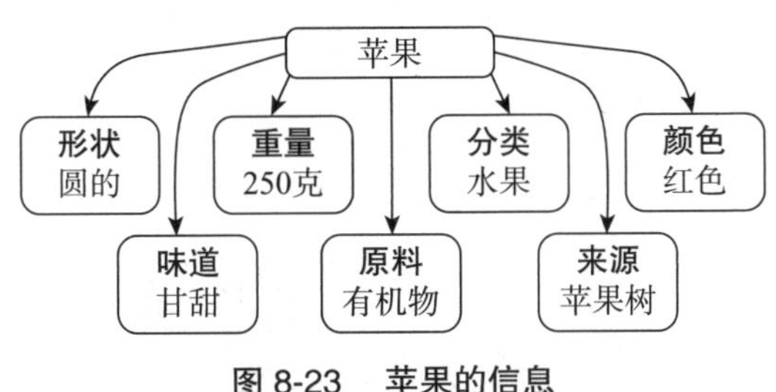

图 8-23　苹果的信息

所有成年人都知道很多这样的条目，并把它们视为日常生活中的常识，但每个儿童却都需要花费几年时间学习传送框架在不同条件和领域下表现出的所有细微差别。例如，人们知道，如果在物理领域移动一个物体，会改变物体所在的位置，但如果你告诉朋友们这些信息，这条相同的信息将分布在不同的两个地方。同样，如果你听说查尔斯紧紧抓住书，也不会询问他为什么要这么做，因为你默认他和其他大多数人一样，拥有最平常的常识，他这样做就是为了不让书掉到地上。

“默认假设”的想法有助于解释人们如何快速地获得常识性知识：只要你激活了框架，许多你可能会问的问题在你开口询问之前就已经有了答案。[17]

通过构建“知识线”来学习

假设你刚刚想出一个有助于解决某个难题 P 的好主意，你能从这个经验中学习到什么？其中之一就是创建新的规则：如果（If）你面对的问题就是问题 P，那么（Then）尝试着寻找以前出现过的有助于解决问题 P 的方法。If → Then 规则能够帮助你解决与问题 P 相似的问题，但无法帮你解决不甚相似的问题。然而，如果你能记录下寻找解决方法的思维方式，会更容易在更为广阔的情形下寻找解决的方法。

当然，复制人类思维整个状态的行为是不切实际的；但是，如果你想在发现解决问题 P 的方式时重新激活一些资源，则有很大可能成功。你可以创建一个全新的联系选择器，从而有助激活这些近期使用过的资源完成目标。我们称这样的结构为“知识线”（knowledge-line，或简称为“K 线”），这样的知识线发挥着精神活动中的“快照”作用，因为当你后来再次激活那些资源时，它会将你置入一个相似的状态（见图 8-24）。

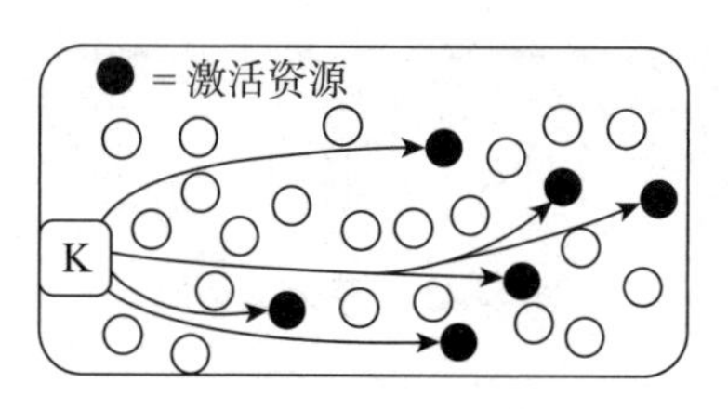

图 8-24　K 线激活资源

以下是一个类比，说明了知识线的运行方式。

> **肯尼斯·哈泽（Kenneth Haase，1968）**：你想修自行车，在开始之前，双手都是红色的油漆，你使用的每一个工具上也都沾满红色的油漆。修好之后，你会记得“红色”适合“装饰自行车”。如果你使用了不同的颜色来做不同的工作，一些工具上就会有几种不同的颜色……之后，当你有一些工作需要完成时，你只需要触发一套工具，其合适的颜色和可用的资源都任你使用。

这样一来，对于每个问题或工作，知识线都会使你的大脑充满多种相关的想法，会使你进入一个有助于自己完成工作的相似的状态。

> **学生**：我能理解新的知识线是如何被当作新思维方式的选择器的，但当需要激活这些选择器时，如何创造新的批评家？

如果我们想要使用新的知识线来解决相似的问题 P，那么这个批评家应该识别一些问题 P 特征的组合（见图 8-25）。

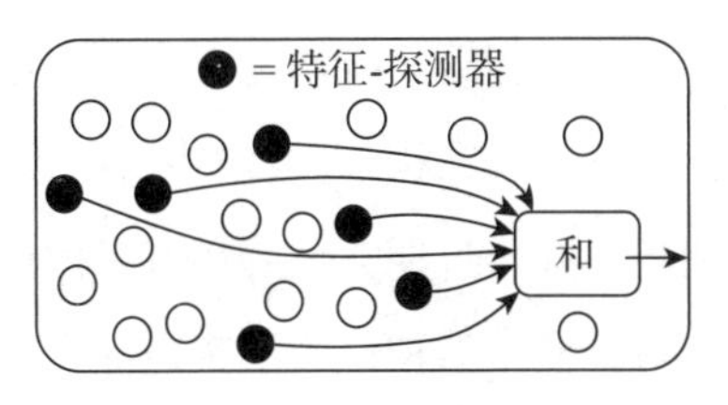

图 8-25　问题 P 特征的组合

然而，如果只有当问题 P 的特征全部出现时，这样的批评家才会作出反应，也就是说批评家可能无法识别与问题 P 稍微不同的情况，因此每个新的批评家应该仅能识别有帮助性作用的特征。

学生：我明白你的意思。假设在修理自行车时，你恰巧使用了一件把自行车变得更糟糕的工具，把工具刷红也没有任何作用，因为之后你可能会浪费更多时间。

这表明，当我们制作新的选择器和批评家时，大体说来，只要通过学习，我们就应该试着确保学到的知识能够真正地起到帮助作用。下面关于信用赋能的部分将主要讨论一些有助于确保学到的知识与未来的事情相关的过程。

学生：如果每条知识线仅被用来重新访问你已经熟悉其使用方法的思维方式，那么这些知识线还会有助于创造全新的事物吗？

这不成问题，因为当你激活知识线时，它并不能完全替代你当前的思维方式，原因是知识线在关闭一些资源的同时激活了另一些资源，但是你当前的很多资源仍能参与其中。因此，**大脑中两种不同的资源集将同时处于激活状态：一种被用于当前的思考，一种被用于记忆。如果这些资源相互匹配，那么这两种资源可能会共同协助解决当前面临的难题。你可以把这两种资源以外的其他资源相结合，以一个新知识线的形式存储起来，结果就是，你为新的思维方式创造出了新的选择器。**

如果当前的资源与知识线激活的资源不相匹配，该怎么办？其中一个办法就是优先考虑知识线激活的资源。但这个方法也有些副作用：我们并不希望自己的记忆重新且紧密地还原为原有的思维状态，淹没当前的想法。这是因为如果这样，我们可能会丢掉自己当前的目标，近期完成的所有工作也可能会消失。另外的办法就是，给予当前活跃的资源而不是记忆中的资源优先权，或者两种资源都进行压制。

我的答案是，使用一种方法可能永远无法取得令人满意的结果，因此，智能的人们在处理纷繁复杂的情形时总会寻找方法来（使用高层次的策略）决定哪种方式最合适。无论使用哪一种方法，最后的思维状态肯定与之前的思维状态有些许不同。所以，每种新情况都可能形成全新的思维方式，并且如果你能快速地将其“记录”下来，将会拥有一条全新的知识线。[18]

我们应该注意到，心理表征几乎从不“白手起家”，原因是无论我们何时制作新的心理表征，它总是与旧有的心理表征相关。例如，当你理解“查尔斯送给琼一本书”这件事时，你对它的表征几乎全部是以前所建构的查尔斯、琼和书本的表征的总和。因此，听到句子之后，你的思维状态也囊括了其他概念所使用的资源。

所以，如果你尝试作出能够再现精神状态的单一知识线，那么知识线将需要和不计其数的其他资源相联系。然而，你也可以仅仅通过作出一条与查尔斯、琼和书的原有表征相联系的知识线来实现同样的效果。之后，每当你尝试激活这条新的知识线时，它会给予你一种重新经历这些精神活动的感觉（见图 8-26）。

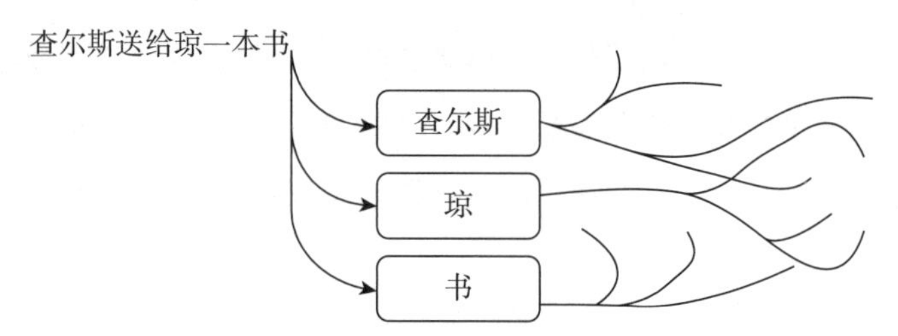

图 8-26　依附于其他 3 种知识线的知识线

联结主义和数据表征

让我们来比较以下两种不同的表征“苹果”这一常识性知识的方式。苹果是一种可食用的水果，颜色有红黄绿三种，果肉脆，色泽鲜亮，味道酸甜，种类繁多且产自欧亚地区（见图 8-27）。

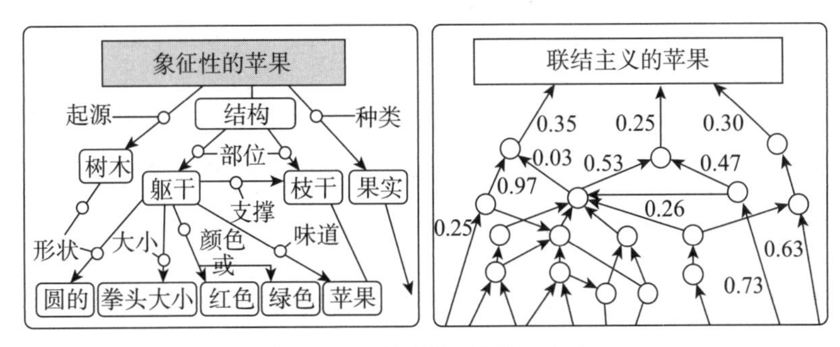

图 8-27　苹果的两种表达方式

图 8-27 左图是关于苹果的语义网络，描述了苹果各个部分、方面的特点以及它们之间的关系。右图是“联结主义网络”（Connectionist Network）模型的例子，也展示了苹果的一些方面，但缺乏简单的方法来区分各部分之间的不同关系，只列了一些数字，表明不同特征是如何紧密“联系”的。联结主义系统有很多实际的应用，原因是这种系统可以进行学习，从而识别模式的重要类型，而不再需要为其编程。

然而，这些基于数字的网状模型也有局限性，限制了它们进行反思。人们有时可以把这些数字价值解释为关联或可能，但因为它们并没有线索来暗示这些联系的内涵，因此其他资源很难使用这样的信息。问题是，联结主义网络模型必须将每个关系缩减为单一价值或“力量”，因此，任何形成它的证据几乎都无法存留，例如，如果你看见数字 12，你是不能分辨出是代表了 5 + 7、9 + 3 或 27 − 15，还是描述了房间里的人数或是人们坐的椅子的椅腿数目的。简而言之，数字表达成为高层次思维方式的障碍，而语义网络就可以清楚地解释各种各样的关系。

我提到这些，主要是因为尽管我在发明语义网络的过程中发挥了作用，但是近年来我看到，这种网络概念的普及阻碍了对人类心理学机制中高层次思想的探索。据我了解，对常识性知识的探索 1980 年前在不断进步，之后，人们普遍认为未来的进步取决于能否找到获取和组织上百万个常识性知识碎片的方法。这个前景如此令人震惊和宏伟，许多研究人员决定尝试着发明能够独立学习的机器，学习本身所需要的知识，概括说来，也就是发明类似第 6 章提到的儿童机。

很多这样的学习机器确实能学习做一些有用的事情，但很少有机器能形成较高层次的反思思维方式，我猜测主要是因为它们尝试使用数字的方法表征知识，因此很难产生富有表现力的解释。

然而，我并不认为这些语义网络不重要，我们将在“表征等级”一节中看到，可以认为，大脑中很多低层次的过程必须使用联结主义模型的一些形式。

语境知识的微粒体

我们经常面对一些模棱两可的情况，一件事情的意义取决于精神环境中余下的部分，这也适用于思维中的多种活动，因为活动的意义在于激活了哪种精神资源。[19] **换句话说，任何符号或物体本身并没有任何意义，而你对这些符号或物体的解释则取决于自己身处的精神环境**。例如，当你听到词语“木块”时，你可能会认为它是进步的绊脚石、矩形的物体、用来在上面砍东西的木板子或用于在拍卖会上展示物体的木台。你会选择何种解释？

这样的选择经常取决于你自身当前的精神环境，它会让你从一系列选择中作出抉择：

- 概念的或物质的；
- 已证实的或猜测的；
- 强健的、脆弱的或可修理的；

- 公众的或私人的；
- 城市、农村、森林或农场；
- 不规则的或对称的；
- 动物、矿物或植物；
- 普通的、稀有的或独一无二的；
- 室内的或室外的；
- 居住地、办公室、剧院或汽车里；
- 颜色、纹理、硬度或强度；
- 合作的或竞争的等。

许多像这样的环境特征都有共同的名字，但许多其他事物却没有这样的表达，正如我们不具备很多描述味道和气味、手势和语调、态度和性情的词语。我建议使用术语“微粒体”（micronemes）来表达许多影响和改变我们对事物看法但难以形容的线索，图 8-28 表明一些环境特征可以通过机制来影响我们的精神过程。[20] 想象一下，大脑包括成千上万根线状纤维，它们贯穿大脑内部的其他结构，因此每一个微粒体的状态都能对许多其他过程产生影响。

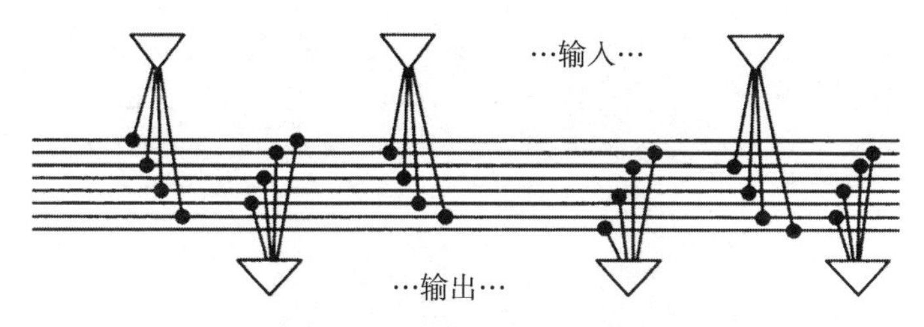

图 8-28　微粒体的输入与输出

在输入层，我们应该假定很多精神资源，例如知识线、框架槽或 If → Do → Then 规则，都能改变一些微粒体的状态。你当前的微粒体状态能够代表很多当前的精神环境，随着这些纤维状态的改变，深远的微粒体将会向许多其他的精神资源播撒这些信息，因而会改变你的态度、观点和思维状态。

表征等级

上一节已经简要地描述了我们可能用来表征不同类型知识的几种结构，但每个表征都有优缺点，因此，每个表征都需要另外的关联，通过关联利用其他种类的表达。这表明，我们的大脑需要大型化的组织来对各种表征知识的方法进行关联，或许最简单的排列方法就是等级（见图 8-29）。

图 8-29 显示了对大脑如何形成多样的方式来表征知识的一种解释。然而，我们也不必期待真实的大脑会以这样整齐的方式排列。如果解剖学家们发现大脑的不同区域涉及不同的组织，用以支持不同领域内的精神功能，例如维持身体功能、操纵物质实体、发展社会关系以及进行反思和组织语言，我们也不必对此感到太过惊讶。同样的道理，如果这些图式最后被证明很好地描述了某功能与其他功能联系的方式，那么图中一些与之相邻的结构实际上可能相距很远。人类大脑中的大部分都包含无数条神经，用以连接相隔很远的区域之间的关系。[21]

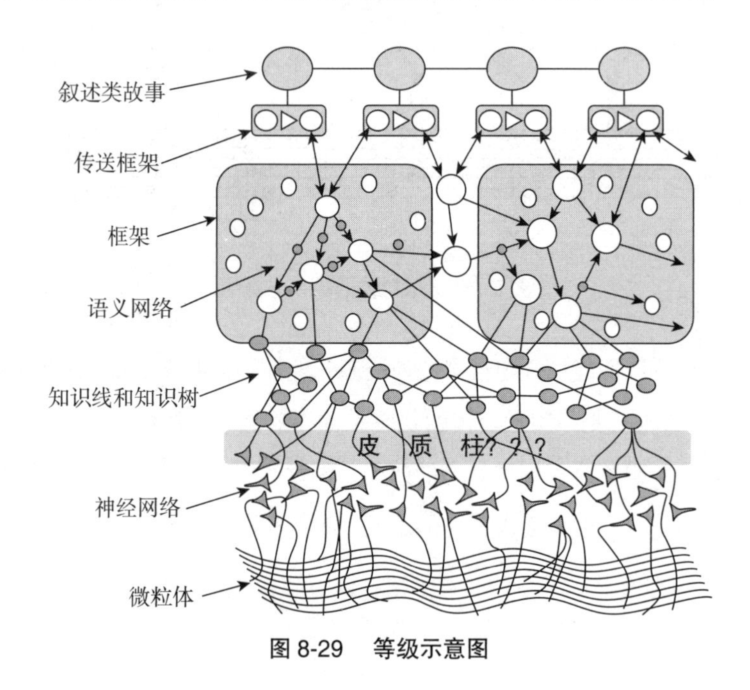

图 8-29　等级示意图

不过，表达不大可能总是排列得如此具有层级性。在生物界，新结构通常以旧有结构的复制品形式发展，从而导致了更多的旧层级。然而，由于脑细胞如此奇特，能够联系不同的点，也就更能轻易地参与到层级结构不那么明显的组织之中。

我们如何学习新的表征方式

我们从哪里得到表征知识的方式，为何我们能够轻易地把知识组织到平行类比的结构中？这些能力是通过基因遗传到儿时的记忆系统中的，还是我们从个人的经历中学习的？这些问题有一个共同特点：我们到底是如何学习的？正如古典哲学创始人伊曼努尔·康德（Immanuel Kant）曾指出的那样，**学会学习是我们不能完全依靠经验获得的技能之一。**

> **伊曼努尔·康德（1787）**：毫无疑问，我们所有的知识都始于经验，认知的机制应该通过训练而非影响我们情感的物体被唤醒。这是为什么呢？部分认知产生表达，部分认知激发我们在某些方面的能力，如理解活动、比较、连接和分离，因而能够把我们情感的原材料转化成对物体的知识……尽管我们所有的知识都始于经验，但这绝不意味着知识起源于经验。恰恰相反，我们的经验知识很有可能是我们通过印象获得的知识总和，而且（额外的知识）全部独立于经验……认知的能力自给自足，感官的感觉只是偶尔出现。

所以，尽管感觉给予我们学习的“机会”，也不是说它让我们“有能力”学习，原因在于我们首先必须拥有大脑所需要的额外的知识，正如康德所说的那样，“产生表征”和“连接表征”。[22] 这样的额外知识也包括天生具有识别相互关系和其他感觉关系的方法。我认为，就物理实体来说，大脑天生拥有能够帮助我们进行“比较、连接和分离”的机制，因此我们可以以存在的方式表达它们。

所有这些都使我认为，我们天生拥有以下结构的最初形式，如知识线、框架和语义网络，因而任何婴儿都不需要重新创造上面描述的各种表达。然而，我怀疑，虽然我们天生就完整地拥有这些结构，仍需要精力和时间来改善这些原始的表征，使其成为成人的形式。我希望有关这些发展过程的研究工作不久将得到开展。

有没有人发明过全新类型的表征？这样的情况极少，因为如果没有任何有效的技能处理表征，那么任何种类的表征都会变得毫无用处，任何新技能也需要时间慢慢成长与发展。同样，任何知识碎片，除非以一种熟悉的方式呈现，否则都毫无用处。基于这样的原因，**成人的表征要么来自改善初期的表达形式，要么来自对文化的处理，这种猜测在某种程度上是有意义的。然而，一旦某个人学会使用几种不同的表征，那么他便更有能力发明新的表征。**出色的作家、艺术家、发明家和科学家的优秀成绩的根源可能就是他们可以不断发现新的有用的表征方式。

大脑如何选择使用哪种表征呢？对此，我们已经重申了几次，每一种描述都有优缺点。因此，问这样的问题则更有意义：哪种方式有助于解决我现在面临的困难？哪种表征更可能适用于这些方法？

如今，大多数计算机程序仍然只能完成某一项具体的任务，只使用一种表征方式，然而人类的大脑却可以积累多种方式来描述我们当前面临的困难。这意味着我们也需要一些方法来决定在每种情况下应该使用哪种方法，并且需要知道，当我们不能使用某种方法解决问题时，应该学会换一种方法。

目的性决定表征的使用

程序员开发程序时，他们通常首先选择一种能够表征自己程序所需要的知识的方法，但是每种表征只在某些领域内起作用，没有一种表征能够在所有领域内都起作用，但我们也经常听到对什么是表征知识的最好方式的讨论。

数学家：表征事物的最好方式是使用逻辑。

联结主义者：不，对表征常识性知识来说，逻辑太过死板。相反，应该使用联结网来表征知识。

语言学家：不，联结网更显僵化，它们总是以数据的方式来表征事物，很难转化为有用的抽象概念。相反，为什么不尝试使用日常生活中使用的语言，它们不是更有表现力吗？

概念主义者：不，语言太过模糊，应该使用语义网络，语义网络里特定的概念与想法是相关的！

统计学家：这些联系太过确定，不能表达我们面对的不确定性，因此我们可以使用概率。

数学家：所有这些非正式方案都不受强制，因此可能是自相矛盾的。只有逻辑能让我们避免陷入永无止境的矛盾中。

这表明，想要寻找一种表征知识的方式根本没有任何意义，因为每种特殊形式的表征都有自身的局限性，例如，基于逻辑的系统非常精确，但却很难以类比的方式推理。与其相似，数据系统在预测方面非常有用，但无法很好地解释有些预测正确的原因。人们普遍认为，即使在古代，我们也要以多种方式来表征事物。

亚里士多德（《论灵魂》）：一个人可能把一间房子描述为一个“避难所，保护人们免受来自风、雨和炎热的摧残”；而另一个人可能把房子描述为“石头、砖块和木材”；可能也存在第 3 种描述，说房子以某种原料为基础形式，有着何种目的。那么，作出哪种描述的人有资格被称为真正的物理学家？是描述原料的人，还是那个重视功能的人，或是那个支持两种说法的人？

然而，有时不去组合这些描述，效果反而更好。

理查德·费曼（1965）：从心理方面来说，我们必须在头脑中有这些想法，并且每个理论物理学家对同样的物理现象都需要知道六七种不同的理论表达。他知道，这些表达同等重要，没有人能决定哪一种表达在其层次上是正确的，而且他也把这些表达都记在脑中，希望能为以后的猜测提供参考。

这里的关键词是“猜测”，因为每种理论都有优缺点，任何单一的表征对我们面临的难题都不是最好的解决方法。因此，大部分人类智能来自拥有表征同一情况的多种方式，所以每个不同的方面都能规避另一种方式的缺点。人们又是如何知道何时以及怎样选择特定的表征的呢？我在 1992 年关于因果多样性（Causal Diversity）的一篇文章中提出了几点建议，在此不再赘述。

THE EMOTION MACHINE

COMMONSENSE THINKING, ARTIFICIAL INTELLIGENCE, AND THE FUTURE OF THE HUMAN MIND

09 自我

是什么让人类变得独一无二？任何其他动物都无法像人类这样拥有各种各样的人格。其中一些性格是与生俱来的，而另一些性格则来自个人经验，但在每一种情况中，我们都具有各异的特征。每当想尝试理解自己时，我们都可能需要采取多种角度来看待自己。

> 人人都蕴含着一套所有人都具有的特征：
> 哦，我多么希望自己拥有的下一个自我将会取代我！
> ——西奥多·麦尔奈楚克（Theodore Melnechuk）

是什么让人类变得独一无二？任何其他动物都无法像人类这样拥有各种各样的人格，而每个人又有不同的外表和能力，其中一些性格是与生俱来的，而另一些性格则来自个人经历，但在每一种情况中，我们都具有各异的特征。有时，我们用“自我”来代替这些性格和人格，以将人与人区分开来。

丹尼尔·丹尼特（1991）：在整个动物世界中，最匪夷所思的结构是由灵长类的智人所组成的神奇而又复杂的结构。该物种的每一个正常个体都是一个自我，用大脑编织出了一套属于自己的语言和行为。并且，像其他动物一样，它们并不需要知道自己正在做什么，只需要完成任务就行。这样的一套语言和行为就像蜗牛的壳一样保护着它们……就其本身而言，在其生命体持续存活的认知经济学当中扮演着异常重要的角色，因为在环境中的万事万物必须拥有自己的思维模型，任何一个思维模型都不会比其智能体自身具有的模型更重要。

然而，从某种意义上说，我们也同样使用“自我”来表征自己被身体内部的强大生命体所左右，这个强大的生命体为我们所需要、怜悯我们，并为我们思考以及作出最重要的决定。我们称之为“自我”或“同一性”,而且不管发生了什么，我们都认为它始终与我们共存亡。我们有些时候甚至会将“自我”想象成脑海中的一个小人，即所谓的“霍尔蒙克斯”（homunculus，参见图 1-1）。在当代遗传学理论建立之前流传着这样一个普遍的前提，它声称，每个精子中已经包含一个完整的人格。

> **丹尼尔·丹尼特（1978）**：“霍尔蒙克斯”（拉丁语“小人”之意）是一个居住在大脑中的小矮人……它能感知到所有对感知器官输入的指令，并能对肌肉组织发送所有指令。任何理论都认为，这样的内部智能体经受的风险是无限的……因此我们会问，在这个小矮人的大脑中是否也有一个小人，会为它的感知、行为等负责。[1]

是什么导致我们产生了只有在脑海中“自我”的帮助下，我们才能思考或产生感觉这样奇怪的想法？第 1 章和第 4 章提出这个观念，有助于我们避免将时间浪费在与思维相关的难题上。例如，如果你想知道视觉是如何工作的，单一自我将给出这样的回答：“只要用自我的眼睛凝视即可。”如果你想知道记忆是怎样工作的，你将会得到这样的回答：“自我知道如何收集任何相关的东西。”如果你想知道是什么在指引着自己走完一生，它会告诉你，是自我提供了希望、愿望和目标，然后为你解决所有问题，因此这个单一自我使你从精神活动运作方式的问询中转移开，转而引领你问出下面这些问题。

> **婴儿生来就有成年人所谓的“自我”吗？**一些人会继续回答说：“是的，婴儿就像成年人一样，只是他们还不太清楚自己是否拥有自我罢了。”但是另一些人却持相反的观点：“婴儿起初几乎是没有任何智力可言的，之后需要相当长的时间才能形成自我。”

> **自我在空间上拥有特别的位置吗？**大多数“西方”思想家可能都会给予此问题肯定的回答，并认为自我位于他们的头部和眼睛之上的某个位置（如大脑）。然而，我却听说其他一些文化认为自我位于腹部和胸部之间（如心里）。

> **目标和信仰中哪个才是“真正的”自我？**单一自我的观点认为，某些价值和目标既“可信”又“真实”，然而本书讨论的思维模型给这个相冲

突的观点提供了更大的讨论空间。

在人的一生当中，自我会始终如一吗？不管发生了什么，每个人都会觉得自我始终如一。这难道就意味着我们身体的某个部分会比我们的身体和记忆存在更加长久吗？

大脑死亡之后，人的自我能够存活吗？对此问题的不同回答可能会使我们喜忧参半，但是，这些答案对我们理解自己却并没有帮助。

每一个这样的问题都会让我们在不同的意义上使用如“self”“we”和“us”这样的词，本章认为其原因是：**每当想尝试理解自己时，我们都可能需要采取多种角度来看待自己。**

每当思考自我的时候，你都会在模型的网络之间不停地转换，每一个模型都有助你解释自己的不同方面。

正如第4章中所言，这里使用“模型”一词来代表思维表征，这样做有助于解答有关其他更复杂的事物或想法的一些问题。例如，某些模型是基于简化了的想法而设计的，如“我们所有的行动都是基于求生意图”，或者“比起痛苦，我们总是更喜欢快乐”，然而，一些其他的自我模型则更为复杂。我们提出了多样的理论，每一个这样的理论都有助于表征我们自身的某个方面，但也可能对我们自身的其他问题给予某些错误的答案。

大众：为何人们想要更多模型？将这些模型结合为一个单一的、全面的模型不是更好吗？

在过去，许多人尝试“统一”心理学理论，然而，本章将提出一些原因来解释为何所有这些统一心理学的理论自身并没有什么效果，以及为何我们可能需要在有关自我的不同观点之间不停地转换。

杰瑞·福多（1998）：如果在我的大脑里运行着许许多多的计算机，最好由某个人来负责，那么按照上帝的创造，这个负责人最好就是我本人。

科斯马·罗希拉·沙里兹（Cosma Rohilla Shalizi）：我一直在阅读我的旧诗，这些诗是由其他人所写。然而现在我和那个人拥有相同的自我，而如果我不是那个人，那么谁是呢？如果没人是，当他完成这首或那首诗，或者当他在明天或月底完成诗时，他什么时候会死去？

多样的“自我”

罗伯特·彭斯
Robert Burns
苏格兰农民诗人

哦，什么力量赐我法力，
俨然旁人看清我们自己！

人们如何构建自我模型呢？我们将从一个较简单的问题开始研究，即如何描述自己的熟人。因此，当查尔斯想着他的朋友琼时，他可能会先描述她的某些特征。这些特征可能包含：

- 琼的体型和外貌；
- 她的能力的范围和素质；
- 她的动机、目标、喜好和品位；
- 她惯用的行为表现方式；
- 她在社会生活中的种种角色。

然而，当查尔斯在不同的领域内思考琼时，他对琼的描述可能就并不完全一致了。例如，在工作中，他把琼视作一个乐于助人、富有竞争力但又总会妄自菲薄的人；然而，在社会环境下，他又会视其为一个自私自利、自不量力的人。是什么导致查尔斯产生了这些不同的模型？也许他对琼的初次描述恰到好处地预测了其社会行为，但是，这样的模型却不能恰如其分地描述琼在商业领域的自我。

然后，当他改变自己的表征，对琼的描述适用于商业领域时，也会在模型曾经适用的环境中犯下新错误。最终，他发现自己不得不使用单独的模型来描述琼，采用各种不同的角色来描述其行为。

物理学家：或许查尔斯应该更加努力地构建一个单一且统一的琼的模型。

这是不可行的，因为每个人的精神境界可能都需要不同类型的表征。确实，**当一个主题变得越来越重要时，我们往往都会为其构建多模型，而且这种与日俱增的多样性必定会成为人类智能的主要源泉。**

为了更近一步看清对多模型的需求，我们来看一下较为简单的情况：假设你发现自己的汽车不能发动了，为了诊断汽车哪里出现了故障，你需要在汽车的几个不同视角之间转换：

- 如果车钥匙卡住了或者刹车闸不能放下，你一定会认为汽车的零部件出现了问题；
- 如果发动机不转或者没有打着火，你一定会认为汽车的电路出现了问题；
- 如果汽车燃油耗尽或者空气通风口堵塞，你需要建立汽车燃油工作原理的模型。

在任何领域都是如此。为了回答不同类型的问题，我们需要相应的不同类型的表征。例如，如果你想要学习心理学，老师将会让你学习至少 12 个科目，诸如神经心理学、神经解剖学、人格学、生理学、药理学、社会心理学、认知心理学、心理卫生、儿童发育、学习理论、语言与言语，等等。每一个科目都会使用不同的模型来描述人类思维的不同方面。

同样，学习物理学时需要学习的科目有经典力学、热力学、向量、矩阵和张量分析、电磁波与电磁场、量子力学、物理光学、固体物理学、流体力学、群论和相对论。每一门科目都会利用自身的方式来描述物理世界所发生的一切。

学生：我认为物理学家的目标是找到单一模型或者“重要的统一理论”，致力于以某些广义定律来解释世界上的一切现象。

这些“物理学的统一理论”可能确实很重要，但是，每当我们处理像物理学或心理学这类复杂问题时，就会发现自己被迫将这些领域划分成“特别的领域”，并使用不同类型的表征来相应地回答不同类型的问题。确实，教育的主要部分涉及学习何时和怎样在这些不同的表征之间转换。

回到查尔斯对琼的想法上。这些想法也包括琼对自己的看法的一些模型，例如，查尔斯可能认为琼对自己的外表不满意（因为她不断尝试改变自己的外表），他也搭建了琼如何在如下领域中思考自己的模型：

- 琼关于自己理想的想法；
- 她对自己能力的想法；
- 她对自己志向的信心；
- 她对自己行为表现的看法；
- 她对自己社会角色的想象。

查尔斯对琼的一些看法，琼可能会表示反对，但这并不会改变查尔斯对琼的观点，因为他明白自己对琼构建的模型通常要好于琼自己构建的模型。

凯文·索尔维
Kevin Solvay

他人通常更善于表达自己。[2]

人人构建自我的多模型

格雷格·伊根（Greg Egan，1998）：但即使这些普通的想法和看法川流不息，一种新的问题似乎在这些想法背后的黑色空间中盘旋。谁在想这个问题？谁在仰望这些星星、俯视大众？谁在琢磨这些思想以及景观？得到的答案不只是口头上的表达，还是联系代表其他一切言语的成千个符号性的回答，不是为了反映所有的思想，而是为了约束它们，就像肌肤一样紧密相连。
谁在想这个问题？是我。

前面已经讨论了查尔斯在想到朋友琼时可能用到的一些模型，但当人们在想到自己的时候会用到什么样的模型呢？也许我们常用到的自我模型最初是将人分为两个部分（参见第 4 章）的，即“身体”和“思维”（见图 9-1）。

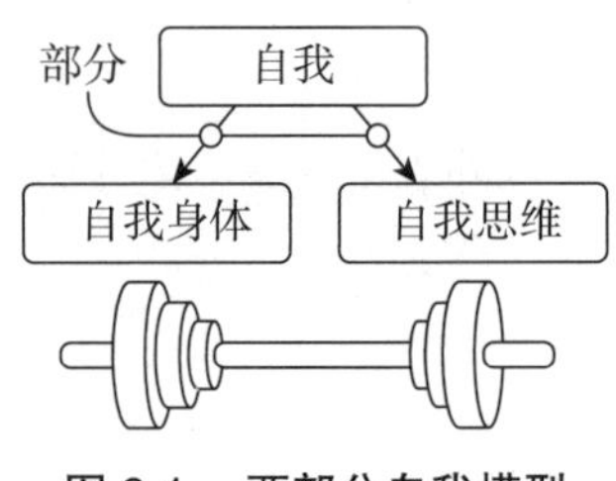

图 9-1　两部分自我模型

这种“身体 - 思维”的分割不久后便组合成更多的结构，用来描述人们的身体特征和部分，同样，这个“思维”部分将被分成一系列部分，以试图描述各种思维能力（参见图 1-13）。

人们每一个自我模型仅仅在某些情况下运行良好，因此人们最终会拥有不同能力、价值观和社会角色的形式各异的自我描述，因此在思考自我时，我们通常需要在这些自我的多种表征中不停转换（见图 9-2）。

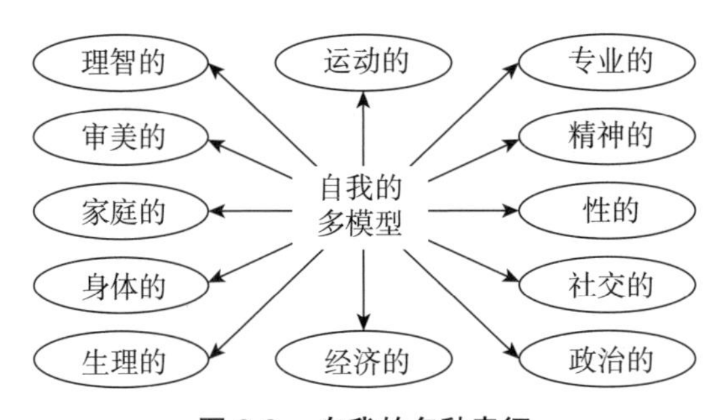

图 9-2　自我的多种表征

如果想要一次性表征所有的透视图，你所构建的模型不久后就会变得太过复杂而难以使用；在每一个不同的领域，我们用稍微不同的自传形式来描述自己，每一种不同自传的基础都是对不同的目标、理想以及相同的想法和事件的解释。然而，正如丹尼尔·丹尼特所言，我们很少想要识别这些，因此我们每个人都虚构了具有或成为单一自我的神话。

丹尼尔·丹尼特（1992）：人人都是杰出的小说家。我们都能够发现自己所做的各种各样的行为，并且也总是努力展示我们能做到的最好的一面。我们努力把所有素材汇聚成一个美好的故事，而这个美好的故事就是我们的自传。在这本自传中最主要的虚构人物就是自传者的自我。

多重子人格

赫尔曼·黑塞
Herman Hesse
《荒原狼》
(*Steppenwolf*)

因为并没有单一的人类……能够如此方便和简单地将其存在解释为两三个主要元素的集合……哈瑞（Harry Haller）是由成千上百个自我组成的，但是将自我当作一个单元，似乎是所有人天生就不可避免的诉求……即使是最优秀的人都会产生这种错觉。

琼和一群朋友在一起时，把自己当作一个社会型的人，但当她周围环绕着陌生人时，就会将自己当作焦虑的、隐遁的和感到不安的人。因为就像第 4 章所说的那样，人人都在不同语境和领域中构造了多种多样的自我模型，因此，“琼们”的思维交织着五彩缤纷的自我模型，包括她们的过去、现在和未来；一些自我模型表征当前的“琼们”以前的样子，而其他自我模型则描述了她们未来想成为的样子；有性感的和社交的“琼们”、运动和数学的“琼们”、音乐和政治的“琼们”，以及各种各样专业的“琼们”。

每当这些“子人格”（subpersonalities）积极地扮演不同的角色时，所有这些子人格都可能对各种目标和技巧的集合起到了某些控制作用，以至于每一个子人格都有着稍微不同的思维方式。然而，它们都需要普遍地接触许多人类资源和常识知识体。这就意味着为实现对某些较高层次过程的控制，这些子人格需要频繁地展开竞争。

例如，假设琼正在做专业性的工作，但她思维的某个社会部分突然提醒她，她曾陷入过一种尴尬的关系。她试着甩掉这些记忆，却发现自己正在以幼稚的方式思考父母将怎样看待自己的行为。她也可能会将自己视为一位商业人士、一个某种研究的爱好者、一位家庭成员和一个恋爱中人，或者一个膝盖疼痛者。

在这样的常识性思考训练当中，我们在各种不同的自我模型之间频繁地转换，而这些自我模型的各种不同的表现可能不尽一致，这是因为我们将这些模型用于不同的目标。**因此，当某人需要做决策时，决策的结果将部分取决于当时正在活跃的子人格。**琼“商业的自我”可能倾向于选择那些看起来更有利可图的选项，而琼“社交的自我”可能想选择那些最易取悦朋友的选项。例如，当我们把自己视为社会群体的一员时，就会向他们自豪或羞愧地分享成功与失败，然而，被卷入商业纷争时，人们可能会感到有必要压制这些情感，因此，正如我们在第 1 章所说的那样，情感状态中的每一次波澜都彰显着不同的子人格。

> 当你认识的某个人坠入爱河时，这个人就好像重获新生一般，整个人的目标和目的都发生了翻天覆地的变化，并以其他方式进行思考。就好像某个开关已被打开，另一个不同的程序开始运行一般。

每当我们在子人格之间转换时，可能会改变自己的思维方式，但因为整个语境依然如故，所以我们依然保持着某些同样要优先考虑的事情、目标和抑制，以及某些短时记忆和当前活跃的思维批评家的内容。

然而，某些这样的变化可能更大，你会经常听说人们能在完全不同的人格之间来回转换这类耸人听闻的故事，但随着这种极端的现象越来越罕见，每个人历经的情绪变化都显示出稍微不同的意图、行为和特点的集合。然后，无论这些转变是长久的还是短暂的，处于控制当中的子人格都会为你激发一系列的观点和目标，在那时，你可能会相信，这才是你的“真正”观点和目标。

人格同一性

> **奥古斯丁**：我的本性究竟是怎样的？真是一个变化多端、形形色色、浩无涯际的生命！瞧，我记忆的无数园地洞穴中充塞着各式各类数不清的事物，有的是事物的景象，如物质一类，有的是真身，如文学艺术一类，有的则是不知用什么概念标志的，如内心的情感，即使内心已经不受情感左右而冲动，记忆却牢靠着，因为内心的一切都留在了记忆之中……

把“自我”当作亘古不变的实体是有一定道理的。但是，你和10分钟前的自己有着何种程度上的相似性？或者说，刀柄和刀片都被替换掉了，那么这把小刀还是你喜欢的那把吗？你肯定不会喜欢装订、印刷死板的文本，因为其“内容”并不会无时不刻发生变化。然而，你的大部分知识仍旧维持原状，且大部分知识与他人相异。因此，人们可能会争论说，我们的同一性主要在自己的记忆当中。

> **《不列颠百科全书》**：人们往往乐于说过去做某事的人和如今的是同一个人，而并不知道虽然此人有同样的身躯，却建立在完全不一样的基础上。这个人在讲述过去的情况时非常准确，显示了同样的个人反应以及展示了相同的技能。

然而，当我们改变思维方式以解释原先的记忆时，这种人格同一性的感觉便烟消云散了。

> **威廉·詹姆斯（1890）**：当我们不再感受到这种连续性时，人格同一性的感觉也就消失了。我们从父母那里听到自己婴儿时期的各种事情，但是我们并不像占有自己的记忆那样占有它们。那些不得体的事情并不让我们脸红，那些机智的话语也不会引起自我满足。那个小孩是个不相关的人，在感受上，我们当下的自我与这个小孩，并不比与某个陌生的、活蹦乱跳的孩子更具

> 有同一性。为什么？一个原因是，巨大的时间间隔将这些早先的年代分裂了——我们不能通过连续的记忆去到它们那里。另一个原因是，没有关于那个孩子感受的表征与那个故事一同出现……某些我们能够模糊地回忆起的经验也是如此。我们不知是该占有它们，还是将它们当作想象或者读到或听到但并非经历过的事情而加以否认……曾经与它们相伴随的感受在回忆中是如此缺乏，或者与我们此刻拥有的感受是如此的不同，以至于我们不能确定地作出同一性判断。

一个世纪之后，我们在谈论自我时，另一个对我们可能有某种意味的描述便出现了。

> **丹尼尔·丹尼特（1991）**：自我保护、自我控制和自我定义的基本策略并不是建造水坝或编织网状物，而是讲故事，尤其是炮制和控制我们所讲的故事，以及故事中我们的角色……最终，我们（与专业讲故事的人不同）并不能有意识地想出要讲什么样的故事以及如何去讲；我们讲述的故事正如编织的蜘蛛网一般；人类的意识以及故事中的自我是其产品，而并不是其源泉……叙述的言语就好像来自单一的源泉一样，不仅在于一张嘴、一支笔的感觉，而是一种更微妙的感觉：它对一切观众或读者的影响都是鼓励他们努力设想一个统一的智能体，这是谁说的话，又是对谁说的。简言之，假设一个我称之为“叙述重心”的东西。

换句话说，丹尼特将自我观念描述为由自我肖像或故事的草稿组成的集合，这些集合通过各种分类过程不断得到编辑。但在那以后，当你说自己仍然像以前一样时，又意味着什么？当然，这取决于描述自己的方式，因此，你不会问自己的特征，相反，你会问：“自我的哪一个模型会更好地服务于我当前的目标？”无论在何种情况下，我们都会问自己，什么促使我们将自身当作自我。这里给出了关于这个问题的较为精简的理论：无论发生了什么，我们都想这样问自己，谁或什么应该对此负责，因为我们的表征强迫自己填满“因果关系”槽（见第8章）。这也导致我们探寻为什么在世界和大脑中发生的一切都频繁地帮助我们进行了预测和控制。因此，我们经常发现，自己想知道是什么导致我们以某种特定的方式来表现自我，或是什么导致我们作出了特定的选择。

然而，当你未能找到貌似可取的原因时，填满插槽的渴望会导致你幻想一个并不存在的原因，如在“我刚才想到了一个好主意”这句话中的“我”。因为，如果一种默认架构的机器迫使你为曾做过的一切寻找某些单一的原因，那么这个实体就需要一个名称。你称之为“我”，我称之为“你”。

人格特质

阿尔弗雷德·科尔兹布斯基（Alfred Korzybski，1933）：不管你说什么，事实都是相反的。

如果你让琼描述自己，她可能会这样说：

> 我认为我是遵守纪律、诚实守信的人和理想主义者。但因为我并不善于社交，所以我正努力尝试变得友好和善、体贴入微，以此来弥补社交中的不足，而当这种方法遭遇失败时，我就会采用更具吸引力的方法。

同样，如果你让查尔斯描述琼时，他可能会认为琼乐于助人、爱干净、精明能干，但有点妄自菲薄。这样的描述充斥着我们的日常措辞，并对我们所谓的“性格特点”或者“特征”进行命名，如遵守纪律、诚实守信、友好和善、体贴入微。但是，到底是什么使人们可以描述他人呢？人格特征又为何存在呢？导致非一致性出现的可能原因如下。

> **先天特征**。人们为何展示这些特征？其中一个原因是，每个人天生就具有引起特定行为方式的不同基因簇。

> **后天特征**。在各种资源变得忙碌时，每个人也都开始学习相互影响的

个人目标和优先权，如当某人生气和害怕时，一些个体会比其他个体更好战或更怯懦。

投资原则。一旦学会了完成某些工作的有效方式，我们便不愿去学习完成这个工作的其他方式。因为除非我们能够熟练地使用新方法，否则新方法通常会更难掌握。因此，当我们对旧过程添砖加瓦时，新过程就会更难与之抗衡。

原型和偶像。任何具有神秘色彩的文化所描述的人类都具有良好定义的特征。我们都情不自禁为这些英雄和反派的角色着迷，这也使我们试着改变自己，使这些幻想的特征变为现实。

自我控制。实现任何艰难的目标或执行任何大范围的计划都是困难的，除非你能够坚持不懈地执行下去。接下来的一节将会提到，为防止我们不断改变目标和其他优先权，我们的文化教育我们要通过限制自身的行为方式来训练自己，使自己变得更具有“自我预测性”（self-predictable）。

在任何情况下，尽管我们多次错误地且总是不完整地描述其特征，但这些描述有助于让事物变得更加简单，更容易让人理解。因此，说一个人“既诚实又整洁”很容易，而说一个人“既不诚实又粗心”就会变得很难，并不是每个人都会把事实告诉别人，或者使一切一尘不染。将人们或事物看作一成不变的会节省大量的精力和时间。

然而，特质的概念可能并不可信，这是因为哪怕在我们怀疑这些属性都是错误的时候，它们仍然会继续影响我们。以下是对此进行解释的常用例子。假设一些素未谋面的陌生人挽着你的手、注视着你，然后给出对你的如下印象：

你的一些渴望是不切实际的。有时候，你性格外向、和蔼可亲并乐于交际，但在其他时候你却性格内向、谨慎而又冷淡。你发现向他人过多而又直白地展示自己很不明智。你是独立思考者，在没有充足证据的情况下不会接受他人的观点。你较喜欢不断改变和创新，当被限制和约束所包围时，你会变得不高兴。

> 有时候，你对自己是否进行了正确的决策，或者是否做了正确的事情感到疑虑重重。你虽然表面上遵守纪律、自我克制，但内心却焦虑不安。你的性生活并不和谐，你未开发的潜力巨大，你至今还没有将自己的优势施展出来。你想要自我批判，但却强烈地需要别人对自己的喜爱和赞扬。[3]

许多人对陌生人能够看到自己的内心感到大吃一惊，然而在某种程度上，这样的陈述几乎适用于任何人！仅让我们看一下占星术的形容词：平易近人的、忧虑的、克制的、遵守纪律的、外向的、直率的、有主见的、不安的、内向的、骄傲的、矜持的、自我批评的、真性情的、随和的、不切实际的、谨慎的。每个人对这些特征都会有所关注，因此我们会不由自主地感到几乎所有占卜都适用于我们。

因此，无数人被所谓的巫师、算命家以及占星家的言语所蛊惑，甚至在他们的预测结果与随机猜测不相上下时仍旧如此。**其中一个原因可能是，我们相信这些预言家更胜过相信自己，因为他们似乎是“可靠的机构”；另一个可能的原因是，我们往往相信自己与自己期望成为的人相似，而算命者则擅长猜测他们的客户想听到的内容。然而，这些语言往往听起来很对，因为每个人都保持着许多自我模型，因此与我们相关的任何描述都或多或少与这些自我模型相吻合。**

自我控制，让自己变得可以预测

你必须在某种程度上能够坚持不懈，否则难以实现任何目标。无论尝试做什么，如果不断“改变自己的想法”，那么你永远都不会完成任何长远计划。然而，你却不能仅仅“选择”坚持，因为不同想法和事件会在你决定坚持之后影响你心中的优先次序。因此，我们每个人都需要研究用什么方法能将较难冲破的约束强加给自己。换言之，**我们需要使自己变得更具可预测性。**

在你和他人构建社会关系的过程中，你会看到这样的例子。每当你期望来自朋友的帮助时，你至少会在某种程度上假定人们的行为是可预测的。同样道理，为了执行自己的一个计划，你必须能够“独立决断”，因此在同样的程度上，你必须使自己变得可预测。我们的文化有助于通过教授我们尊重承诺和一致性等特征来让我们获得这些技能。因为如果羡慕这些特征，你就会将这些特征作为目标来训练自己的行为方式。

大众：也许并不是这些约束导致你付出了丧失自发性和创造力的代价呢?

艺术家：创造力并不是由缺乏约束引起的，而是因为发现了合适的约束而产生的。我们最好的新点子处在我们希望扩展到的边界以外更远一点的位置。像“skdugbewlrkj”这样的词可能是全新的，但是，只有当它与我们已知的其他事物建立联系时，它才会具有价值。

人们总是难以迫使自己去做自己根本不感兴趣的事，因为，除非你拥有足够的自我控制力，否则，“思维的其他部分”将会寻找更具吸引力的替代选择。第4章展示了我们是如何通过自我激励提供的威胁或贿赂来控制自己的。如“如果对此屈服，我会感到羞愧”，或者“我会为完成这个目标而感到骄傲”。为了做到这一点，你需要一些有助于辨别有效方式的知识。但一般而言，在我看来，我们用来进行自我控制的技能与用于影响亲朋好友的做法是极其相似的。

我们也经常通过在物质世界中探索事物来控制自己。为了暂时抵抗睡意，你可以掐自己、深呼吸，也可以到一个更令人兴奋的地方去，或是沉迷于剧烈的运动，以上所有活动都能通过对周围环境的利用来让你保持清醒。另一种可以用来改变你情感状态的技能就是摆出各种各样的姿态或表情：这似乎特别有效，因为这些姿态或表情可能正会像影响你的观众一般影响到你。

但是，你为何必须用这些狡猾伎俩来选择和控制自己的思维方式，而非仅仅选择自己想做的事情？正如我们在第3章描述的那样，直接手段可能会带来太多危险。如果大脑的一部分接管了其余部分，那么你可能会死亡，而如果我们忽略了饥饿、痛苦和性，那么人类不久后便会灭绝。因此，我们的进化系统是为了在紧急情况下能够本能地赶走脑海中的想象。

此外，每一种文化都形成了帮助其成员约束自己的方法，例如，孩子们玩的每一种游戏都有助于训练他们虚构或者进入一种新的情感状态，有助于孩子们遵守游戏规则。实际上，每一种这样的游戏都只是虚拟世界，我们用它来教育自己以某些特定的方式来规范自己的行为。

自我控制并不是一种简单的技巧，许多人终其一生来寻找使自己的思维“守规矩”的方法。然而，这表明了“自我”的另一种含义：有时，因为我们有控制自我的方法多种多样，所以我们会把“自我”看作一个“手提箱”式词语。

哑铃思维与性情

佚名

人生的成功法则有两种，
首要的一种是，绝不将自己所知的一切全部告诉其他人。

为何我们很容易说一个人孤僻而害羞，而很难说这个人善于交际；或者很容易说某人生性温和安静，而很难说某人易于冲动和激动？进而一般地讲，为何我们很容易对自己人格的其他方面进行二元对立，难道这是因为当我们将脾气、情绪、心情和特征组编成对时，我们认为它们是对立的吗？

- 独处的 vs. 好交际的；
- 安静的 vs. 焦躁不安的；
- 直率的 vs. 迂回的；
- 胆大的 vs. 胆小的；
- 占支配地位的 vs. 唯命是从的；
- 粗心大意的 vs. 谨小慎微的；

- 欢乐的 vs. 古怪的；
- 快乐的 vs. 悲伤的。

当人们试图根据力量、精神或原则的相反方面来描述事物时，我们看见了类似的“哑铃思维”（见图 9-3）。

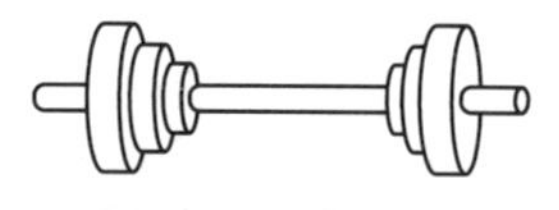

图 9-3　哑铃思维

当然，所有这些区分例子中都存在瑕疵。悲伤中并不一定没有喜悦的成分，焦躁不安也并不一定不安静。然而，我们往往会将思维的许多方面分成具有看似相反特质的对立。一个例子便是“人人都具有两种基本的思维方式”这种说法，它集中体现了大脑的对立侧。在较早时期，大脑的两个半球被认为几乎完全相同，但在 20 世纪中期，当外科医生能够分割大脑两个半球之间的连接时，他们观察到了一些重要的差异，因此“大脑是成对的对抗肌所发生冲突的地方”的看法重新回到人们的视野。例如：

- 左 vs. 右；
- 思想 vs. 感觉；
- 理性的 vs. 直觉的；
- 逻辑的 vs. 类推的；
- 理智的 vs. 情感的；
- 有意识的 vs. 无意识的；
- 定量的 vs. 定性的；
- 故意的 vs. 无意的；
- 字面上的 vs. 隐喻性的；
- 还原论的 vs. 整体论的；
- 科学性 vs. 艺术性；
- 串行的 vs. 并行的。

但是，在同一个大脑中，非常类似的左右两半球是如何呈现出这么多区别的呢？答案是，这在很大程度上是一种神话，因为每一种精神活动都涉及位于大脑两个半球的机制发挥作用。然而，神话也有一定的道理，大脑一开始高度对称，但之后某一半球（大脑左半球）为基于语言的活动形成更多的器官，另一半球（大脑右半球）形成了更多关于视觉和空间的能力。然而，我却认为，**造成这些差异的部分原因可能是所谓"支配"的一侧形成了某些更具反思性的过程，然而另一侧仍然保持着较多的活性和较少的沉思**。为验证这一点，安东尼奥·巴特罗（Antonio Battro）在 2000 年已经向我们展示，半个大脑就可以完成整个大脑的工作。

于是，我推测，这些差别可能是由这样一个过程产生的，在此过程中，大脑的一侧从本质上形成了更好的"管理技能"。当然，这个过程也可能在大脑的两侧同时发生，但如果一个过程不得不同时服从于两个老板，那么许多冲突将骤然而至。然而，只要大脑一侧逐渐擅长抑制来自另一侧的脉冲，那么前者就会"占据优势"，而后者可能减慢形成制订更高层次的计划和追求更高层次目标的能力。其结果是"非占优势"的一侧会因为缺乏管理技能而显得更幼稚和不成熟。也许仅仅是小的遗传偏差就能决定大脑的哪一侧最终对大脑具有更大的影响力。

人们为何非常喜欢二元对立呢？这里给出一些其他原因。

许多东西似乎本身就是相对立的一对。通常，在没有对某个东西进行对比之前，我们很难辨明它到底是什么，这让我们倾向于通过与事物相对的东西来看待它们，例如，将物质根据大小、轻重或冷热进行区分往往具有一定的道理。

然而，年幼的孩子可能会告诉你，与水相反的是牛奶，与勺子相反的是叉子。但后来，同样的孩子也可能坚持认为与叉子相反的是小刀。因此，相反的物体取决于其所在的语境，从而否决了其一致性。

强度和大小。尽管我们很难描述情感是什么，却很容易描述其强烈程度。这使人们可以自然地将"轻微地""大量地"或"非常地"这些副词应用在如"抱歉的”“愉快的”“快乐的”或“悲伤的”等几乎所有的情感词之前。

通过宣称我们或多或少喜欢某个选项，我们经常会为某个抉择辩护，就好像这些选项是直线上的点一样。然而，这种一维的比较会让我们认为除了有“加号”或“减号”的区别之外，所有选项几乎都是一样的。然而，正如我们前面所说的，悲伤中并不一定没有喜悦的成分，因此，在强度方面的感情表征能够简化我们的决策方式，通过鼓励我们忽略其他类型的差别，在这些差别显现处，我们能使用更周到的方式处理事物。[4]

结构简述 vs. 功能性说明。许多区分建立在不同事物的结构之间相联系的方法以及使用这些事物的方法之上。因此，很容易将一个物体的组成部分划分为扮演“主要”或“支撑”的角色。就像我们在第 8 章中所述的椅子一样，我们将椅座和椅背视为椅子的功能部分，而将 4 条椅腿视为椅子的支撑部分（见图 9-4）。[5]

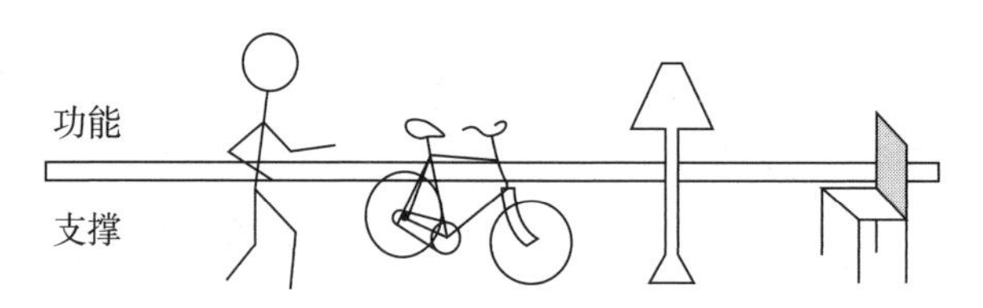

图 9-4　功能和支撑

当然，在这两者之间作出选择时，这种两分法会很有用，但当我们无法抉择时，可能就会被迫运用更为复杂的区分。例如，当卡罗尔试着搭建拱形门时，首先，她需要花费足够的时间来描述每块积木的长短、窄宽和粗细；其次，她可能只需要确定哪两种差别是相关的。然而，在其他情况下，卡罗尔可能需要找到长、宽、高都能满足一些更复杂约束的组合的积木；然后，她可能不再从一维的方面描述积木（见图 9-5）。

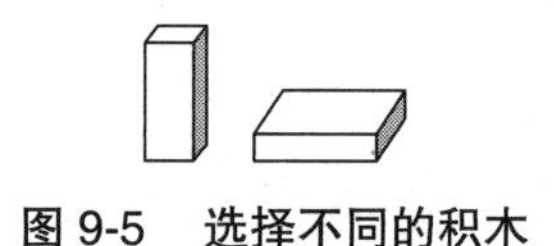

图 9-5　选择不同的积木

先天“机器脑”。我们为何往往会进行二元化思考的另一个原因，可能是大脑天生就具备探测心理表征之间差异的特别方法。在第 6 章中我们提到，在触摸冰冷和热烫的东西时，一开始感觉很强烈，而后疼痛感便会快速消失，因为外部感官主要对事物如何随时间变化作出反应。（这也同样适用于视觉感官，但我们通常对此毫无意识，因为眼睛几乎总在不停地活动着。）如果相同的敏感度变化也适用于大脑中的传感器，那么比较一对描述将变得轻而易举，因为仅仅交替地呈现它们即可。然而，这种“眨眼之间”的策略将无法很好地描述两个以上事物的联系，这可能是人们不擅长进行三元比较的原因之一。[6]

什么时候适合对仅有的两者进行比较？我们经常使用以下这些非黑即白的表述，好像它们足以概括一个新事物或事件：

- 这是成功的还是失败的？
- 我们应该将其当作正常的还是例外的？
- 我们应该忘记它还是记住它？
- 它是快乐的源泉还是苦恼的元凶？

当我们只需在两者之间作出选择时，这种二元对立会很有用。然而，选择记住什么或做什么通常取决于如下更为复杂的决定：

- 我们应该怎样描述这个事件？
- 我们应该与之建立怎样的连接？
- 它与哪一个事物相似？
- 我们可以用它来做什么？
- 我们应该告诉哪位朋友？

更普遍地说，对于所有未到来的情况，喜欢或厌恶哪个目标，或者哪个人、地方、目标或信仰是我们应该寻找或避免、接受或拒绝的，明确表态通常毫无意义可言，因为所有这样的决定同样取决于我们自己所在的环境。在我看来，大多数哑铃式的区分方法存在某些问题：这种分歧似乎如此简单明了，它们似乎就是你想要的东西，而这种满足感引诱你停下脚步。然而，本书中大部分新颖的想法来自发现这两个部分存在严重不足，因此我的规则最终将变为：在思考心理学时，不同部分或假设永远不应该少于 3 个！

为何我们通常满足于将东西只分成两种类型？也许部分原因是，**在一个孩子所处的典型环境中极少包含“三个一组”的东西**。两岁大的孩子只有两只脚，他的一对父母会教他学习穿一双鞋。不久，两岁的孩子便学会理解和使用单词“二”，但通常教会孩子使用单词“三”需要花费一整年的时间，也许是因为我们的环境包含的关于“三”的例子太少。我们都擅长对两个事物进行对比并列出它们之间的区别，但是我们的文化和语言没有提供我们谈论三个东西之间关系的表征方式。我们为何没有像“一分为三”或“三个物体之间的区别”这样的表述呢？

“自我”观念的魅力

蒙提派森剧团
Monty Pythons
《布莱恩的一生》
（*The Life of Brian*）

布莱恩：你们都是个体！
大众：是的，我们都是个体！
一个孤独的声音：我不是。

大多数时候，我们都认为自己拥有明确的特征。

内省者：我不觉得自己像云一样，各部分和过程是分开的。相反，我觉得在我身体里有某种存在—— 一种特征、精神或生命感，它掌管和引导着我所有其余的部分。

而在其他时候，我们发现情感难以统一或集中。

大众：我身体的一部分想要这个，而其他部分想要那个。我需要更好地控制自己。

一位哲学家声称，我们永远都无法拥有任何统一的感觉。

乔西亚·罗伊斯（Josiah Royce，1908）：只对生理欲望念念不忘，或者听凭一时任性的想法而行动，你将永远无法发现意志的真谛。因为在本质上，我是祖先流传下来的无数溪流的汇聚……我是一系列冲动的集合。对我来说，任何愿望都不会长存。

在任何情况下，甚至在感到自己处于控制之中时，我们仍会觉得，目标和冲动之间的冲突是不可遏制的。我们的内心可能充满矛盾，想要取得折中；而即便我们觉得自己是一致的，别人可能也会认为我们自相矛盾。

我们用一般方法解决简单的问题，因而很少思考我们是如何完成这个过程的。但当我们常用的方法并不奏效时，我们开始“反思”出现了什么问题，并感觉自己在“模型”网络中转换思维，每一个模型旨在表征自己的某些侧面或方面，以至于我们最终会使用图像、模型和轶事组成的松散连接集合来自我表征。

然而，如果这只关乎模型表征自我的方式，那么就并没有什么特别之处可言，因为这是我们表征其他一切事物的方式。因此，当回想起电话时，你会在其外观的不同视角、物理结构以及使用电话时的感觉中不停转换，就好像探索平行类比的方方面面一样。因此，当思考自我本身时，你所使用的技巧与思考日常事务的技巧如出一辙，大脑的某些部分在多个模型和过程之间不停地转换，但即便如此，又是什么让我们相信，我们不只是乔西亚·罗伊斯所说的集合的呢？是什么使我们产生了这样稀奇古怪的想法，即我们的思想不仅要靠自己独立运行，还需要其他东西来控制它们？

杰瑞·福多（1998）：如果我的大脑里运行着许许多多的计算机，那么最好有个人来负责操纵它，那么按照上帝的创造，这个负责人最好就是我本人。

大众：如果“自我”并不存在，那么我为何能感觉到它似乎存在？我在思考自己的想法和展开幻想时，这些事情总得有人做吧？

显然，在此处出现了这样一个问题：如果我们能让这些“单一自我”替我们产生欲望、感受和思考，那么我们对头脑将不再有任何需求，并且，如果头脑本身可以做这些事情，那么这些自我对我们来说又会有什么用途呢？也许正是因为这一点，我认为，**我们使用如“我”这样的词是为了防止我们思考“我们是什么”这一问题**！因为对于我们可能问到的每一个问题，答案都是相同的，即“我自己”。以下我将用其他一些方式来解释“单一自我”的概念在我们日常生活中大有裨益。

一个受限的身体。你不能穿过坚实的墙壁，或毫无支撑地悬在半空。因为牵一发而动全身，单一自我的模型意味着想法仅存在于某个时刻的某个地方。

一套个人私有的思想。人们很愉快地将自我当成一个强大而封闭的盒子，以至于没人能够分享你的思想，获得你想要保持的秘密，因为只有你拥有打开心灵之锁的钥匙。

对思维的解释。也许说“我能感觉到自己看到的东西”似乎有一定道理，因为我们对自己的感知能力知之甚少，这样，“单一自我”的观点可能有助于我们免于将时间浪费在对一无所知的问题的思考上。

道德责任。每一种文化都需要行为规范，例如，因为资源有限，我们会谴责贪婪；因为人人互相依靠，我们会在严惩背叛上达成一致。而且，为证明法律法规的有效性，我们假设“自我”为每一起蓄意行为“负责”。

集权经济。如果我们不停地问这样的问题，如“我已经考虑过所有的选择了吗”，那么我们将一事无成。我们通过让批评家说“思考够了，我已经做决定了”来阻止这种询问。

因果性归因。我们表征任何事情或事件时，都喜欢将其归结于某些原因。因此，当不知是什么产生了这些思维时，我们就假设是自我造就了它。这样，我们有时使用“自我”一词的方式，正如在“天开始下雨了”这句话中使用“天”这个词一样，因为我们不知道什么才更为合理。

关注与聚焦。我们常常将精神活动当作正在流淌的单一的“意识流”，就好像它们都来自一些居于中心的唯一源头，每次只能注意到一个事物。

社会关系。别人期望我们将其视为单一的自我，因此，除非我们采用相类似的看法，否则很难与之沟通。

这些都很好地解释了在日常生活中单一自我的观点为何便于使用。但是，如果你想弄明白思维是如何运作的，所有简单的模型都无法为思维运作方式提供足够多的细节。另外，拥有观察整体思维的方法同样毫无用处，因为你会为看到太多不需要的细节而感到崩溃。因此，你终将需要在自己的简化模型中不停地转换。

我们为何必须简化这些模型？每个模型必须有助于我们仅聚焦于那些在某些特殊语境中出现问题的方面，其描述的地图比窥见整个地形对我们来说更有用。这同样适用于我们存储在脑海中的事物，如果大脑中满是对事物的描述，而其细节毫无意义，那么我们的脑海会变得何等杂乱无章！因此，相反，我们耗尽人生的大部分时间来努力整理我们的思绪，包括选择想要保留的部分、摒除想要忘却的部分以及修正我们并不满意的部分。[7]

为什么我们喜欢快乐

亚里士多德：快乐可以被假定为灵魂的一种运动——使灵魂迅速地、可感地恢复到其自然状态的运动；快乐的反面是苦痛。如果快乐的性质是这样的，那么很明显，凡是能造成上述状态的事物，都是使人愉快的；凡是会破坏上述状态或造成相反状态的事物，都是使人苦痛的。

在完成某些要做的事情时，我们往往感到高兴或者至少感到安心。因此，正如我们在第 2 章中所言：

当卡罗尔认识到自己的目标已经实现时，她感到满意、满足和快乐，而这些感觉有助于她学习和记忆。

当然，我对卡罗尔的高兴感到欣喜，但是这些感觉是如何帮助她学习的？为何我们非常喜欢这种感觉并要努力找到获得这种感觉的方法？事实上，我们说某人感到“高兴”时又意味着什么？当人们回答如上问题时，我们经常会听到有关循环推理的例子。

大众：我做自己喜欢做的事情是因为我能够从中获得快乐。自然而然地，我从中发现快乐是因为它们正是我喜欢做的事情。

我们被卷入循环推理怪圈的原因之一是，**我们通常并不能描述感觉，而只能采取类比的方法来描述这种感觉，如“心如刀割般的痛苦”**。是什么使得某些东西难以描述，而只能被迫参照比较物？很显然，这种情况可能出现在我们无法将这个可能是目标、过程或者精神状态的东西分成几部分、几个层次或几个阶段的时候。这是因为，对于一个无法被分割为各部分的事物，对其各部分进行解释是毫无意义。然而，这与流行的观点背道而驰，这些观点认为，这种如快乐或苦痛的感觉是“基本的”或“主要的”，这类东西也是无法解释的。

然而，本节认为，我们所谓的“快乐”只是许许多多不同过程的“手提箱”式词语而已，我们很少认识它，这成了理解我们精神状态的一大障碍。因此，我们试着对一些感情和活动进行目录式分类，使“快乐”的概念变得更加复杂：

- 满意。一种被称为“满意”的快乐，来自于欲望得到满足的时候。
- 探索。不仅在探索接近尾声的时候，在探索之中我们也会感到快乐。因此，这不仅关乎达到目标时获得的奖励。

- 目标压制。如果其他一些过程压制了大多数批评家和目标，你可能同样处于快乐的状态。
- 安心。一种被称为“安心”的快乐，如果这个目标被表征为一种刺激，那么这种快乐会出现在问题得到解决的时候。

成功会使你充满快乐和自豪感，成功也会激励你向他人炫耀自己的所作所为，**但是成功的快乐不久后便会烟消云散，因为某问题一旦被搁置一边，另一个问题很快就会取代它。除此之外，问题本身很少独立存在，它们只是更大的问题一部分。**

同样，在解决难题之后，你会感到放心和满意，有时可能还会为此准备某种庆祝活动。你为何会有这样的习惯？或许当你取消一个目标，某种忙碌的资源连同随之而来的压力一起得到释放时，特别的宽慰感便由此而生。“打扫”人们精神世界中的“房子”有助于使其他事情变得更加轻松自如，就像葬礼仪式的“结束”有助于减轻人们的悲伤一样。

但是，要是你面对的难题一直持续下去，又会怎样呢？有时，你仍认为自己当前的遭遇是有益的，就像在以下两句话中所说的那样：“我真的从不幸中学到了很多”或“他人会从我们的错误中学到很多”。而人人都知道反败为胜的魔法：人们总会自我暗示，“真正的奖赏是过程本身”。

所以我们不需要尝试思考快乐的含义，而需要思考在说出“感觉良好”这样简单的话语时可能涉及的过程。尤其是在我看来，我们似乎经常使用一些词来表示我们尚未明白的广义过程，如“快乐”和“满意”。当一切似乎都非常复杂、难以一次性领会时，我们往往会将其比作单一、不可分割的部分来对待。

亚历山大·波普
《人论》

快乐一直存在于我们的手中、眼中，
当产生快乐的行为停止以后，快乐仍会继续升华：
把握现今、追寻未来，
充分利用自己的身体和思维。

探索的快乐

奥古斯丁：享受是追求看起来、听起来、闻起来、尝起来都很美妙的事物。但是好奇心可以以经验为目的追求完全相反的事物。它这样做，不是为了经历那些令人不快的事，而是单纯地为了经历、为了认知。

了解新奇、困难的问题或者探索未知的领域，都会带来许许多多苦痛和压力。那么我们如何才能在避免学习实现目标的新方法时出现阻碍？冒险精神就是一种行之有效的手段。我曾在 1986 年提出：

> 明知游乐园的娱乐项目可能使自己感到害怕甚至恶心，为何孩子们仍欣然前往？明知一旦探索到终点目标就会被分散，为何探索者还要忍受着不适与痛苦？是什么使人们多年来从事令自己生厌的工作，以至于人们某一天会忘记这种感觉——他们似乎已经忘记了什么！这种情况也同样存在于以下情况中：解决难题、翻越崇山峻岭或者用脚来弹管风琴——思维的某些部分觉得这是可怕的，而其他部分喜欢迫使第一个部分为其工作。

对于已知如何使用的技巧，我们在大部分日常学习过程中只涉及十分微小的调整。人们可以使用“尝试 - 犯错”的方法，每次都做一些很小的改变，如果结果很令人满意（如对表现的提升感到满意），那么这种改变会持续下去，这一事实会得到许多教师的推荐，“学习环境”的形成条件主要是学生们经常从成功中获得奖励。为提倡这一点，人们经常建议，教师应该帮助学生通过一系列微小而简单的步骤获得进步。

爱德华·桑代克（Edward Thorndike，1911）：所谓效果律（The law of effect），即在几个动物对相同情景的反应中，若能在反应之后紧接着获得相应的满足感，那么动物的反应和情景之间的联系就会更加牢固。当情景发生时，这些反应就可能再次发生。相反，那些在反应之后紧接着得到不适感的动物的反应和相关情景之间的联系趋于减弱。当情景发生时，这些反应就不可能再次发生。满足感或不适感越强烈，情景和反应之间的联系就越强或越弱。

然而，在陌生的领域，这种快乐和积极的策略可能并不会奏效。因为当我们学习一项新技术时，虽然只会获得较少的回报，却需要付出更多的努力，不仅要忍受着理解困难导致的额外压力，还可能需要摒弃我们以前运用良好的技术和表征，甚至可能引发失落感，带来一种类似悲痛的负面情绪，这种尴尬和消沉通常会导致人们知难而退。

因此，让我们学习更多完全不同的思维方式，单单这种“快乐的”或“积极的”练习可能还远远不够。为了解新鲜事物而学习，人们必须想方设法接受奥古斯丁所谓“单纯地为了经历、为了认知”的观点。每个人都要必须想方设法使自己能够真正地享受这些不适感。

大众：你怎么能说“享受”这些不适呢？这不是自相矛盾吗？

只有当你将自我视为单一的事物时，这句话才是矛盾的；当你将思维视为冲突的资源簇时，就不再需要将快乐看作“基本”的或者“全或无”的东西了。因为这时你就可以幻想，虽然思维的某个部分感到不适，但思维的其他部分可能喜欢迫使前者为其工作。例如，思维的一部分可能仍然表征着积极的状态，好像在说“不错，这是体验尴尬和发现新错误的一个良机”。

大众：但是，你会不会仍然感觉到痛苦呢？

的确，在要完成看似惩罚性的任务而挣扎时，运动员仍然会感到身体上的疼痛，而艺术家和科学家则会感到精神痛苦，但是，他们似乎在以某种方法来训练自己，使这些痛苦免于陷入所谓“煎熬”的可怕级联当中。但这些人是如何学习压制、忽略或喜爱这些痛苦，而阻止这些级联遭到破坏的？为回答这个问题，我们需要更多地了解我们的思维机制。

科学家：或许这个问题并不需要任何特别的解释，因为探索能够对自我进行激励。对我而言，没有什么能比提出全新的假说带来更多快乐了——尽管这个假说遭到了竞争对手的强烈反对，但结果仍显示预测正确无误。

艺术家：上述观点与我的观点几乎完全一样。设想一类新方法或新表征，然后证实这个方法或表征在我的观众中会产生新的反响，没有任何事物能比这样做更让人兴奋不已。

心理学家：许多成功人士认为应对痛苦、拒绝或逆境的能力是他们杰出的成就之一！

所有这些论述都表明，“探索的乐趣”（无论其如何工作）对那些想要继续扩展自己能力的人来说是不可或缺的。当然，我们通常视快乐为积极向上的，但人们也可能视其为消极的，因为快乐往往会压制其他竞争活动。一般而言，为了实现所有主要目标，人们可能需要压制大部分与之竞争的目标，正如“我不想做任何其他事情”这句话所说的那样。大多数传统学习理论认为，引起快乐的行为将得到强化，导致你在未来更可能作出同样的反应。然而，我却认为，**快乐会帮助我们学习另一个更“消极的”功能，致力于防止我们的思维“改变主题”，在信用赋能得以实现的过程中帮助我们学习。**

情感描述难题

艾米莉·狄金森
Emily Dickinson

一道陌生的色彩，
染上了孤独的山丘，
科学无法超越，
但人性却能感知。[8]

许多思想家都想知道思维和大脑之间具有怎样的关系。如果身体（作为大脑一部分）不外乎是物质组成的，那么人人都是某种机器。当然，这种机器相当复杂，在人类的胚胎中，数以亿计的DNA单元包含了将数不胜数的原子和分子集合成数以千计的薄膜状、纤维状、泵状与管状的复杂排列。然而，人们仍会问，这些结构是如何永久地支撑我们所谓的感觉和思想的？

> **二元论哲学家**：人们编什么程序，计算机就做什么，计算机简单地、一步一步地执行程序，而对自己在做什么毫无意识。机器根本没有任何目标、喜好、快乐或苦痛，以及任何感觉或感情，这是因为它们缺少一些重要的成分，而这些重要的成分只存在于生物体内。

但这些“重要的成分”是什么呢？许多哲学家致力于探讨仅由物理元素组成的东西为什么可以“真正地”感觉或思考。

> **大卫·查默斯（1995）**：当从视觉上感知世界时，我们不仅仅在处理信息：我们拥有关于颜色、形状和深度的主观体验，也有与其他感官相关的体验（例如音乐的听觉体验，或自然发生的、不可言喻的嗅觉体验）、与身体感觉相关的体验（例如疼痛、瘙痒和性高潮）、与心理意象相关的体验（例如某人揉眼睛时看到的色块），还有与幸福的火花、强烈的愤怒和沉重的绝望等相关的情感体验，以及意识流的思想体验。
>
> 我们拥有的体验感是关于思维的核心事实，但是这也充满了神秘色彩。无论我们的物理系统何等复杂、组织有多紧密，为何我们都不知道这样的系统会引发这些体验，为何所有过程都没有在缺乏主观体验的情况下持续未知状态。至今，这些问题的答案无人知晓，这一现象使得意识成为相当神秘的事物。

然而，在我看来，这种神秘的事物让查默斯看到了这样的结果：多重的精神活动被塞入了像“主观”、“感觉”和“意识”这样的“手提箱”式词语，例如，第4章展示了人们如何将意识一词用于至少十几个精神过程中，第5章展示了我们的知觉系统也包括许多类别和层次的过程。然而，我们较高层次的过程却无法发现这些中间环节。这种洞察力的缺乏会使我们相信，我们以某种方式产生的感觉既简单、直接又快速。[9]

例如，每当什么东西触碰到双手时，你会立即有感觉，并且这种感觉是以迅雷不及掩耳之势产生的，并不需要任何复杂的过程。同样，一看到某种颜色就反应出它是红色，中间似乎没有任何阻碍，当然，这至少也在一定程度上解释了为何这么多的哲学家为几乎所有不同的仿生刺激物都有特别质地总结的原因，对此并没有“机械性的”解释，他们只是没有足够努力地为这些过程想象出足够多的模型而已。相反，他们主要想表明，任何这样的模型永远都不会做到这一点。

尽管难以谈论任何特定而单一的感觉具有什么特点，但我们却发现，比较或对比两个不同但类似的感觉却相当容易。例如，人们可能会说，阳光比烛光更明亮，或者说粉红介于红色与白色之间，或者说触摸脸颊时碰到的地方介于耳朵和下巴之间。

然而，这对于每一种独立感官是如何“感觉”的却只字未提，就像在地图上标志了两座城镇间的距离，却对每个城镇只字未提一样。同样，如果我问你，红色对你意味着什么？首先，你可能会说，红色会使你想到玫瑰，并会勾起你对爱情的想象，然后你会发现自己将红色与其他各种各样的感觉和情感相连；它可能同样会使你想到血液，进而使你产生某种恐惧感。与红色类似，绿色会使你想到田园景色，蓝色会使你想到天空或海洋。因此，一个看似简单的仿生刺激物可能会引起其他类型的精神活动，例如，一些其他感情或往事。

同样，当你试着描述伴随爱情发生的感觉、在恐惧的经历中产生的感觉或者看到牧场或海洋时，不久便会发现你仍然只提及了引起回忆的事物，然后你或许会认为，人们并不能真正地描述这些事情是什么，而只能描述这些事情像什么。

我们的体验充满了神秘色彩，什么想法能够非常好地替代这种想法呢？如果较高的认知层次能够更好地接近较低的认知层次，那么你就可以用感觉所涉及过程的更多细节描述来取代这种状态，如“我正体验着某种看见红色东西的感觉”。

我的资源对某些仿生刺激物做了分类，并对我的情形做了一些表征，

> 然后我的一些批评家改变了我已制订的计划和我所感知东西的一些方式，这导致种种级联随之而来。

如果我们能够作出这样的描述，“主观体验”之谜将不复存在，因为那时，我将拥有足够多的精力来回答与过程相关的问题。换言之，在我看来，看得见的“直接体验”是一种幻想，这是因为较高的心理层次限制我们使用这些体系，而我们却用这些体系来识别和表征这些心理层次，并对内外部条件作出反应。

我并不是说这种幻想通常有害，或者我们应该力求挣脱所有的束缚，因为太多这样的信息可能会超出我们的承受能力（见第 4 章），然而，这样的心理治疗方法对一些二元论哲学家可能有用。同样，在不久的将来，对于未来的人工智能机器应该用什么方法来检测（然后也可以改变）自身系统，或者我们是否需要阻止其接近这种幻想，我们都必须作出抉择。

如何知道自己正身受疼痛

常识告诉我们，你不可能身受疼痛而浑然不知。然而，某些思想家却对此不以为然。

> **吉尔伯特·赖尔（Gilbert Ryle，1949）**：一个边走路边与人争辩的人也许对自己脚后跟起泡浑然不知。读者在刚开始读此句的前几个词时，也许对自己颈后或左膝的肌肉或皮肤疼痛毫无觉察。人们专心听音乐时，也可能正在无意识或不知不觉地打拍子或默默吟唱。

同样，琼可能首先注意到了自己步态的改变，之后注意到自己正支撑着自己受伤的膝盖。确实，琼的朋友可能比其本人更能注意到膝盖上的疼痛对她产生的影响。因为人们对疼痛的意识可能只会在观察到疼痛引起的迹象之后发生，如发现不适或者无法正常工作，这也许正是通过我们使用的第 4 章所述的这类机器完成的（见图 9-6）。

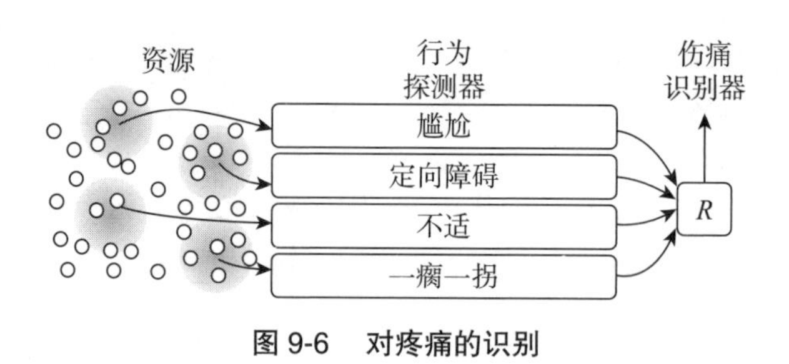

图 9-6　对疼痛的识别

如果觉得自己正在忍受疼痛，那么你会作出错误的判断吗？有些人坚信不疑，认为他们不可能作出错误的判断，因为“疼痛”与“感觉到疼痛”类似，但哲学家仍不以为然。

> **吉尔伯特·赖尔（1949）**：事实上，人们听从自己器官的感觉，并不意味着这种感觉不会出错。他可能错在自己的动机，也可能错在自己的位置。更进一步说，他可能像忧郁症患者一样，错在分不清现实和虚幻。

我们会犯这种错误，是因为我们“察觉到”的事物可能并不直接来自物理感官，而是来自更高层次的过程。因此，疼痛感起初可能很模糊，因为你可能仅能感觉到有些事情扰乱了思路，然后你最有可能说：“我感觉到哪里不对劲，但不知道为何会出现这种感觉。可能头痛或腹痛又开始了。”同样，当你正昏昏欲睡的时候，首先注意到的可能是自己开始打哈欠，或不停地点头，或犯了很多语法错误。确实，朋友们可能在你之前注意到了这些。甚至有人将这种状况作为证据来证明，人们在识别自己的精神状态时并没有任何特别的方法，但他们却在用同样的方法来识别他人的感觉。

> **查尔斯**：当然，这种观点太过极端。就像其他人所观察到的一样，我能够“有目的地”观察到自己的行为。然而，我同样拥有哲学家称之为“特殊权限”（privileged access）的能力，利用这种能力，我可以以他人无法做到的方式“主观地”检查自己的思维。

当然，每个人都拥有某些“特殊权限”，但是我们不能高估其意义。我认为，我们会为深入了解自己的思想提供数量更多的“特殊权限”，但是它不会就我们精神活动的本质透露太多内容。的确如此，自我评价有时很不合适，朋友们可能会对我们的想法提出更好的观点。

琼：当然，有一点是肯定的：任何朋友都无法体会我的疼痛。我拥有疼痛的“特殊权限”，这是毋庸置疑的。

诚然，任何朋友都接受不到从你的膝盖传输到大脑神经的信号，当你打电话和朋友谈论时也同样如此。“特殊权限”并非具有不可思议的魔力，它只是私人的事情，且不管这些通道如何私密，你依然需要使用其他过程，为从膝盖传向大脑的信号赋予一些意义。因此，琼发现自己一直在思考：“我没有足够快地松开滑雪靴时产生的疼痛与去年冬天的疼痛感觉是一样的吗？”

琼：我甚至不确定疼痛的膝盖是否为同一个。但是，我是否在此错过了什么？如果只不过是神经传递的信号而已，那么，为什么在酸味与甜味或红色与蓝色之间还会有区别呢？

发现感觉中独特的“质”

威廉·詹姆斯（1890）：如果我们在研究之初就承认一个看似完美无瑕、实际却包含缺陷的假设……那种将感觉视为最简单的，并且要最先在心理学中对其进行思考的概念就是这样的一种假设。心理学唯一有权在最开始就进行假设的事情就是思考本身，这一概念应该最先得到思考和分析。如果感觉最后被证明是属于思考要素的，那么从感觉的角度而言，情况也不会比我们从一开始就将它们当作理所当然的更糟糕。

许多哲学家坚持认为，我们的感觉拥有某种不被任何东西削减的“基本”物质，例如，他们声称颜色（如红色）和味道（如甜味）都具有其他事物无法描述的独特的“质”。

当然，制造物理仪器测量某些特定苹果表面反射的红光，或者测量任何特定的桃子果肉中的含糖量，都并非难事。然而，这些哲学家宣称这些仪器只会告诉你看到红色或尝到甜味的体验，而且如果这些“主观体验”不能用物理仪器检测，那么它必定存在于独立的精神世界之外，这意味着我们无法解释思维基于大脑的何种运行机制。

然而，这种说法存在一个严重缺陷。如果你说“这个苹果看上去是红色的”，那么你脑中的某些“物理仪器”必然已识别出与这种体验有关的活动，然后导致你趋向相应的行为。这种“体验探测器”工具可能是另一种内部活动识别器（见图 9-7）。

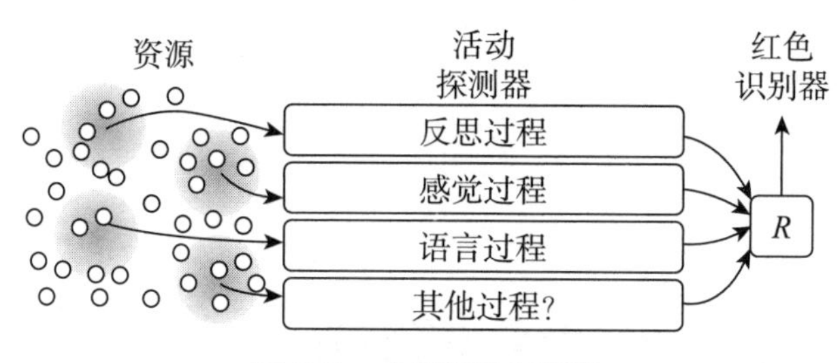

图 9-7　内部活动识别器

脑科学家仍然没有解开大脑中这些回路的奥秘，但发现大脑单元簇以识别这些条件集必定只是时间问题。我们会采用威廉·詹姆斯的意见，逐渐形成关于我们所谓“感觉”和“情感”的更具建设性的理论。

众所周知，在任何情况下，感觉都并不是直接到来的，例如，当一束光刺痛你的眼球时，信号将在每一个视网膜细胞间流动并产生刺激，这些信号随后会影响大脑中的其他资源，其中一些资源将构建描述和报告以影响大脑的其他部分。[10] 与此同时，其他信息流也将影响这些描述，这是为了在你试着描述自己“体验”的时候，你可以基于“六手报告”来讲述一则故事。

以往，“跟着感觉走”这种想法一直有效，但如今，我们需要进行识别，其他资源想要或期待的资源在某种程度上会影响我们的感知。事实上，正如我们在第 5 章中提到的那样，比起大脑感觉皮层信号的流出，更多的信号会向下流进大脑的感觉皮层，想必是通过向我们提供适量的“仿生刺激物”来帮我们看到期望看到的东西。例如，这有助于解释，为什么我们总会看到并不存在的事物，正如图 9-8 中的正方形一样。[11]

图 9-8　正方形

一旦我们体会到知觉机制的复杂性，最终就可以回答为何我们觉得形容这种感觉是如此之难的问题。一个人能够表达的“主观情感”是什么？或许“表达”一词的含义之一为“汲取”。这并非巧合，因为当你试着进行“自我表达”时，语言资源将被迫在其他资源结构中进行挑选和选择，然后努力通过短语和手势组成的微小通道来汲取一些资源。

当然，没有人能够描述一个人所有的精神状态，这不仅是因为每个人一次只能关注一些事情，还因为他的精神状态是不断变化的。因此，在通常情况下，你只需要满足于表达信号在每一时刻看起来都最紧迫的这些方面。

在某一时刻，你正想着自己的双脚，后来某些其他感觉引起了你的注意；或许你注意到了某些声音的变化，或者将头转向某个正在移动的东西，随后你又意识到自己正在注意它。因此，你永远也不能“彻彻底底地意识到自我”。因为“你”就是一条由正在争夺你注意力的念头组成的“河流”，总是沉浸在对其不断变化的漩涡和潮汐的努力描述当中。

人类思维的组织方式

让·皮亚杰（1923）：如果儿童之间无法互相了解，这是因为他们认为彼此之间已然互相了解……讲解员从一开始就认为，听众会掌握一切，事先知道了应该知道的一切……这种思维习惯首先解释了儿童思维缺乏精确度的原因。

人类思维要怎样发展下去？众所周知，婴儿天生就已具备了对各种声音类型、气味、特定的亮暗样式图案以及各种触觉和感觉的反应方式。然后，经年累月，孩子经历了多个阶段的心理发展。最终，每个正常的孩子都学会了识别、表征及反思他们内心的一些状态，同样开始对自己的某些意图和情感进行自我反思，并最终学会对他人行为的方方面面进行辨识。

我们能够使用什么类型的结构来支撑这类活动？之前的一些章节已经讨论过关于人类思维组织方式的几个观点。起初，我们对思维的描述（或大脑）是基于这样一种体系：激活特定类型的资源集以处理各种不同的状况，这样每种选择都会作用于一种略显不同的思维方式（见图 9-9）。

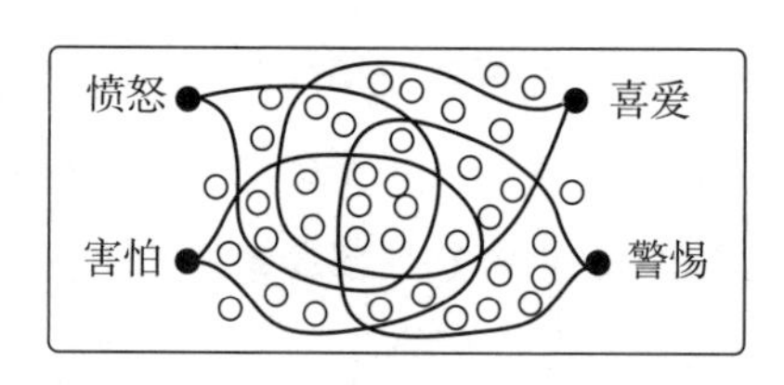

图 9-9　不同情感激活不同资源集

为决定选择哪一类资源集，这样的系统可以从简单的 If→Do 规则分类出发，并在以后再开始使用多功能的批评家 - 选择器模型来取代它（见图 9-10）。

第 5~7 章推测，成年人的思维具有多种层级，每一层级都有附加的批评家、选择器和其他资源。我们也注意到，这种想法似乎与弗洛伊德早期的观点一致，他认为，思维是用来处理我们本能和后天想法之间冲突的系统（参见图 3-3）。第 8 章认为，知识和技能的各种表征方式可能同样被安排为多种层次，而这些层次具有与日俱增的象征性表现（参见图 8-27）。

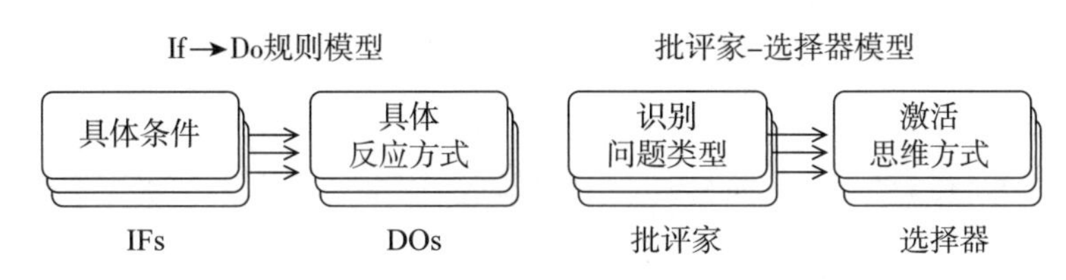

图 9-10　If → Do 规则模型与批评家 - 选择器模型

每一种想象的思维方式都具有各种优缺点，因此，与其问哪一个模型最好，还不如形成批评家，以学习选择何时和怎样使用每一个模型。然而，我们讨论过的任何一个模型都不能很好地表征全人类的思维结构，每个结构仅有助于我们思考特定类型的精神活动。

在任何情况下，我们都需要具有足够存储空间的模型，以此来存放我们甚至尚未思考过的问题的答案。从这一点来看，我发现，**将大脑想象成一团分散的过程，且这个过程以仍未指定的方式相互作用，会大有裨益**。例如，除了如图 9-11 中充满较高层次的系统之外，人们可以想象如第 1 章中的云资源。

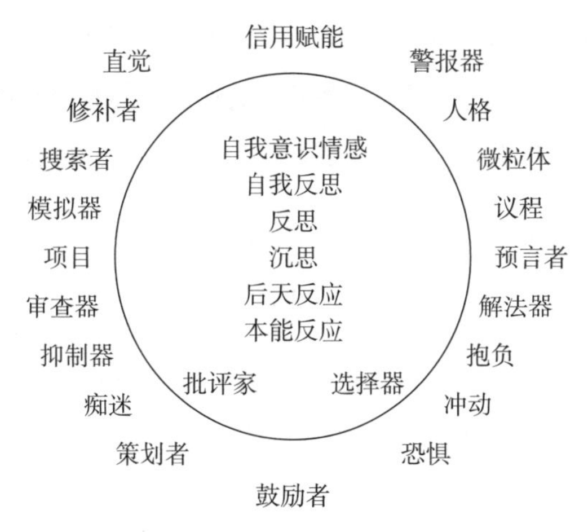

图 9-11　大脑像人类社会吗？

把我们的精神活动当作典型的人类社会来描述可能非常具有吸引力，就像用于居住的村庄、城镇或产业公司的组织那样。在一个典型的企业组织中，人力资源的安排与一些按等级划分的正式计划相一致（参见图 1-7）。

每当工作量超过人们力所能及的范畴时，我们往往就会构造“管理树状图”，然后将工作划分成部分，分配给下属。管理树状图会使我们轻松地识别一个人的自我与公司 CEO 的关系，而公司 CEO 控制着一个向下分化的“指挥系统”。

然而，这却并不是人类大脑的一个好模型，因为公司员工可能会去学习做几乎所有新任务，然而，大脑的许多部分对此也太过专业化了。同样，当公司变得足够富有时，它会雇用更多员工来展开许多新活动。[12] 而人们却没有实际方法来扩展自己的个体大脑。事实上恰恰相反：每当你努力处理多任务时，你的每一个子过程都可能遇到新障碍。也许我们应该将其作为一个总的原则来加以说明。

> **并行悖论**：如果你将一份工作分成好几部分，并努力一次处理所有部分，那么从通道缺乏到其所需的资源，每一个过程中都可能会丧失某些竞争性。

流行观点认为，大脑的能量和速度来自它同时处理很多事情的能力。**诚然，我们的一些感觉系统、运动系统和其他系统能够同时处理很多事情，这是显而易见的。然而，更明显的似乎是，我们在处理更棘手的问题时，会逐渐需要将这些问题分成部分并关注其顺序，这意味着我们较高的反思性思维往往更喜欢连续性操作。**这也部分导致我们具有（或一直拥有）“意识流”的感觉。

相反，当公司将工作细分为各部分时，这些部分通常会被派发给下属，使他们能够同时工作。然而，这也导致了各种开销的产生：

> **品尼高悖论（The Pinnacle Paradox）**：随着一个组织变得日益复杂，组织的 CEO 就会越来越难以理解它，这就日益需要他信任更多的下属，让他们来进行决策。

当然，许多人类团体比公司划分的层次更少，且在决策和解决争论的过程中也更能合作,更易达成共识和妥协。这样的协商可能比专政或“少数服从多数原则”更加受用。(事实上,尽管参与者做的许多改变都因此被取消了,但少数服从多数的原则仍给每个参与者一种虚假的“发挥作用的”感觉。)这也提出了我们人类的“子人格”能够在多大程度上学会合作,从而完成更大型的工作的问题。

中央控制和外围设备控制

任何高等动物都已经进化出我们称之为“警报器”(alarmer)的许多资源,能够通过干扰更高层次的过程对特定状况作出反应。这些状况包括:对某些危险信号作出反应,如快速移动的物体、刺耳的声音、突如其来的触觉以及昆虫、蜘蛛和蛇类的视觉冲击;我们也会对疼痛和苦痛、病痛以及饥渴这些警报器作出反应;同样,我们也常常受到较为令人愉快的干扰,如看到和闻到美食及性信号。

许多这样的反应是在没有中断其他精神活动的情况下产生的,例如在你用手去挠昆虫叮咬处时,或在眼睛转向别处躲避强光时。其他本能的警报器可能会得到更多关注,如即将发生的碰撞、极冷或极热环境、平衡感的丧失、噪音、咆哮或者看见蜘蛛或蛇等。

当我们发现突如其来的新想法、无法运作的精神过程以及目标和思想之间的冲突,或对如害羞或者惊讶的内心状况作出反应时,也常常遭受似乎来自“内心”的警报器。思维的批评家 - 选择器模型会运用纠正性警告、内隐束缚和外显抑制引发许多心理反应。

然而,人们也可以用较发散的观点来看,思维是由许多部分自治的过程之间的交互行为组成的,例如,人们可以将自己的思维比作城市或城镇,思维过程由各个分部的活动所组成。这些分部包括运输工具、水源、电力、火力、警察、学校、规划、房屋、公园以及街道,也包括法律法规、社会服务、公共工作和害虫防治等,每个分部都有其自己的分管机构。

人们认为城市具有自我吗?一些观察者可能会说,每一个城镇都有特定的

“气氛”或“氛围”以及某种特征和特性，但很少有人坚持认为，城市或城镇具有像人类思维般的任何东西。

大众：也许这是因为他们不认为自我是各种模型组成的网络，每一模型都有助于思维回答关于自身的某些问题。但事实上，规划、电力、公园和街道等每个部门都具有表征其所在城镇各方面的大量图表。

程序员：一些现代计算机系统兼容多进程工作方式，每个进程监视其他进程，但这样的系统却难以可靠地运行，因此我想知道，所有资源是如何结合在一起，从而互相依靠地工作的。如果系统的某些部分崩溃了，会发生什么？在庞大计算机系统中的一个小错误可能会导致整个系统停止运转。

我认为，人类的“思维过程”经常面临“崩溃”，但你却很少意识到出现了什么问题，因为系统能够在不同的思维方式之间快速地转换，出现故障的系统会被快速地修复或取代。以下是一部分可能获得人们更多“关注”的错误类型：

- 你无法回忆起往事；
- 你无法解决迫在眉睫的问题；
- 你不能决定采取何种行动；
- 你不知该怎么继续进行手头的事情；
- 发生了一些使你感到惊讶的事。

然而，为防止上述错误的发生，你通常可以转而使用其他策略或战略，例如，你可以改变自己的搜索范围、选择其他需要解决的问题、切换到一些不同的总体规划或者对精神状态作出重大改变，而不需要注意自己正在做什么。

此外，每当你的某些系统“崩溃”时，大脑都能保留系统的一些早期版本。因此在感到迷惑时，你就会问自己：“我在过去是如何处理这些事情的？”这时，大脑的某些部分会“还原”它们的一些早期版本，即回到这件事情似乎对你更简单的时刻。为何我们更喜欢拥有“自我”的思想，我在这里提出了另一个原因：

人们现在的人格与其过去的人格无法共用，且现在的人格能够感觉到旧人格的存在。这也是我们感觉到自己拥有一个内部自我的原因之一，这个内部自我就像一位永存的朋友，在内心深处，我们总是向它寻求帮助。（见图 9-12）

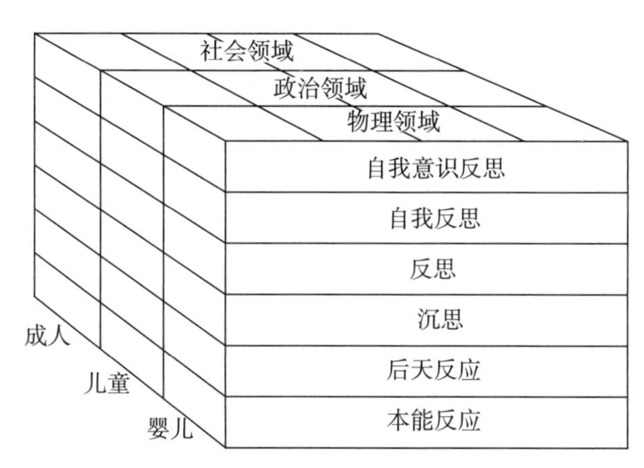

图 9-12　不同年龄段的系统

然而，我们不应该忽略这样的事实——人们也经常遭受难以挽回或不可挽回的失败。例如，如果控制批评家 - 选择器过程的机器出现故障，那么思维的其他过程可能会导致云资源的混乱冲突，或者陷入某些单一的、不可切换的思维方式。这里，我们再一次给出洛夫克拉夫特的观察。

洛夫克拉夫特（1926）：在我看来，世界最为悲哀之处，是人类无法将自己的思维与其所有内容联系起来。我们栖息在一个波澜不惊的无知岛上，处于一片浩瀚无尽的黑色汪洋之中，但这并不意味着我们就该为此扬帆远航。迄今为止，各门自然学科的纵深发展尚未对世界酿成灾祸；然而，在不久的将来，孤立学科最终合为一体，并将开辟一番关于现实世界的恐怖景象，人类的地位也将岌岌可危。到那时，我们要么是被逼发疯，要么是逃之夭夭，远离光明，逃往一个新的黑暗时代去寻求和平与安全。

心理缺陷和寄生虫

几乎可以肯定地预测，我们在未来的大部分时间里将不断尝试构建庞大的、不断发展的人工智能，这种人工智能将常遭受所有种类的精神障碍的影响。因为如果思维能够在其工作方式中作出改变，那么思维将面临自我毁灭的危险。其中的一个原因是，大脑形成了许多部分独立的系统，而不是更统一且集中的系统。对思维可能进行自我检测的程度施加限制，可能会有巨大的优势。

例如，我们不会允许任何单一的思维方式对我们用于记忆的系统获得过多的控制。因为在此之后，这种思维方式可能会覆盖人们所有的旧时记忆。**同样，任何资源长期处于活跃状态都是危险的，因为这样可能会迫使其他思维方式耗费所有时间来追求一个特定的目标。而如果任何资源都能够完全压制一些本能需求，那么这些资源可能迫使人们永不睡觉、工作到死或饿死，这对任何控制我们娱乐和痛苦系统的资源也同样适用。**

虽然这种灭顶之灾极其罕见，但许多常见的人类错误起源于“心理寄生虫”的增长，其采用了被理查德·道金斯称为“模因”（memes）的自我繁殖的想法。这种概念集合可能包括通过各种方式来取代错置的想法来保护自己。为保护自己免于陷入这些极端，在过于高度集中和过于分散之间，我们的大脑形成了寻求平衡的方法。我们必须集中精力，但也要对紧急警报作出反应。然而，我们仍然倾向于在整个人类文明中传播教义、哲学、宗教信仰。很难想象存在任何保护自己免受这种感染的万无一失的方法。在我看来，我们最好努力教导我们的孩子，让他们学习更多的批判性思维以及科学验证的技巧和方法。

复杂的尊严

活力论者：你的理论太过呆板了，支离破碎并不统一。它们需要某种黏合剂，需要一些连贯的本质，使这些部分变得浑然一体。

我完全支持人们对黏合剂的追求，但这却毫无帮助可言，因为无论你提出什么黏合剂，如单一的、核心的自我，你仍不得不描述其各部分，以及需要将这些部分粘在一起的“神奇胶水”。因此，像“精神”或“本质”这样的词只会让我们反反复复地问同一个问题。至于如“我”和“我自己”这样的词，似乎只能用在我们正在使用思维模型的时候。

大众：当然，没有人会把自己视作混乱不堪的奇怪装置和小器具。如果只把自己视作不计其数的意外遭遇的产物，人们又怎么会有任何自尊呢？

也许，关于我们是谁，最流行的观点认为我们都有一个核心——某种无形的精神或灵魂，它是上天给予我们的匿名的礼物。然而，更现实的观点认为，所有现存的人类思维都是过程的一个结果，在此过程中，地球上数以亿计的远古生物用自己的生命历经反应、调节、适应和灭亡的过程，以希望其子孙后代能够茁壮成长。在那段不可思议的漫长历史里，所有生物都在浩瀚的实验装置中贡献了力量，每一种生物都有助于大脑变得越来越强大。

这个过程是如何开始的，我们尚不得而知，只知道它可能始于某处狭小的富水地带，然后分散于海洋、海滩、沙漠和平原上，直到我们的祖先形成了在其建造的乡村、城市和城镇里居住的生活方式。然而我们知道，这种挣扎历经了30亿年，据我们所知，在宇宙中，还没有其他任何过程能像人类思维发展的过程那样伟大，但有关这些起源的传说对这种巨大的传奇式的牺牲却鲜有提及。

所有这些都表明，认为这些思维能力是上天赐予我们的无偿的礼物而对其不求甚解，是轻率鲁莽和粗心大意的行为。因为，除非我们能够在宇宙中找到其他智能生物存在的有力证据，否则应该认识到，我们应该感激那些为我们的思维过程凋亡的生物，应该小心确保我们继承下来的想法不会因为一些愚蠢的、毁灭世界性的错误而遭到破坏。

人类智能的3大时间跨度

我们无可比拟的人类智能经过了3个大相径庭的时间跨度。

> **遗传基因（Genetic Endowment）**：基因历经近500万年的选择变化，造就了我们现代人的大脑。

人类大脑包含数以百计的不同资源，而大脑都由数以百万计的各种各样的细胞群所组成。这种遗传系统有助于我们远离各种风险和威胁。

> **文化遗产**：每一种文化的信念集合都经历了数百年的发展变化，在那些世纪里，人类社会选择由其众多个体产生的各种各样的想法。

我们的文化传统是每个大众获得知识和技能的主要源泉，因为任何个人单独思考的成果永远都没有4岁大的孩子能学到的多。

> **个体经验**：每年，人们都从自身的私人经验中收获数以百万计的知识碎片。

例如，考虑一下，在所有语言文字中隐藏着多少知识。如果你在听某人说话，那么你将听到许多有用的类比。我们谈论时间，就好像谈论空间一样，因为那时听众想知道，演讲者何时会谈到自己想象的那些想法。同样，我们经常把时间当作“川流不息”的液体；我们用物理上的术语来谈论友谊，如“卡罗尔和琼走得非常近”；我们所有的语言中都充斥并渗透着描述事物的交联方式，有时我们称之为“隐喻”（metaphors）。

一些隐喻似乎非常平淡无奇，如当我们谈及为引起或阻止某些事情发生而“一步步采取措施”时；一些隐喻似乎更引人注目，如当科学家想到流体时将其比喻成一束管状物。我们仅在这些隐喻发挥卓越效果时才会注意到它，但是却很少注意到，人们在常识性思考中应用这种技巧的频次。

当两个不同的主题在剥离了足够的细节后看似一样时，就产生了一些简单的类比。更复杂的隐喻就好像存在于其他领域里一样，我们可以使用其他熟悉的技巧来表征事物。我认为，我们大部分常识性知识可能就像隐喻一样，以第 6 章所谓的“平行类比”的形式体现出来。

我们如何学习可贵的平行类比呢？我认为，一些平行类比（如那些介乎空间和时间之间的类比）几乎生来就存在于我们的脑海之中，因为大脑的某些区域呈线状相连，我们对此无能为力，只能把不同领域的想法表征为具有类比的属性。然而，在某些情况下，某些个体发现了既富有成效而又易于使用的新型描述、表征或表达方式，便将其在人类社会中传播下去。我们自然想知道这些具有丰富想象力的发现是如何做到的，但是，许多罕见的事件可能永远也得不到解释，因为就像基因突变一样，这样的事件仅发生一次，然后在大脑与大脑之间传播。然而，其他普遍的类比可能非常“自然”而不可避免，因此在没有任何帮助的情况下，几乎任何儿童都可以创造与之相同的类比。

所有这类发明创造能力，连同我们独特的表达能力一起，赋予了人类团体一定的权利来处理庞大的新情况。在第 8 章中，我们对为什么人们拥有如此多的智能进行了多方面的讨论：每一个过程都有不足之处，但我们通常能够找到其替代品。

- 我们可以对事物进行多方面的描述，在各个描述之间快速切换。
- 我们可以记下自己的所作所为，这是为了在以后回忆起它们。
- 每当一种思维方式不能发挥作用时，我们都会切换到其他思维方式上去。
- 我们将困难问题分成较小的部分，并根据我们掌握的大量情境来解决它们。
- 我们想方设法用各种贿赂、激励和威胁来控制思维。
- 我们拥有许多不同的学习方式，也可以学习新的学习方式。

然而，思维仍会出错。因为随着人类大脑的进化，每一次短期增长都会使我们暴露在犯下新错误的危险当中。例如，超凡的抽象能力会使我们忽略重要的例外情况；我们大容量的记忆系统可能积累错误，或者产生误导性的信息；幼稚的依恋性学习体系经常导致我们相信印刻者所相信的一切；无穷的想象力让我们难辨现实与虚幻的真假；然后，我们痴迷于无法企及的目标，展开了广泛而徒劳的探索，或者变得不愿接受失败或损失，由此回归过去的生活。

我们并不指望自己能摆脱所有错误，因为正如工程师们所知，复杂系统中的每一次改变都会带来其他麻烦，而这样的麻烦只有在系统转移到另一种环境的情况下才会消失。同样，每个人的大脑都是独一无二的，因为大脑是由成对的遗传基因构建的，而每一对遗传基因又是从其母体中随机选择而产生的；在大脑的早期发育过程中，很多细节取决于其他意外的情况。尽管大脑如此千奇百怪，这样的机器却如何能够可靠地工作呢？为了解释这个问题，不少思想家都认为，我们的大脑必定建立在“整体性”原则之上，根据这种原则，过程或知识的每一个片段都是（以某种未知的方式）进行“全局分布的”，因此，就算失去了大脑的某些部分，系统仍会一如既往地正常运行。

然而，本书认为，我们不需要任何这样的魔术，因为我们拥有许许多多千奇百怪的方法来完成任何类型的任务。同样，假设大脑的许多部分会形成方法以纠正（或抑制）大脑其他部分的缺陷所带来的影响很有道理，这意味着科学家们将发现大脑运行良好的秘诀以及大脑通过执行的方式进行演变的原因都会变得难以探究。我认为，除非我们已拥有足够的经验来尝试构建自身系统，否则我们无法理解这些事情。只有在此时，对可能发现什么类型的错误以及如何控制它们，我们才会有足够的领悟。

在未来几十年里，许多研究者将努力开发更智能的机器，但只有当这些机器变得足够聪明，能够掩盖自己的种种缺点后，我们发明的系统才不会出现新的缺点。有时候，我们能够诊断出系统设计中出现的具体错误并纠正它，但当无法找到修补的方法时，除了添加更多的制衡机制，如更多的批评家和内隐束缚以外，我们别无选择。然而，我们无法找到任何万无一失的方法，在立即采取行动的优势和谨慎、反思性思维的益处之间作出选择。因此，无论我们做了什么，可以肯定的是，对“后现代人类大脑”的探索之路将不会一帆风顺。

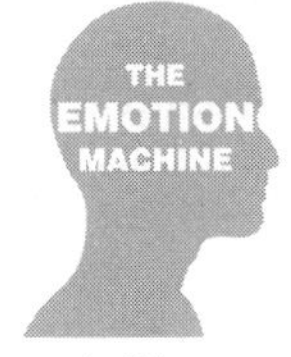

致谢

本书讨论了关于人类精神活动的新思想，从某种程度上说是我之前的著作《心智社会》的续作：《心智社会》解释了思维的运行方式，它被看作独立过程的集合。相比之下，《情感机器》则主要谈论了人类最高层次的反思思维，因而两书讨论的主体之间没有太多的重叠部分。为了理解更复杂的事物，人们需要从不同的角度观察问题，本书尝试从“内部”观察思维，从而对其进行描述，本书也讨论了建立“思维机器”可能用到的技巧。

本书的大部分理念来自我本人，但前期工作中的一些相关想法则来自西蒙·派珀特、亚伦·斯洛曼、丹尼尔·丹尼特以及我的学生们。尤其是在过去 10 年里，我的学生们和已故的普什·辛格都是我最主要的合作伙伴。

以下诸位富有智慧的思想深深影响了我早期的想法：Seymour Papert、John McCarthy、Warren McCulloch、Manuel Blum、Ray Solomonoff、Claude Shannon、Oliver Selfridge、Allen Newell、Herbert Simon、Roger Schank、Douglas Lenat、Edward Fredkin 和 Kenneth Haase。书中的很多想法也来源于我的妻子 Gloria Rudisch。本书许多理论的提出几乎花了近 20 年的时间。

书中描述的很多过程已被诸多程序员用于计算机编程工作，这其中除了普什·辛格外，还有 Michael Travers、Robert Hearn、Nicholas Cassimatis。然而，书中的很多思想还没有被集合成一个大型的操作系统，因此我希望本书能够激励未来的研究人员实现这一抱负。

本书中很多概念也来自在互联网上与以下诸位的讨论：Chris Malcolm、Gary Forbis、Richard Long、Mark Rosenfelder、Neil Rickert，等等。我也和以下同事进行了讨论：Alan Kay、Carl Sagan、Danny Hillis、Edward Feigenbaum、Edward Fredkin、Gerald Sussman、Graziella Tonfoni、Hans Moravec、Jerome Lettvin、Joel Moses、John Nash、Nicholas Negroponte、Nils Nillsson、Patrick Gunkel、Patrick Winston、Richard Dawkins、Richard Feynman、Roger Schank、Russell Kirsch、Stephen Pinker、Woodrow Bledsoe，等等。

以下研究人员也帮助我做了修改：Barbara Barry、Cynthia Solomon、Danny Hillis、David Yarmush、Dean S. Edmonds、John Nash、Lloyd Shapley、Mortimer Casson、Ray Kurzweil和Russell Kirsch，以及我善于思考的作家朋友们：Arthur C. Clarke、David Brin、Frederick Pohl、Greg Egan、Gregory Benford、Harry Harrison、Isaac Asimov、James P. Hogan、Jerry Pournelle、Larry Niven、Robert Heinlein、Vernor Vinge。

最后，我想感谢这么多年来一直为我提出建议的学生们，包括：Adolfo Guzman、Alison Druin、Ben Kuipers、Carl Hewitt、Carol Srohecker、Curtis Marx、Daniel Bobrow、Daniel Gruhl、David Levitt、David MacDonald、David Waltz、Douglas Riecken、Dustin Smith、Edwina Rissland、Eugene Charniak、Eugene Freuder、Gary Drescher 、Greg Gargarian、Howard Austin、Ian Eslick、Ira Goldstein、Ivan Sutherland、Jack Holloway、James Slagle、Jeremy Wertheimer、John Amuedo、Karl Sims、Kenneth Forbus、Larry Krakauer、Larry Roberts、Louis Hodes、Manuel Blum、Michael Hawley、Renata Bushko、Richard Greenblatt、Robert Lawler、Scott Fahlman、Stephen Smoliar、Steve Strassman、Terry Winograd、Thomas Evans、Tom Knight、Warren Teitelman、William Gosper、

William Henneman、William Martin、Yoichi Takebayashi，等等。还有许多对本书的出版作出贡献的人们，非常抱歉我无法全部提及。

我们参考并引用了“电子书之父”迈克尔·哈特（Michael Hart）创立的名为“古腾堡计划”（Project Gutenberg）的网页上的电子书集合。

以下人员在本书各版本的编辑和修改工作中作出了突出的贡献，对此，我非常感激：Nancy Mindick、Monica Strauss、Gloria Rudisch、Dustin Smith、Betty Lou McClanahan。同时，感谢我教过的不计其数的学生们。

最后我想感谢以下人员和机构对本书的大力支持：Jeffrey Epstein、Kazuhiko Nishi，资助我获得麻省理工学院教授职位的东芝公司，麻省理工学院媒体实验室（MIT Media Lab）提供的良好环境及其创办人兼执行总监尼古拉斯·尼葛洛庞帝（Nicholas Negroponte）的大力支持。

第 1 章 坠入爱河

1. Barry Took, Marty Feldman. *Round the Horne.* BBC Radio, 1996.
2. 改编自亚伦·斯洛曼的笔记。详见：comp.ai.philosophy, May 16, 1995。
3. Nikolaas Tinbergen. *The Study of Instinct*. London: Oxford University Press, 1951.
4. Rebecca West, *The Strange Necessity*. New York: Doubleday, 1928.

第 2 章 依恋与目标

1. 这可能和心理分析的理论有关，即这样的物体如何有助于人们从早期的依恋转换为其他各种各样的关系。详见：www.mythosan-dlogos.com/Klein.htm。
2. “模因”（memes）的想法，即大宗信息是从一个大脑传递到另一个大脑的，由理查德·道金斯提出。详见：Richard Dawkins, *The Selfish Gene*. New York: Oxford University Press, 1989; Susan Blackmore, *The Meme Machine*. New York: Oxford University Press, 1999; Daniel C. Dennett, *Darwin's Dangerous Idea*. New York: Simon and Schuster, 1995。
3. 详见：John Bowlby. *Attachment*, New York: Basic Books, 1973, 217。鲍比的研究建立在艾默生的研究基础之上，并讨论了各种依恋产生的影响，详见：H. R. Schaffer and P. E. Emerson, found in "The Development of Social Attachments in Infancy," *Monographs for the Society of Research in Child Development* 29, no. 3 (1964), 1-77。
4. 在这里，鲍比指的是：Y. Spencer-Booth, R. A. Hinde. *Animal Behavior* 19 (1971): 174-191,595-605。
5. 有证据表明儿童能够模仿嘴唇、舌头的蠕动，嘴唇的张合和手指的移动等动作。详见：Charles A. Nelson. The Developmentand Neural Bases of Face Recognition. *Infant and Child Development* 10 (2001): 3-18; Andrew N. Meltzoff, M. Keirh Moore. "Explaining Facial Imitation; *A Theoretical Model*," *Early Development and Parenting* 6 (1997): 179-192。
6. 雅克的实验（Panksepp. *Affective Neuroscience*. New York: OxfordUniversity Press, 1998）表明，印刻和癖好相似，分裂的沮丧和痛苦相似，因为二者的疼痛都能由鸦片等药物减轻。雅克也和霍

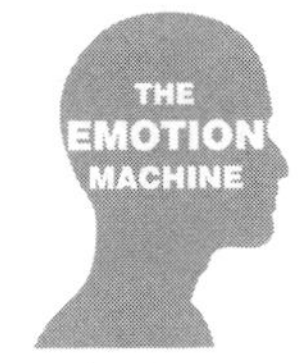

注 释

华德·霍夫曼（1996）讨论过并猜测，物体移动的某一方面或形状能够在被印刻者大脑内释放内啡肽，从而使物体看起来“熟悉”，从而克服恐惧反应。

7. 来自一封 1961 年写给奥斯丁夫人的信。

第 3 章 从疼痛到煎熬

1. 该图改自：http: //www.christianhubert.com/hypertext/brain2.jpeg。
2. 拉里·泰勒同意我引用他的文章，其名为：“G. Gordon fiddy, Agent from CREEP”。
3. 这个秘诀总结了威廉·詹姆斯讨论的一些内容，详见：*The Varieties of Religious Experience,* New York: Random House, 1994。
4. 想了解这个轶事的更多细节，详见《心智社会》第 4 章和第 5 章。

第 4 章 意识

1. 详见 2002 年霍华德·加德纳对“手提箱”式词语“智能”的解析，其研究具有重要意义。
2. 一些心理学家使用“元认知”而非“潜意识”一词。
3. 我们通常认为所有知识都是“建立”在经验之上。然而，我曾提到，如果我们把大脑的每一个部分都看成只与其他相关部分相连的话，那么这几部分将同时学习处理局部环境的方法。详见：Interior Grounding, Reflection, and Self-Consciousness（出自：*Proceedings of an International Conference on Brain, Mind and Society*, Tohoku University, Japan, September 2005）；http://web.media.mit.edu/~minsky/papets/Intcrnal%20Grounding,html。
4. Melissa Lee Phillips 的“Seeing with New Sight”（详见：http://faculty.washington.edu/chudler/visbhnd.html) 一文描述了人们可能遇到的问题，这些人先天失明，后来恢复了视力，但却没有任何视觉经验。或许，这也就是他们被迫在麦克德莫特的轮机舱里工作的原因。
5. 改编自《心智社会》一书第 6 章第 1 节。
6. 最早的机器人曾经尝试搭建拱形门，它首先放置拱形门最顶端的积木，而这实际上是搭建过程的最后一步！因为当时机器人还不明白：没有任何支撑物的积木会掉落。
7. 详见《心智社会》第 25 章第 4 节。
8. 我的《*Semantic Information Processing*》（Cambridge, Mass.: MIT Press, 1968) 的其中一章“Matter, Mind, and Models”更为详尽地解释了这个思想，详见：http://web.media, mit.edu/-minsky/papers/MatterMindModels.txt。
9. http://www.impritit.eo.tLk/online/newl.html.
10. 大脑中的个体细胞可能与其他不计其数的细胞相连，但大脑中大范围的区域却很少和其他区域相联系。

第 5 章 精神活动层级

1. http://en.wikipedia.org/wiki/Computer_chess; http://en.wikipedia.org/wiki/Ad-riaan_de_Groot.
2. 识别感觉系统的进化需要花费数亿年，而这些感觉系统的功能是识别外部事件。然而，如果这些系统使用较为简单的表征，那么它们本可能更容易形成识别更高层次的大脑活动的方法，这可能是较高层次的人类思维能够在过去的几百万年里得到快速发展的原因之一。
3. 据尼古拉斯·廷伯根《本能研究》所言，动物在不能作出决定时，往往会放弃可能的选择，转而做一些毫不相关的事情。然而，这些频繁的“错置活动”表明，动物缺乏处理冲突的思维方式。
4. 这有时被称为“奥卡姆剃刀定律”（Occam's razor），是由 14 世纪的逻辑学家威廉·奥卡姆（William Occam）提出的。
5. 我和西蒙·派珀特的《*Progress Report on Artificial Intelligence*》一文（htttp://web.media.mit.edu/~minsky/papers/PR1971.html）中描述了这个项目中的某些早期步骤。
6. 事实上，深色的水平条纹并非其下边缘，它是紧挨此边缘且有阴影的磨损表面的一部分。
7. 这种程序建立在 Yoshiaki Shirai 和 Manuel Blum 的想法的基础上（详见：ftp://publications.ai.mit.cdu/ai-publicaiions/pdf/AIM-263.pdf）。应该注意到，搭建者仅能处理非常整齐的集合场景，时至今日，仍然没有出现一般用途的“观察机”，能够识别特定房间里的每一个物体。为做到这一点，机器需要具备第 6 章里讨论的常识性知识。
8. 见 Adolfo Guzman (ftp://publications.ai.mit.edu/aipublic-ations/Pdf/VAIM-139.pdf) 和 David Waltz (ftp://publications.ai.m-it.edu/aipublications/pdf/AITR-271.pdf) 的论文。
9. 某些人声称想象场景时就仿佛看到了图片一样，而其他人却没有这么身临其境的体验。然而，一些研究显示，两者都擅长回想记忆中场景的细节。
10. 例子可见：http://www.usd.edu/psyc301/Rensink.htm; http://nivea.psycho.univ-paris5.fr/Mud-splash/Nature_Supp_Inf/Movies/Movic_List.html。
11. 这种预测方案出现在我的文章《*Neural-Analog Networks and the Brain-Model Problem*》(PhD diss., Princeton University, 1954) 中第 6~7 部分。

第 6 章 常识

1. 见歌德的诗《*Der Zauberlehrling*》，http://www.fln.vcu.edu/goethe/zauber.html。
2. 在由普什·辛格开发的一个程序中，两个机器人确实思考了这样的问题。详见：Push Singh, Marvin Minsky, and Ian Eslick. Computing Commonsense. *BT Technology Journal* 22, no. 4 (October 2004) and Singh 2005a。
3. Roger C. Schank. New York: AmericanElsevier, 1975；他对前缀“trans”的意义表达了自己的观点。
4. 详见：Douglas B. Lenat, *The Dimensions of Context Space,* http://www.cyc.com/doc/context-space.pdf。www.cyc.com 上有对 CYC 项目的详述。

5. 讨论改编自我一本书的序。详见：Minsky and Seymour Papert. *Perceptrons*, 2nd edition, Cambridge: MIT Press, 1988。
6. 我们经常听到有关天才的奇闻，比如超强的记忆力。然而，我对这样的说法表示怀疑，因为我们从未见过相关的实验报道，可以消除人们对此产生的怀疑。
7. 用术语“节”来表达技术含义，是由克劳德·香农定义的，详见：“A Mathematical Theory of Communication”, *Bell SystemTechnical journal* 27 (July and October 1948)。罗纳德·罗森菲尔德认为，具体文本中的信息大约是 6 节 1 个单词，如果一个人能在每秒学习 2 个字节，一天学习 10 小时，坚持 30 年，仅能学习一百万节的信息，这比一个高密度光盘所能承载的容量要少。详见：A Maximum Entropy Approach to Adaptive Statistical Language Modeling. *Computer, Speech and Language* 10 (1996)；也可参考拉尔夫·梅克尔的描述见：http://www.merkle.com/hunianMemory.html。
8. 我认为这也适用于下面的研究结果：R. N. Haber. 20 Years of Haunting Eidetic Imagery: Where's the Ghost?. *Behavioral and Brain Sciences* 2 (1979), 583-629。
9. 详见下面关于自我组织的学习体系：Raymond J. Solomonoff. An Inductive Inference Machine. *IRE Convention Record*, section on InformationTheory, Part 2, 1957: 56-62; A Formal Theory of Inductive Inference. *Information and Control,* 7 (1964): 1-22; The Discovery of Algorithmic Probability. *Journal of Computer and System Sciences* 55, no. 1 (1997); See also Malcolm Pivar 1966; Douglas B. Lenat and Jon S. Brown. Why AM and Eutisko Appear to Work. *Artificial Intelligence* 23 (1983); Douglas B. Lenat. Eurisko: A Program Which Learns New Heuristics and Domain Concepts. *Artificial Intelligence* 21 (1983); Kenneth W. Haase. Exploration and Inventionin Discovery. PhD diss. MIT, 1986 (text available at http://web,media.mit.edu/~haase/thesis); Kenneth W. Haase. Discovery Systems. found in *Advances in Artificial Intelligence* (North-Holland: European Conference on *Artificial Intelligence*, 1986); Gary Drescher. *Made-Up Minds*. Cambridge, Mass. MIT Press, 1991。近年来，一些观点发展成为一个独立的领域——“遗传编程”。
10. 当体系达到局部高峰时，每个细微的变化都能使事情变得更糟糕，直到人们达到另一个高峰，远离“合适的地点”。
11. 在写这部分内容的时候，一些研究人员尝试使用链接的方法“注释”网上的文章，表明单词和短语的意思，而我却对这种行为持怀疑态度，认为这些做法根本行不通，除非这些网络使用类似于平行类比的结构。近年来，在成千上万用户的帮助下，网络在提取大宗常识方面取得明显的进步。详见以下人员的描述：“Open Mind Common Sense” project in Push Singh, Thomas Lin, Erik T.Mueller, Grace Lim, Travell Perkins, and Wan Li Zhu. Open Mind Common Sense: Knowledge Acquisition from the General Public. found in *Proceedings of the First International Conference on Ontologies, Databases, and Applications of Semantics for Large Scale Information Systems*, Irvine, Calif., and at http://csc.media.mit.cdu/and http://commonsense.media,mit.edu/。
12. 这则小故事得到了广泛的讨论，它为我的一些理论的形成做了铺垫。详见：Eugene Charniak in “Toward a Model of Children's Story Comprehension,” PhD dis., MIT, 1972; http://publications.ai.mit.cdu/ai-publications/pdf/AITR-266.pdf. *A Framework for Representing Knowledge*

(Cambridge, Mass.: MIT Press, 1974); Minsky. *The Society of Mind*. New York: Simon and Schuster, 1986。

13. 在操作循环中，一般问题解决程序首先要寻找当前程序和期望程序之间的不同，之后使用不同的知识猜测哪一种不同更为重要，再使用一些方法减少两者之间的这种不同。以下这本书描述了在减少差异过程停止运行时，系统如何以及何时会自动转换到另一种表达情况：Newell 1960a and Newelland Herben A. Simon. GPS, a Program That Simulates Human Thought. in *Computers and Thought*, edited by E. A. Feigenbaum and J. Feldman. New York: McGraw-Hill,1963。
14. 没有任何理由假定系统为了保持动物的基本生存能力必须有一个诸如“基本生存本能”的集中而高层次的目标。每个动物都有很多不同的本能，如饥饿、口渴和防御，而每一种本能都能得到独立的发展，但却没有理由认为（除人类以外）动物的大脑里有关于“活着”的表达。
15. 这可以用来描述程序员所谓的“自顶向下搜索树”。
16. 《心智社会》的第22章第10节推测，每当两个人试图交流的时候，都会用到差分机。
17. 参见Peter Kaiser的《*The Joy of Visual Perception*》一书中关于“变化盲视”（Change Blindness）的文章（http://www.yorku.ca/eye/thejoy.html）和Kevin O'Regan的“变化盲视”（http://nivea.psycho.univ-paris5.fr/ECS/ECS-CB.html）及其《*Change Blindness as a Result of Mudsplashes*》（in *Nature,* August 2, 1998.）一书。然而，我们的许多传感器能探测出某种特别有害的条件，且对这些信号作出的响应并不会转瞬即逝。
18. Roger Schank在《*Tell Me a Story*》（New York: Charles Scribner's Sons, 1990）一书中推测，将事件描绘成故事可能是我们学习和记忆的主要方式。
19. 我的《音乐、思维及意义》（1981）一书中有关于音乐知觉的更多理论。
20. 1978年，音乐家兼生理学家曼菲德·克莱恩斯（Manfred Clynes）已经描述了特定的时间格局。每种时间格局似乎都有助于引入特定类型的情感状态。
21. 人们可能会问及与八卦新闻、体育和游戏的相关的同样的问题。可参见网址：http://www.stats.govt.nz/analytical-reports/time-use-survey.htm。
22. 《天方夜谭》的全文可参见网址：http://www.gutenberg.net/ete-xt94/arabn11.txt。
23. http://cogsci.uwaterloo.ca/Articles/Pages/how-to-decidc.html.
24. 《心智社会》第30章第6节讨论了自由意志看似很强大的原因。在丹尼尔·丹尼特的《*Elbow Room: The Varieties of Free Will Worth Wanting*》（New York: Oxford University Press, 1984）一书中有更多相关观点。
25. 参见：Edward A. Feigenbaum and Julian Feldman, eds.. *Computers and Thought* (New York; McGraw-Hill, 1963)，可获得那个时期的更多成就。
26. 有时候，人们使用“抽象”这个形容词来表示“复杂”或“高智能”的含义，但这里我认为恰恰相反：描述越抽象，描绘的细节就越少，因而可以适用于多种情境。
27. 派珀特定理在《心智社会》的第10章第4节有更多细节上的讨论。

第7章 思维

1. 在最低层次，批评家和选择器与 If 和 Then 的简单反应式是相同的。在反思和更高层次，批评家往往会忙于更多的资源和过程。参见：Push Singh and Marvin Minsky. An Architecture for Combining Ways to Think. in *Proceedings of the International Conference on Knowledge Intensive Multi-Agent Systems* (Cambridge, Mass.)，这本书里讨论了具有这种能力的“反思批评家”，且辛格在“EM-ONE: An Architecture for Reflective Commonsense Thinking,” PhD diss., MIT, June 2005（http://web.media.mit.edu/-push/push-thesis.pdf）一文中描述了这种系统的工作原型，但是在拥有起作用的 6 层模型之前，我们仍然有很多事情要做。
2. 在问题解决之后，逻辑可被用来推理证明和精炼信用赋能；我们在第 8 章中描述，逻辑同样可被用作无限的信用赋能，有关常识性思考中逻辑的角色，在约翰·麦卡锡的网站 http://www-formal.stanford.edu/jmc/frames.html 上有许多重要的讨论。
3. 详见 John Laird, Allen Newell, and Paul S. Rosenbloom, “Soar: An Architecture for General Intelligence,” *Artificial Intelligence* 33, no. 1 (1987)。文中描述了一个被称作“SOAR”的基于目标的解决方案，它将故障分为 4 种类型；而 Manuela Viezzer. Ontologies and Problem-Solving Methods. 14th European Conference on Artificial Intelligence, Humboldt University, Berlin, August 2000（也可见于 www.cs.bham.ac.uk/-mxv/publications/onto_engineering）则对其他尝试划分问题类型方法进行了有效的概述。
4. 思维遭遇障碍时可能涉及这样一个问题：为何某些脑电波呈现毫无规律的变化?
5. 通过在网站上搜索感觉记忆、情境记忆、短时记忆和工作记忆等关键词，人们可以找到关于这些体系的许多描述。Bernard J. Baars. Understanding Subjectivity: Global Workspace Theory and the Resurrection of the Observing Self. *Journal of Consciousness Studies* 3, no. 3 (1996): 211-216 中的想法似乎与我的观点尤为相关。
6. 长时记忆的结构似乎能够涉及睡眠的某些阶段，但其相关方式至今尚不可知。不同类型的记忆似乎同样以某些不同的方式被存储在大脑中不同的位置，如自传体事件、有关其他类型的片段、我们所谓的事实“陈述”以及对感觉和运动事件的记录。
7. 我在《心智社会》第 19 章第 10 节中描述了一个被称作“物归原主”的体系，其有助于重新连接一些最初未被检索的部件。
8. 这是《心智社会》的第 1 章所描述的场景的一个版本。
9. L. Friedrick-Cofer, A. C. Huston. Television Violence and Aggression: The Debate Continues. *Psychological Bulletin* 100 (1986): 364-371.

第8章 智能

1. 在现代化的计算机出现之前，艾伦·图灵就描述过这些“通用”机。最为重要的“细微结构性变化”是把计算机的程序存储在可读写的记忆硬盘里，因此一个程序可以自行改变，也就有了潜在学习的可能性，而早期的计算机存储程序却存储在外部的设备中。想更详细地了解这个体系的运行机制，详见：Alan Turing. On Computable Numbers (http://www.abelard.

org/tutpap2/tp2-ie.asp#section-l); Computing Machinery and Intelligence. *Mind* 49 (1950)。所以，结果证明人们能够利用细小的部件建造通用的机器。

2. 这种转换通常速度较快，有时我们根本就注意不到。这就是第 4 章内在性错觉的典型事例。
3. 最近有研究发现，人们经常观察不到场景中的较大变化。详见与“变化盲视”的有关文章：Peter Kaiser. *The Joy ofVisual Perception,* http://www.yorku.ca/eye/thejoy.htm; Kevin O'Regan, Change-Blindness. http://nivea.psycho.univ-paris5.fr/ECS/ECS-CB.html; Change Blindness as a Result of Mudsplashes. *Nature*, August 2, 1998。
4. William H. Calvin. *How Brains Think.* New York: Basic Books,1966.
5. 了解有关视觉变化的更多细节，参见《心智社会》第 24 章。当我们从不同的角度看待事物时，其形状看起来并没有发生太大的变化，那为什么事物不会随着人们眼睛的移动改变自身的位置呢？本书也尝试解释这一情况的原因。
6. 休谟尤其关心证据如何推导出结论的问题：“长时间的实验之后，我们才能得到有关具体事件的确凿证据和保证，从一个案例中推理和下结论的过程与从 100 个案例中推理的过程迥异，那么我找不到也想象不到这样的推理。”
7. 大脑如何比较或复制详尽、网状的表征？在《心智社会》第 22 章和第 23 章中，我猜测这可以通过使用系列的过程实现，并认为我们的大脑会使用差分机来复制出记忆，并进行口头交流。
8. 注意，这是一个“相反”的差分机，它改变了内部的描述，而非实际的情况。
9. 我们的一些记忆系统使用某种短暂的化学制剂，因此这些记忆会很快消失，除非化学制剂能够不断更新。然而，长时记忆似乎取决于大脑细胞中多种长久联系的综合。另外，一些信息能够通过大脑内循环细胞信号的不断回应被“活跃地”存储。不过，这种内循环却不能保留大量数据。详见：Marvin Minsky. Neural-AnalogNetworks and the Brain-Model Problem. PhDdiss., Princeton University,1954。
10. 或许卡罗尔使用了面部表情来帮助自己集中精力，如果这成为她之后技能的一部分，以后她将很难消除这个习惯。
11. 在人工智能领域，亚瑟·塞缪尔在其早期关于学习机器的研究中强调了信用赋能的重要性，心理学家应该更多地关注人们该如何尝试寻找原因的问题，以及每种具体方式如何帮助人们解决特定类型的困难。详见：Some Studies in Machine Learning Using the Game of Checkers. *IBM Journal of Research and Development* 3 (July 1959):211-219。
12. 人们经常描述作出决定的时刻，并把其当成“自由意志的行为”。否则，人们可能会把这些时刻仅当成自己的“决定过程”终止的时刻。
13. 或许，同一个人的大脑的不同部位可以使用信用赋能的不同方法。
14. 本部分的一些内容改写自《心智社会》第 7~10 章的内容。
15. 更多细节详见：Minsky, *A Framework for Representing Knowledge*; Ross Quillian 的论文 (reprinted in Marvin Minsky, ed. *Semantic Information Processing*, Cambridge, Mass.: MIT Press, 1968; Patrick H, Winston, ed., *ThePsychology of Computer Vision*. New York: McGraw-Hill, 1975。

16. 我们从哪里能够得到默认推断的知识？我在《*A Framework for Representing Knowledge*》（1974）一书中提出，人们在作出改变时，经常复制原有的框架来制造新框架，这些没有被改变的价值将从旧有的框架中遗传下来。
17. 这是内在性错觉的另一个例子。我认为框架也应该包括为激活其他系列资源的选择器加上额外的空隙，因此每一个框架也能启动其他合适的思维方式。
18. 知识线概念是由我首先提出的，《心智社会》第 8 章主要描述了更多的思想，解释了当知识线彼此冲突时可能会发生的事情。详见：Plain Talk About Neurodevelopmental Epistemology, found in Proceedings of the Fifth International Joint Conference on Artificial Intelligence. Cambridge, Mass., 1977; Minsky. K-lines, a Theory nt Memory. *Cognitive Science* 4 (1980); 117-133。
19. 《心智社会》第 20 章第 1 节中提出，我们的思想可能会模棱两可。
20. 我关于"微粒体"的想法受到了 David L, Waltz, Jordan Pollack, "*Massively Parallel Parsing*," *Cognitive Science* 9, no. 1 (1985) 中提到的"微观特征"（microfeatures）概念，以及 Calvin N. Mooers. Information Retrieval on Structured Content. found in *Information Theory*, edited by C. Cherry (London: Butterworths, 1956) 等的影响。
21. 解剖学中，通过使用不同且互相联系的基因细胞线条的方式，几种不同的功能可能会被分成层级。
22. 后来，康德认为我们的思维首先始于"先验"规则，比如"每一个变化都必须有原因"。当前，人们总是把这些解释为我们天生就有携带空隙的传送框架，其空隙倾向于把原因和变化联系起来。起初，简单地联系到之前的任何一个变化都能实现这种效果，后来我们就能够学习改善这些联系。

第 9 章 自我

1. 丹尼尔·丹尼特继续指出："只有当霍尔蒙克斯将别人全部的才能重复解释出来时，它们才变为精灵。如果某个霍尔蒙克斯能够加入一个相对无知的、狭隘的和盲目的霍尔蒙克斯团队或委员会来产生一个整体智能的行为，这就是一种进步。"
2. http://www.theabsolute.net/minefield/wirforwisdom.html.
3. 改编自培特朗·福瑞尔（Bertram Forer）有关"冷读术"（Cold Reading）的文章。详见：Robert Todd Carroll. *The Skeptic's Dictionary: A Collection of Strange Beliefs, Amusing Deceptions, and Dangerous Delusions*. New York: Wiley, 2003。
4. 然而，许多感情似乎都具有程度不同的既"积极"又"消极"的强度，这也导致一些心理学家坚持认为，这种维度的感情强度将情绪与其他类型的精神状态区分开来。参见：Andrew Ortony, Gerald T. Clore, and Allan Collins. *The Cognitive Structure of The Emotions*. New York: Cambridge University Press, 1988；《心智社会》第 28 章。
5. 《心智社会》第 13 章第 1 节。

6.《心智社会》第 23 章第 3 节。

7. 罗杰·单克（Roger Schank）在 1995 年已表明，我们能够记住有意义的事情，主要是因为我们的记忆系统倾向于存储像连续的小故事一样的表达。

8. 艾米莉·狄金森的《*A Light Exists in Spring*》第 2 节，http://www.first-science.com/SITE/poems/dickinson3.asp。

9. 哲学家称之为“感质问题”（the problem of qualia）。丹尼尔·丹尼特在“Quining Qualia”(*Consciousness in Modern Science*, edited by A. Marcel and E. Bisiach. New York: Oxford University Press, 1988) 中对“主体素质”进行过精彩的讨论。

10. 事实上，单个红点可能并不会被视为红色；通常来说，我们看见的颜色在很大程度上取决于其附近的其他颜色。例如，尽管大脑能够理解一些不同的视觉资源，我们仍然无法很好地解释许多现象，例如该如何表达不同的物体及其之间的关系。

11. Zenon Pylyshyn. Is Vision Continuous with Cognition. http://ruccs.rutgers.edu/faculty/ZPbbs98.html; Al Seckel. *Masters of Deception.* New York: Sterling Publishing, 2004.

12. 公司员工和大脑部分之间的另一个区别是，公司的每一个员工都有个人利益上的冲突，例如，雇用员工是为了增加企业利润，但这与每个员工挣更多钱的欲望相冲突。

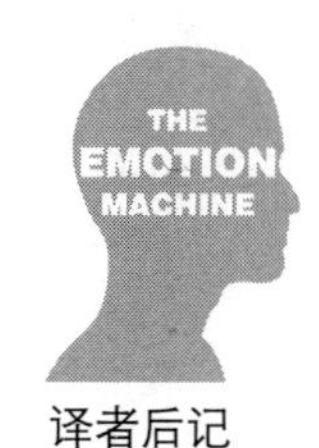

译者后记

88 岁在中国被称为“米寿”，是个非常吉利的岁数，美国人马文·明斯基未必知道。但有一点是肯定的，作为世界公认的人工智能之父，能够在有生之年看到自己的著作在世界上人口最多、发展速度最快的大国出版，他一定会感到非常欣慰。

近年来，人工智能产业方兴未艾，各种各样的机器人大行其道，继 2013 年中国成为工业机器人第一大市场后，2014 年，中国市场上销售的工业机器人占据了全球销量的 25%，相关概念的股票大涨，这个行业的发展完全可能改变出生率下降引起的人口红利减少的局面，并改变世界经济的竞争格局。这一切的发生似乎自然而然，如果现在不懂这些概念，显然你已经“Out”了！

但这世界上，先知先觉者是极少的，明斯基就是其中杰出的一位。

1956 年，在没有互联网甚至没有计算机的时代，明斯基等人就已经提出了“人工智能”的概念，作为人工智能最早和主要的倡导者，他坚信人的思维过程可以用机器来模拟，机器也可以有智能。他的一句流传颇广的话就是：“The brain happens to be a meat machine.”（大脑无非就是肉做的机器而已。）

1975 年，明斯基首创了框架理论（frame theory），框架理论的核心是以框架这种形式来表示知识。框架的顶层是固定的，表示固定的概念、对象或事件；下层由若干槽（slot）组成，其中可填入具体值，以描述具体事物的特征；每个槽可有若干侧面（facet），对槽做附加说明，如槽的取值范围、求值方法等。这样，框架就可以包含各种各样的信息，例如描述事物的信息，如何使用框架的信息，对下一步发生什么和如果没有发生该怎么办的预期，等等。利用多个有一定关联的框架组成框架系统，就可以完整而确切地把知识表示出来。

明斯基还把人工智能技术和机器人技术结合起来，研发出了世界上最早能够模拟人类活动的机器人 Robot C，使机器人技术跃上了一个新台阶。明斯基的另一个大创举是创建了著名的“思维机公司”（Thinking Machines，Inc.），开发具有智能的计算机。20 世纪 80 年代中期，思维机公司开始推出著名的“连接机”，把大量简单的存储 - 处理单元连接成一个多维结构，在宏观上构成大容量的智能存储器，再通过常规计算机执行控制、I/O 和用户接口功能，该机器能有效地用于智能信息处理，其集成峰值速度达到每秒 600 亿次。

明斯基也是“虚拟现实”的倡导者，虽然“虚拟现实”这个名词及概念是 20 世纪 90 年代才出现并明朗起来的。早在 20 世纪 60 年代，明斯基就创造了一个名词，叫“telepresence”，可译为“远程介入”或“远距离介入”。它允许人体验某种事件，而不需要其真正介入这种事件，比如感觉自己在驾驶飞机、在战场上参加战斗、在水下游泳等，但这些事并没有在现实中发生，现在不少影视剧都展现了类似场景。

2006 年出版的《情感机器》则由浅入深地推理了人类情感发生的原理和作用机制，主要是关于人类最高层级的反思思维。为了理解更为复杂的事物，人们需要从不同的方面观察问题，这本书尝试从“内部”观察思维的角度描述思维，也讨论了建立“思考”机器所可能用到的技巧。

就是这么一位富有远见和实践精神的科学家，明斯基的著作《情感机器》在出版近 10 年后，中文版终于问世，对于已经融入世界经济体系的中国，对于勤劳、聪明又富有学习精神的中国人来说，既是憾事，也是幸事！

众所周知，中国是世界制造大国，但非世界制造强国，以机器人和人工智能产业为代表的工业 4.0，必将引领中国经济的升级换代，实现中国从制造大国向制造强国的跃升。从政府到民间，工业 4.0 都受到高度重视，2015 年，将是中国工业 4.0 元年。

“坐而言，不如起而行。”希望大家在阅读明斯基这本著作的同时，学习其大胆探索的实践精神，将理论转化为实践，积极参与人工智能和机器人领域的研究，创办实体或参与投资，为国家、社会也为自己创造物质财富。译者本人愿意与大家共同探讨并尽可能创造机会以得到明斯基等大师的指导！

翻译本书的过程同时也是不断学习的过程。历时半年的翻译和修改过程也凝结着两位优秀研究生程玉婷和李小刚的心血。同时，也要感谢吴焦苏、郑毅、王夫清的帮助！

当然还要感谢一直致力于将国外经典科学著作引入国内的湛庐文化，更感谢尽心尽责的编辑们。

“何止于米，相期于茶”，祝愿作者明斯基健康长寿！

湛庐，与思想有关……

如何阅读商业图书

商业图书与其他类型的图书，由于阅读目的和方式的不同，因此有其特定的阅读原则和阅读方法，先从一本书开始尝试，再熟练应用。

阅读原则1 二八原则

对商业图书来说，80% 的精华价值可能仅占 20% 的页码。要根据自己的阅读能力，进行阅读时间的分配。

阅读原则2 集中优势精力原则

在一个特定的时间段内，集中突破20%的精华内容。也可以在一个时间段内，集中攻克一个主题的阅读。

阅读原则3 递进原则

高效率的阅读并不一定要按照页码顺序展开，可以挑选自己感兴趣的部分阅读，再从兴趣点扩展到其他部分。阅读商业图书切忌贪多，从一个小主题开始，先培养自己的阅读能力，了解文字风格、观点阐述以及案例描述的方法，目的在于对方法的掌握，这才是最重要的。

阅读原则4 好为人师原则

在朋友圈中主导、控制话题，引导话题向自己设计的方向去发展，可以让读书收获更加扎实、实用、有效。

阅读方法与阅读习惯的养成

（1）回想。阅读商业图书常常不会一口气读完，第二次拿起书时，至少用 15 分钟回想上次阅读的内容，不要翻看，实在想不起来再翻看。严格训练自己，一定要回想，坚持 50 次，会逐渐养成习惯。

（2）做笔记。不要试图让笔记具有很强的逻辑性和系统性，不需要有深刻的见解和思想，只要是文字，就是对大脑的锻炼。在空白处多写多画，随笔、符号、涂色、书签、便签、折页，甚至拆书都可以。

（3）读后感和 PPT。坚持写读后感可以大幅度提高阅读能力，做 PPT 可以提高逻辑分析能力。从写读后感开始，写上 5 篇以后，再尝试做 PPT。连续做上 5 个 PPT，再重复写三次读后感。如此坚持，阅读能力将会大幅度提高。

（4）思想的超越。要养成上述阅读习惯，通常需要 6 个月的严格训练，至少完成 4 本书的阅读。你会慢慢发现，自己的思想开始跳脱出来，开始有了超越作者的感觉。比拟作者、超越作者、试图凌驾于作者之上思考问题，是阅读能力提高的必然结果。

好的方法其实很简单，难就难在执行。需要毅力、执著、长期的坚持，从而养成习惯。用心学习，就会得到心的改变、思想的改变。阅读，与思想有关。

[特别感谢：营销及销售行为专家 孙路弘 智慧支持！]

我们出版的所有图书，封底和前勒口都有"湛庐文化"的标志

并归于两个品牌

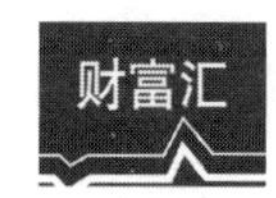

找"小红帽"

为了便于读者在浩如烟海的书架陈列中清楚地找到湛庐，我们在每本图书的封面左上角，以及书脊上部 47mm 处，以红色作为标记——称之为**"小红帽"**。同时，封面左上角标记**"湛庐文化 Slogan"**，书脊上标记**"湛庐文化 Logo"**，且下方标注图书所属品牌。

湛庐文化主力打造两个品牌：**财富汇**，致力于为商界人士提供国内外优秀的经济管理类图书；**心视界**，旨在通过心理学大师、心灵导师的专业指导为读者提供改善生活和心境的通路。

阅读的最大成本

读者在选购图书的时候，往往把成本支出的焦点放在书价上，其实不然。

时间才是读者付出的最大阅读成本。

阅读的时间成本=选择花费的时间+阅读花费的时间+误读浪费的时间

湛庐希望成为一个"与思想有关"的组织，成为中国与世界思想交汇的聚集地。通过我们的工作和努力，潜移默化地改变中国人、商业组织的思维方式，与世界先进的理念接轨，帮助国内的企业和经理人，融入世界，这是我们的使命和价值。

我们知道，这项工作就像跑马拉松，是极其漫长和艰苦的。但是我们有决心和毅力去不断推动，在朝着我们目标前进的道路上，所有人都是同行者和推动者。希望更多的专家、学者、读者一起来加入我们的队伍，在当下改变未来。

湛庐文化获奖书目

《大数据时代》

国家图书馆“第九届文津奖”十本获奖图书之一
CCTV“2013中国好书”25本获奖图书之一
《光明日报》2013年度《光明书榜》入选图书
《第一财经日报》2013年第一财经金融价值榜“推荐财经图书奖”
2013年度和讯华文财经图书大奖
2013亚马逊年度图书排行榜经济管理类图书榜首
《中国企业家》年度好书经管类TOP10
《创业家》“5年来最值得创业者读的10本书”
《商学院》“2013经理人阅读趣味年报•科技和社会发展趋势类最受关注图书”
《中国新闻出版报》2013年度好书20本之一
2013百道网•中国好书榜•财经类TOP100榜首
2013蓝狮子•腾讯文学十大最佳商业图书和最受欢迎的数字阅读出版物
2013京东经管图书年度畅销榜上榜图书，综合排名第一，经济类榜榜首

《牛奶可乐经济学》

国家图书馆“第四届文津奖”十本获奖图书之一
搜狐、《第一财经日报》2008年十本最佳商业图书

《影响力》（经典版）

《商学院》“2013经理人阅读趣味年报•心理学和行为科学类最受关注图书”
2013亚马逊年度图书分类榜心理励志图书第八名
《财富》鼎力推荐的75本商业必读书之一

《人人时代》（原名《未来是湿的》）

CCTV《子午书简》•《中国图书商报》2009年度最值得一读的30本好书之“年度最佳财经图书”
《第一财经周刊》• 蓝狮子读书会•新浪网2009年度十佳商业图书TOP5

《认知盈余》

《商学院》“2013经理人阅读趣味年报•科技和社会发展趋势类最受关注图书”
2011年度和讯华文财经图书大奖

《大而不倒》

《金融时报》• 高盛2010年度最佳商业图书入选作品
美国《外交政策》杂志评选的全球思想家正在阅读的20本书之一
蓝狮子•新浪2010年度十大最佳商业图书，《智囊悦读》2010年度十大最具价值经管图书

《第一大亨》

普利策传记奖，美国国家图书奖
2013中国好书榜•财经类TOP100

《真实的幸福》

《第一财经周刊》2014年度商业图书TOP10
《职场》2010年度最具阅读价值的10本职场书籍

《星际穿越》

2015年全国优秀科普作品三等奖

《翻转课堂的可汗学院》

《中国教师报》2014年度“影响教师的100本书”TOP10
《第一财经周刊》2014年度商业图书TOP10

湛庐文化获奖书目

《爱哭鬼小隼》
国家图书馆“第九届文津奖”十本获奖图书之一
《新京报》2013年度童书
《中国教育报》2013年度教师推荐的10大童书
新阅读研究所“2013年度最佳童书”

《群体性孤独》
国家图书馆“第十届文津奖”十本获奖图书之一
2014“腾讯网•啖书局”TMT十大最佳图书

《用心教养》
国家新闻出版广电总局2014年度“大众喜爱的50种图书”生活与科普类TOP6

《正能量》
《新智囊》2012年经管类十大图书，京东2012好书榜年度新书

《正义之心》
《第一财经周刊》2014年度商业图书TOP10

《神话的力量》
《心理月刊》2011年度最佳图书奖

《当音乐停止之后》
《中欧商业评论》2014年度经管好书榜•经济金融类

《富足》
《哈佛商业评论》2015年最值得读的八本好书
2014“腾讯网•啖书局”TMT十大最佳图书

《稀缺》
《第一财经周刊》2014年度商业图书TOP10
《中欧商业评论》2014年度经管好书榜•企业管理类

《大爆炸式创新》
《中欧商业评论》2014年度经管好书榜•企业管理类

《技术的本质》
2014“腾讯网•啖书局”TMT十大最佳图书

《社交网络改变世界》
新华网、中国出版传媒2013年度中国影响力图书

《孵化Twitter》
2013年11月亚马逊（美国）月度最佳图书
《第一财经周刊》2014年度商业图书TOP10

《谁是谷歌想要的人才？》
《出版商务周报》2013年度风云图书•励志类上榜书籍

《卡普新生儿安抚法》（最快乐的宝宝1•0~1岁）
2013新浪“养育有道”年度论坛养育类图书推荐奖

延伸阅读

《与机器人共舞》

◎ 人工智能时代的科技预言家、普利策奖得主、乔布斯极为推崇的记者约翰·马尔科夫重磅新作！

◎ 迄今为止最完整、最具可读性的人工智能史著作，为我们描绘了一幅机器人与人工智能趋势的宏大图景！

◎ 国际人工智能大会（IJCAI）常务理事杨强，中国人工智能学会副秘书长余凯，英特尔中国研究院院长吴甘沙，iPod之父托尼·法德尔等联袂推荐！

《图灵的大教堂》

◎《华尔街日报》最佳商业书籍、《科克斯书评》最佳书籍、入围《洛杉矶时报》科技图书奖、加州大学伯克利分校全体师生必读书。

◎《连线》杂志联合创始人凯文·凯利、连接机发明者丹尼尔·希利斯、《纽约时报书评》《波士顿环球报》等联袂推荐！

《如何创造思维》

◎ 21世纪最伟大的未来学家、奇点大学校长、谷歌公司工程总监雷·库兹韦尔洞悉未来思维模式的颠覆之作。

◎ 财讯传媒集团首席战略官段永朝，跨界物理学家李淼，中国当代最知名的科幻作家、畅销书《三体》作者刘慈欣联袂推荐。

《脑机穿越》

◎ 脑机接口研究先驱、巴西世界杯“机械战甲”发明者米格尔·尼科莱利斯扛鼎力作！

◎ 清华大学心理学系主任彭凯平，英特尔中国研究院院长吴甘沙，2003年诺贝尔化学奖得主彼得·阿格雷等联袂推荐！

图书在版编目（CIP）数据

情感机器 /（美）明斯基著；王文革，程玉婷，李小刚译. —杭州：浙江人民出版社，2016.1

ISBN 978-7-213-06942-0

Ⅰ.①情… Ⅱ.①明… ②王… ③程… ④李… Ⅲ.①人工智能—研究 Ⅳ.①TP18

中国版本图书馆 CIP 数据核字（2015）第 260538 号

上架指导：科技 / 人工智能

情感机器

作　　者：［美］马文·明斯基　著
译　　者：王文革　程玉婷　李小刚　译
出版发行：浙江人民出版社（杭州体育场路347号　邮编　310006）
市场部电话：（0571）85061682　85176516
集团网址：浙江出版联合集团　http://www.zjcb.com
责任编辑：金　纪
责任校对：张志疆　张彦能
印　　刷：北京鹏润伟业印刷有限公司
开　　本：720 mm × 965 mm 1/16　　印　　张：24.5
字　　数：35.8 万　　插　　页：4
版　　次：2016 年 1 月第 1 版　　印　　次：2016 年 1 月第 1 次印刷
书　　号：ISBN 978-7-213-06942-0
定　　价：99.90 元

如发现印装质量问题，影响阅读，请与市场部联系调换。